全国高等教育自学考试指定教材

计算机软件基础

（2024年版）

（含：计算机软件基础自学考试大纲）

全国高等教育自学考试指导委员会　组编

张琼声　马　力　编著

机 械 工 业 出 版 社

本书是根据全国高等教育自学考试指导委员会最新制定的《计算机软件基础自学考试大纲》，为参加高等教育自学考试的考生编写的教材。在编写过程中，本书参考了国内相关教材，并结合了编著者多年从事相关课程的教学心得，选材适当，叙述简洁且要点突出，符合自学考试的特点与要求。全书分为三篇，共十三章，各章由浅入深，详细讲解计算机软件基础相关的概念和知识点，配以适量的例题辅助对重要知识点内容的理解及掌握。本书注重实践性和实用性，在讲解 C 语言程序设计、数据结构相关算法和 SQL 时，不仅讲解语法规则和实现思路，同时还给出了实现代码。每章的最后配以适量的习题，并提供了配套的习题解答，旨在通过练习的方式帮助考生理解和巩固相关内容，达到开阔思路和视野的目的。

本书可作为自学考试的教材，也可作为其他非计算机专业计算机软件基础课程的教材。

图书在版编目（CIP）数据

计算机软件基础 ：2024 年版 / 全国高等教育自学考试指导委员会组编 ；张琼声，马力编著. -- 北京 ：机械工业出版社，2024. 9. -- (全国高等教育自学考试指定教材). -- ISBN 978-7-111-76215-7

Ⅰ. TP31

中国国家版本馆 CIP 数据核字第 2024HP9337 号

机械工业出版社（北京市百万庄大街 22 号　邮政编码 100037）

策划编辑：刘琴琴　　责任编辑：刘琴琴

责任校对：韩佳欣　李　杉　　封面设计：严娅萍

责任印制：常天培

固安县铭成印刷有限公司印刷

2024 年 9 月第 1 版第 1 次印刷

184mm×260mm · 20.5 印张 · 502 千字

标准书号：ISBN 978-7-111-76215-7

定价：69.80 元

电话服务

客服电话：010-88361066

010-88379833

010-68326294

网络服务

机　工　官　网：www.cmpbook.com

机　工　官　博：weibo.com/cmp1952

金　书　网：www.golden-book.com

机工教育服务网：www.cmpedu.com

组 编 前 言

21 世纪是一个变幻难测的世纪，是一个催人奋进的时代，科学技术飞速发展，知识更替日新月异。希望、困惑、机遇、挑战，随时随地都有可能出现在每一个社会成员的生活之中。抓住机遇、寻求发展、迎接挑战、适应变化的制胜法宝就是学习——依靠自己学习，终生学习。

自学考试作为我国高等教育的组成部分，其职责就是在高等教育水平上倡导自学、鼓励自学、帮助自学、推动自学，为每一个自学者铺就成才之路。组织编写供自学者学习的教材就是履行这个职责的重要环节。毫无疑问，自学考试指定教材应当适合自学，应当有利于自学者掌握和了解新知识、新信息，有利于自学者增强创新意识、培养实践能力、形成自学能力，同时有利于自学者学以致用，解决实际工作中所遇到的问题。虽然自学考试指定教材沿用了“教材”的概念，但它与仅供教师讲、学生听，教师不讲、学生不懂，以“教”为中心的教科书相比，在内容编排、编写体例、行文风格等方面都大有不同。希望自学者对此有所了解，以便从一开始就树立起依靠自己学习的坚定信念，不断探索适合自己的学习方法，充分利用自己已有的知识基础和实际工作经验，最大限度地发挥自己的潜能，达到学习的目标。

欢迎读者提出意见和建议。

祝每一位自学者自学成功！

全国高等教育自学考试指导委员会

2023 年 1 月

目　录

计算机软件基础自学考试大纲

计算机软件基础

第一篇　C语言程序设计基础

第二篇　数据结构基础

第三篇　软件开发技术基础

全国高等教育自学考试

计算机软件基础自学考试大纲

全国高等教育自学考试指导委员会　制定

大 纲 前 言

为了适应社会主义现代化建设事业的需要，鼓励自学成才，我国在20世纪80年代初建立了高等教育自学考试制度。高等教育自学考试是个人自学、社会助学和国家考试相结合的一种高等教育形式。应考者通过规定的专业课程考试并经思想品德鉴定达到毕业要求的，可获得毕业证书；国家承认学历并按照规定享有与普通高等学校毕业生同等的有关待遇。经过40多年的发展，高等教育自学考试为国家培养造就了大批专门人才。

课程自学考试大纲是国家规范自学者学习范围、要求和考试标准的文件。它是按照专业考试计划的要求，具体指导个人自学、社会助学、国家考试及编写教材的依据。

为更新教育观念，深化教学内容方式、考试制度、质量评价制度改革，更好地提高自学考试人才培养的质量，全国高等教育自学考试指导委员会各专业委员会按照专业考试计划的要求，组织编写了课程自学考试大纲。

新编写的大纲，在层次上，本科参照一般普通高校本科水平，专科参照一般普通高校专科或高职院校的水平；在内容上，及时反映学科的发展变化以及自然科学和社会科学近年来研究的成果，以更好地指导应考者学习使用。

全国高等教育自学考试指导委员会

2024年3月

Ⅰ. 课程性质与课程目标

一、课程性质和特点

随着计算机技术的飞速发展，在机电一体化领域中，软件发挥着不可或缺的作用。提高计算机文化素养，加强软件系统基础知识的学习，培养计算机软件的应用和开发能力，成为计算机基础教育的重要内容。

“计算机软件基础”是高等教育自学考试机械电子工程（专升本）、能源与动力工程（专升本）等专业考试计划规定的一门专业基础课，由 C 语言程序设计基础、数据结构基础和软件开发技术基础三部分组成。通过本课程的学习，考生能理解操作系统、软件开发和管理所需要的软件工程相关知识，熟悉数据库的建立与简单应用软件的开发流程，掌握实现简单软件的 C 语言程序设计、数据结构的理论知识，提高考生对计算机软件解决实际问题的认识，为学习开发高效的、稳定的应用软件奠定基础。

二、课程目标

通过本课程的学习，应能达到知识和技能两方面的目标：

（一）知识方面

1）掌握 C 语言的基础知识及计算机程序设计的基本方法。

2）掌握在简单程序设计中数据组织、数据存储和数据操作的基本知识和方法。

3）理解操作系统的功能、软件工程的基础知识及软件开发过程、关系数据库设计过程，掌握关系数据库的标准语言。

4）大纲中带“*”号的节为选学知识，不作为考核内容。

（二）技能方面

1）熟练掌握分析、设计和调试简单 C 语言程序的方法及技巧。

2）针对简单应用问题，能选择合适的数据结构设计出算法思路。

3）初步掌握关系数据库设计方法，具有简单应用软件的设计能力。

4）能够熟悉一个关系数据库管理系统产品并使用 SQL 进行简单操作。

三、与相关课程的联系

本课程是一门理论与实践结合的计算机软件方面的基础课程，要求考生学习前应具有计算机文化基础及相关基础学科的知识。学习本课程，为学习“微型计算机原理与接口技术”“机电一体化系统设计”以及毕业设计等奠定必要的软件基础。该课程内容涉及的知识面广、逻辑性和实践性强。

四、课程的重点与难点

本课程的重点：C 语言程序基本结构、表达式求值、程序控制结构、一维数组应用、函数定义与调用、数据传递方式、指针定义与应用；数据的逻辑结构和物理结构、线性表的特点与应用、栈的特点与应用、队列的特点与应用、二叉树遍历、哈夫曼树、图的遍历、最小生成树、拓扑排序、常用的查找方法、常用的排序方法；操作系统的功能；软件危机和软件工程的概念、软件生命周期的阶段任务、软件过程模型、敏捷开发思想；关系模型、SQL、数据库设计过程、E-R 方法。

本课程的难点：函数与调用、指针的应用、链表的操作、哈夫曼编码、构造最小生成树、拓扑排序应用、常用的查找和排序算法、SQL 查询表达、概念结构和逻辑结构设计。

Ⅱ. 考 核 目 标

本大纲在考核目标中，按照识记、领会、简单应用和综合应用四个层次规定了考生应达到的能力层次要求。四个能力层次是递进关系，各能力层次的含义是：

识记（Ⅰ）：要求考生能够识别和记忆本大纲规定的有关知识点的概念性内容（如基本定义、语法格式、重要结论、特征、特点等），并能够根据考核的不同要求，做出正确的表述、选择和判断。

领会（Ⅱ）：要求考生在识记的基础上，能够领悟和理解本大纲规定的有关知识点的内涵与外延，熟悉各知识点之间的区别与联系，并能够根据考核的不同要求，做出简单分析和正确解答。

简单应用（Ⅲ）：要求考生能够运用本大纲规定的少量知识点，分析和解决一般应用问题，如分析执行结果、补充程序中的空白和编写简单程序等。

综合应用（Ⅳ）：要求考生能够综合运用本大纲规定的多个知识点，分析和解决较复杂的应用问题，如运用几种不同的数据结构和简单算法编写程序解决应用问题、分析运行结果、填补程序空白，根据应用需求设计 E-R 图等。

Ⅲ. 课程内容与考核要求

第一章 绪 论

一、学习目的与要求

通过本章的学习，理解计算机语言、算法、程序和软件的定义；了解 C 语言程序的解题过程；掌握各种基本类型常量的书写方法和相应变量的定义、初始化；掌握算术运算符和赋值运算符的优先级、使用规则；能正确判断各类表达式并求值。

二、课程内容

1）程序的概念。

2）计算机软件。

3）C 语言的基本数据类型。

4）算术运算符和算术表达式。

5）赋值运算符和赋值表达式。

三、考核知识点与考核要求

（1）程序的概念

识记：计算机语言；算法；算法的特征；程序；计算机解决问题的一般过程；基本流程图符号。

领会：算法和程序的区别。

简单应用：使用基本流程图描述简单算法流程。

(2) 计算机软件

识记：软件；硬件；软件的三层含义；计算机软件的分类。

(3) C语言的基本数据类型

识记：基本数据类型；常量的定义；四种常量类型（整型、实型、字符型和字符串）；变量的定义；变量名的基本命名规则。

简单应用：合法变量名的判断；基本数据类型（整型、实型、字符型）变量的定义和初始化。

(4) 算术运算符和算术表达式

识记：基本的算术运算符；运算规则和优先级；算术表达式；类型转换。

领会：不同类型（int、double、char）数据在计算时的类型转换。

简单应用：包含混合运算的算术表达式求值。

(5) 赋值运算符和赋值表达式

识记：赋值运算符；赋值表达式；赋值语句。

领会：复合赋值运算符；自增和自减运算符。

简单应用：包含混合运算的赋值表达式求值。

四、本章重点与难点

本章重点：算法与程序的区别；软件的定义和分类；四种常量的表示形式；基本数据类型变量的正确定义和初始化；变量名的基本命名规则；合法变量名的判断；自增和自减运算符；算术表达式求值；赋值表达式求值。

本章难点：算术表达式求值；赋值表达式求值。

第二章　程序的控制结构

一、学习目的与要求

通过本章的学习，熟练掌握单个字符输入/输出函数及格式化输入/输出函数的使用方法，会编写简单的C语言程序；掌握关系运算符、关系表达式、逻辑运算符、逻辑表达式和条件表达式等逻辑量的表示方法；熟练掌握单分支、双分支和多分支选择语句的一般形式和执行过程，能正确选取分支语句进行选择结构的程序设计；熟练掌握 while、do-while 和 for 三种循环语句的格式和功能，会用 break 和 continue 对循环进行控制；能正确编写包含循环结构的程序。

二、课程内容

1) 顺序结构。

2) 选择结构。

3) 循环结构。

三、考核知识点与考核要求

(1) 顺序结构

识记：顺序结构的特点；输入/输出说明符，如%d、%f 和%c 等；单个字符输入/输出函数 getchar( )和 putchar( )；格式化输入/输出函数 scanf( )和 printf( )。

领会：getchar( )函数和 scanf( )函数的区别；putchar( )函数和 printf( )函数的区别。

简单应用：应用 getchar( )函数、scanf( )函数、putchar( )函数和 printf( )函数正确地输

入和输出数据；能够编写顺序结构程序。

（2）选择结构

识记：常用关系运算符；关系表达式；逻辑运算符；逻辑表达式；选择结构的特点；三种选择结构（if、if-else、switch）的一般形式。

领会：求解关系表达式和逻辑表达式的值；if 语句和 switch 语句的执行过程。

简单应用：利用三种选择结构（if、if-else、switch）编写简单的应用程序。

（3）循环结构

识记：循环结构的特点；三种循环结构（while、do-while、for）的一般形式；break 和 continue 语句的功能。

领会：三种循环语句（while、do-while、for）的执行过程；break 和 continue 语句的区别。

简单应用：会使用 break 和 continue 语句，利用 while、do-while 和 for 三种循环结构编写简单的应用程序。

综合运用：编写包含顺序、选择和循环结构的综合程序并分析其运行结果。

四、本章重点与难点

本章重点：单个字符输入/输出函数的功能与使用；格式化输入/输出函数的功能与使用；逻辑表达式求值；条件表达式的正确使用；if、if-else 和 switch 语句的一般形式及其执行过程；while、do-while 和 for 三种循环语句的一般形式及其执行过程；编写包含顺序、选择和循环结构的综合程序并分析其运行结果。

本章难点：按指定格式说明符（%d、%f、%c）正确地输入和输出数据；break 和 continue 语句的正确使用；编写包含顺序、选择和循环结构的综合程序。

第三章　数　　组

一、学习目的与要求

通过本章的学习，掌握一维数组和二维数组的定义、初始化、数组元素的引用；理解字符数组和字符串的不同；掌握常用字符串处理函数；能够综合运用一维数组、二维数组、字符数组和字符串编写程序。

二、课程内容

1）一维数组。

2）二维数组。

3）字符数组和字符串。

三、考核知识点与考核要求

（1）一维数组

识记：一维数组的定义；一维数组的初始化；一维数组元素的引用；数组下标限制。

简单应用：一维数组元素的输入、输出和引用。

综合运用：运用一维数组编写程序解决简单应用问题，阅读并分析该类程序，从而写出运行结果或者补全程序。

（2）二维数组

识记：二维数组的定义；二维数组的初始化；二维数组元素的引用。

领会：二维数组元素的存储特点。

简单应用：二维数组元素的输入、输出和引用。

综合运用：运用二维数组编写程序解决简单应用问题，阅读并分析该类程序，从而写出运行结果或者补全程序。

（3）字符数组和字符串

识记：字符数组的定义；字符数组的初始化；字符数组元素的引用；常用字符串处理函数及其功能。

领会：字符数组和字符串的区别。

简单应用：使用字符数组表示字符串；字符串的输入、输出和引用。

综合运用：能正确阅读、分析和编写字符串处理的简单程序。

四、本章重点与难点

本章重点：一维数组和二维数组的定义、初始化、数组元素的引用；字符数组的定义、初始化和元素引用；常用字符串处理函数；编写字符串处理的简单程序。

本章难点：字符数组和字符串的区别；编写字符串处理的简单程序。

第四章　函　　数

一、学习目的与要求

通过本章的学习，熟悉 C 语言程序的结构；掌握用户自定义函数的结构、定义和调用方法；掌握函数之间的数据传递方式；了解递归的概念；掌握函数的递归调用。

二、课程内容

1）函数的概念。

2）函数的调用。

3）局部变量和全局变量。

4）函数的递归调用。

5）函数的应用举例。

三、考核知识点与考核要求

（1）函数的概念

识记：函数的分类；常用库函数分类及相应头文件名；函数定义的基本格式和注意事项；形参。

简单应用：能正确定义函数。

（2）函数的调用

识记：实参；被调函数；主调函数；函数调用时的四种传递方式。

领会：实参和形参的关系；单向值传递方式；地址传递方式；无返回值函数的调用；有返回值函数的调用。

简单应用：理解单向值传递方式、地址传递方式的调用过程，并能正确编写自定义函数并调用。

（3）局部变量和全局变量

识记：变量的作用域；变量的生存期；四种存储类型；局部变量；全局变量。

领会：局部变量和全局变量的区别。

简单应用：正确定义局部变量和全局变量；使用全局变量在函数间传递数据的方式；静态局部变量的应用。

（4）函数的递归调用

识记：递归的概念；递归函数；递归调用；编写递归函数的两个关键点。

领会：递归调用的执行过程。

简单应用：能够根据给定的递归定义设计并编写含有递归函数的程序。

（5）函数的应用举例

综合运用：能够综合运用单向值传递、地址传递、返回值传递、局部变量、函数调用、递归调用等编写简单程序，阅读并分析这类程序，从而写出运行结果或者补全程序。

四、本章重点与难点

本章重点：函数的定义和调用方法；实参与形参的对应关系；调用函数时数据的传递方式；变量的作用域；变量的生存期；递归调用过程；编写含有自定义函数、递归函数的程序。

本章难点：调用函数时数据的传递方式；递归调用过程；编写含有自定义函数、递归函数的程序。

第五章　指　　针

一、学习目的与要求

通过本章的学习，理解指针的概念，能正确定义指向不同类型的指针变量，利用指针变量正确引用所指向的变量、数组或字符串元素，达到灵活运用指针进行操作的目的。

二、课程内容

1）指向变量的指针。

2）指向数组的指针。

3）字符指针。

*4）指针数组。

5）返回指针值的函数。

三、考核知识点与考核要求

（1）指向变量的指针

识记：直接存取方式；间接存取方式；指针变量的定义形式；指针变量的初始化；取地址运算符；取内容运算符。

领会：指针变量的引用和操作。

简单应用：正确定义指针变量，初始化和引用指针变量；灵活运用取地址运算符和取内容运算符进行操作。

（2）指向数组的指针

识记：指向一维数组的指针变量的定义；指向一维数组的指针变量的初始化方式。

领会：一维数组元素地址和值的表示方法。

简单应用：使用指向一维数组的指针变量处理数组元素。

（3）字符指针

识记：字符指针；字符指针变量的定义；字符指针变量的初始化方式。

领会：指向字符串的指针变量的定义及字符串元素引用。

简单应用：能够用指向字符串的指针变量处理字符串元素。

(4) 返回指针值的函数

识记：返回指针值的函数定义。

简单应用：返回指针值函数的正确使用。

(5) 应用

综合运用：能够编写由指针和函数构成的简单程序，阅读并分析这类程序，从而写出运行结果或者补全程序等。

四、本章重点与难点

本章重点：指针变量的定义、初始化和赋值；利用指向变量、一维数组和字符串的指针变量来正确引用所指元素；各类指针变量的正确运用；返回指针值函数的正确使用。

本章难点：各类指针变量的正确运用；返回指针值函数的正确使用。

第六章　结 构 类 型

一、学习目的与要求

通过本章的学习，了解结构类型的特点；熟练掌握结构类型的定义方法，结构变量、结构数组、指向结构变量和结构数组的指针变量的定义、初始化和成员的引用方法；能够灵活应用结构类型和相应变量解决应用问题。

二、课程内容

1) 结构类型和结构变量。

2) 结构数组。

3) 结构指针。

三、考核知识点与考核要求

(1) 结构类型和结构变量

识记：结构类型的作用，结构类型的定义；结构变量的两种定义方式；typedef 的作用；结构变量的初始化；成员的引用方法；sizeof( ) 函数。

简单应用：编写程序实现自定义结构类型、类型别名、结构变量，对结构变量初始化并正确引用变量的各成员进行操作。

(2) 结构数组

识记：结构数组的定义；结构数组的初始化；成员的引用方法。

简单应用：编写程序实现自定义结构数组和相应变量，对结构数组变量进行初始化，正确引用数组变量的各成员进行操作。

(3) 结构指针

识记：指向结构变量的指针定义；指向结构变量指针的初始化；指向结构数组指针的定义；指向结构数组指针的初始化；结构指针变量成员的引用方法。

简单应用：编写程序实现结构指针变量的定义、初始化，能够灵活引用结构指针变量的各成员进行操作。

四、本章重点与难点

本章重点：结构类型的定义；结构变量的定义、初始化和成员引用；结构数组的定义、初始化和成员引用；结构指针变量的定义、初始化和成员引用；灵活应用结构类型和相应变量解决应用问题。

本章难点：结构指针变量的定义和应用。

第七章　数据结构概述

一、学习目的与要求

通过本章的学习，了解数据结构的基本概念；掌握数据的逻辑结构和物理结构的概念；理解存储方法；掌握算法的时间复杂度；理解算法的空间复杂度。

二、课程内容

1）引言。

2）算法的性能度量。

三、考核知识点与考核要求

（1）引言

识记：数据；数据元素；数据对象；数据结构；数据结构的分类；数据的逻辑结构；数据的物理结构；四种存储方法。

领会：线性结构和非线性结构的区别；数据的逻辑结构和物理结构的区别与联系。

（2）算法的性能度量

识记：时间复杂度；语句的频度；渐进时间复杂度；空间复杂度。

领会：时间复杂度与渐进时间复杂度的关系。

简单应用：分析一般算法或者程序段的时间复杂度。

四、本章重点与难点

本章重点：数据结构的基本概念；线性结构和非线性结构的特点；数据的逻辑结构；数据的物理结构；存储方法；时间复杂度。

本章难点：分析简单算法的时间复杂度。

第八章　线性数据结构

一、学习目的与要求

通过本章的学习，掌握线性表的顺序存储结构和链式存储结构，以及在此结构上的基本操作算法，栈、队列的概念和存储结构，栈和队列的插入、删除等操作算法，栈的应用，特殊矩阵的压缩存储等，为后续学习奠定良好基础。本章是数据结构中的重点内容。

二、课程内容

1）线性表。

2）栈。

3）队列。

4）特殊矩阵的压缩存储。

三、考核知识点与考核要求

（1）线性表

识记：线性表的概念和特点；单链表的特点；循环单链表的特点；双向循环链表的特点。

领会：线性表的顺序和链式存储结构的主要优、缺点及适用范围；线性表上各种操作的时间复杂度。

简单应用：实现顺序表、单链表、循环单链表和双向循环链表上的查找、插入和删除等操作算法。

（2）栈

识记：栈的概念和特点；顺序栈上溢和下溢的概念。

领会：顺序栈的类型定义；链栈的类型定义。

简单应用：实现顺序栈和链栈上的查找、插入和删除等操作算法。

综合应用：应用栈结构解决简单应用问题。

（3）队列

识记：队列的概念和特点；循环队列满的条件。

领会：顺序队列“假溢出”的原因及解决办法；循环队列元素个数的计算。

简单应用：实现循环队列上的基本操作。

（4）特殊矩阵的压缩存储

识记：压缩矩阵。

领会：三对角阵的特点；三角阵的特点；对称阵的特点。

简单应用：计算特殊矩阵压缩存储时元素的位置。

四、本章重点与难点

本章重点：线性表的特点；顺序表和链表上的基本操作；栈、队列的概念及基本操作；栈的应用；特殊矩阵压缩存储时元素的位置。

本章难点：单链表上的操作；栈的应用。

第九章　非线性数据结构

一、学习目的与要求

通过本章的学习，理解二叉树的概念、性质、存储结构、遍历方法；掌握树、森林和二叉树之间的转换；熟练掌握哈夫曼树及其应用；掌握图的基本概念、存储结构、深度优先遍历和广度优先遍历；掌握最小生成树算法和拓扑排序方法。

二、课程内容

1）树和二叉树。

2）哈夫曼树。

3）图。

4）最小生成树和拓扑排序。

三、考核知识点与考核要求

（1）树和二叉树

识记：树的概念及有关术语；二叉树的概念；满二叉树；完全二叉树；树的三种存储表示方法；树、森林和二叉树的关系。

领会：树和二叉树的区别；二叉树的五种基本形态；二叉树的顺序和链式存储结构；二叉树的性质。

简单应用：确定二叉树先序、中序和后序遍历的结果；完全二叉树和满二叉树的简单应用；根据二叉树遍历结果确定可能形态的二叉树。

（2）哈夫曼树

识记：哈夫曼树；路径；路径长度；树的路径长度；结点的带权路径长度；树的带权路径长度。

领会：哈夫曼树的性质。

简单应用：能够根据权值确定哈夫曼树。

综合应用：应用哈夫曼树解决实际问题，写出哈夫曼编码。

（3）图

识记：图的概念；无向图；有向图；完全无向图；完全有向图；邻接点；顶点的度；路径和简单路径；回路。

领会：图的邻接矩阵；图的邻接表。

简单应用：求解连通图邻接矩阵下的深度优先和广度优先遍历结果。

（4）最小生成树和拓扑排序

识记：连通图；非连通图；连通分量；生成树；最小生成树；AOV 网；拓扑排序；拓扑序列。

领会：图的连通分量和生成树的区别。

简单应用：Kruskal 算法构造最小生成树；能够应用拓扑排序方法写出给定有向图的一个拓扑序列。

四、本章重点与难点

本章重点：二叉树的遍历；二叉树的性质；哈夫曼树；图的存储结构；图的遍历；图的连通分量和生成树的区别；Kruskal 算法；拓扑排序方法。

本章难点：二叉树的遍历；Kruskal 算法；拓扑排序方法。

第十章　常用的查找和排序方法

一、学习目的与要求

通过本章的学习，理解顺序表中常用的设“监视哨”的查找方法、折半查找及二叉查找树上的查找方法的基本思想、查找过程和算法实现；掌握排序的分类，直接插入排序、冒泡排序和直接选择排序方法的基本思想、排序过程和算法实现；能够使用查找和排序方法解决实际应用问题。

二、课程内容

1）查找的概念。

2）常用的静态查找。

3）排序的概念。

4）常用的内部排序。

5）排序方法的应用举例。

三、考核知识点与考核要求

（1）查找的概念

识记：查找表；查找成功；查找失败；静态查找表；动态查找表；平均比较次数。

领会：平均查找长度。

（2）常用的静态查找

识记：二叉查找树的定义。

领会：设“监视哨”的顺序查找、折半查找及二叉查找树上的查找的基本思想、查找过程；二叉查找树的构造方法。

简单应用：针对给定数据元素的关键字有序数列写出折半查找过程并计算查找成功的平均查找长度；根据给定数据元素的关键字序列构造二叉查找树并计算查找成功的平均查找长度；编程实现三种查找算法。

（3）排序的概念

识记：排序的功能；内部排序；外部排序；衡量排序算法的三个性能指标；排序算法的稳定性。

领会：内部排序和外部排序的区别；排序算法时间复杂度的决定因素。

（4）常用的内部排序

领会：直接插入排序、冒泡排序和直接选择排序方法的基本思想、排序过程。

简单应用：针对给定数据元素的关键字序列，写出三种排序方法的排序过程；编程实现三种排序算法，并分析各算法的时间复杂度。

（5）排序方法的应用举例

综合应用：能够使用三种排序方法解决实际应用问题。

四、本章重点与难点

本章重点：三种查找方法和三种排序方法的基本思想和操作过程。

本章难点：三种查找方法和三种排序方法的算法实现。

第十一章　操作系统概述

一、学习目的与要求

通过本章的学习，能从操作系统的概念、地位、作用、功能和产品等不同角度理解什么是操作系统；掌握现代操作系统的作用、进程管理功能、内存管理功能、设备管理功能、文件管理功能、提供用户的几类接口以及四类操作系统产品；了解软件需要操作系统的支撑才能够正常运行。

二、课程内容

1）操作系统简介。

2）操作系统功能。

3）操作系统产品。

三、考核知识点与考核要求

（1）操作系统简介

识记：操作系统的概念；操作系统的地位；理解操作系统的两个角度。

（2）操作系统功能

识记：操作系统的五个基本功能；进程的概念；进程同步的任务；进程调度的任务；线程的概念；引入线程的原因；内存分配的主要任务和方式；内存保护的任务；地址映射的概念；实现内存扩充的方式；缓冲区的概念和类型；设备独立性功能；虚拟设备的功能；目录项；两种命令接口。

领会：程序并发执行的特点；进程与程序的区别与联系；进程管理、内存管理、设备管理及文件管理的功能；提供的用户接口。

（3）操作系统产品

识记：主机操作系统的特点和代表产品；批处理系统的特点；事务处理系统的特点；分时系统的特点；服务器操作系统的特点和代表产品；个人计算机操作系统的特点和代表产品；嵌入式操作系统的特点、应用领域和代表产品。

四、本章重点与难点

本章重点：操作系统在计算机系统中的地位和作用；操作系统的五个功能；程序并发执行；进程的概念；提供的用户接口；主机、服务器、个人计算机和嵌入式操作系统的特点。

本章难点：进程与程序的区别与联系；进程管理、内存管理、设备管理及文件管理的功能。

第十二章　软件工程概述

一、学习目的与要求

通过本章的学习，了解软件的概念及软件危机产生的原因；熟悉软件工程的基本原理和常用的软件过程模型；掌握软件生命周期各阶段任务；理解敏捷开发思想；了解软件开发过程，具有开发简单应用软件的初步能力。

二、课程内容

1）软件工程简介。

2）软件生命周期。

3）软件过程模型。

4）敏捷开发。

三、考核知识点与考核要求

（1）软件工程简介

识记：软件危机的概念、典型表现和产生原因；软件工程的概念、本质特征和基本原理。

领会：传统方法学的概念；面向对象方法学的概念和要点。

（2）软件生命周期

识记：软件生命周期的概念；软件生命周期各周期的主要任务；程序模块化；模块独立性；良好程序设计风格的准则；软件测试的目标；软件测试的基本准则；软件测试的步骤；软件测试的方法；软件维护工作。

领会：黑盒测试和白盒测试的比较；测试用例的设计。

简单应用：使用判定树表达简单算法；等价划分方法。

（3）软件过程模型

识记：软件过程和过程模型的概念。

领会：瀑布模型的特点；原型模型的特点；螺旋模型的特点；统一过程模型的特点。

（4）敏捷开发

识记：敏捷开发思想；敏捷方法适用范围；敏捷开发的原则。

领会：Scrum 模型的过程；XP 模型过程。

四、本章重点与难点

本章重点：软件危机的表现和产生原因；软件工程的概念和基本原理；软件生命周期各

个阶段的主要任务；软件测试的基本准则、步骤和方法；黑盒测试；不同软件过程模型的特点；敏捷开发思想和模型。

本章难点：使用判定树表达简单算法；等价划分方法；软件过程模型；敏捷开发模型。

第十三章　关系数据库系统概述

一、学习目的与要求

通过本章的学习，了解数据库和数据库系统的概念；理解关系数据库的数据组织方式即关系模型；掌握用户和关系数据库系统交互的标准语言 SQL；掌握应用软件中关系数据库设计过程和方法；对基于关系数据库的应用软件开发过程有基本的认识，并为实现应用软件开发奠定基础。

二、课程内容

1）数据库系统简介。

2）关系数据库标准语言 SQL。

3）关系数据库设计过程。

三、考核知识点与考核要求

（1）数据库系统简介

识记：数据的概念；数据库的概念；数据库系统的概念；数据库管理系统的概念；DBMS 的功能；数据模型的定义；数据模型的三个要素；概念模型的作用；范式。

领会：DBMS 的工作模式；关系模型三要素；不“好”的关系模式存在的问题。

（2）关系数据库标准语言 SQL

识记：SQL 的特点；定义表、数据查询、数据更新和定义视图的 SQL 语法格式。

领会：视图的定义；视图和基本表的区别。

简单应用：灵活运用 SQL 定义表和视图、表达查询请求和更新数据。

（3）关系数据库设计过程

识记：数据库设计过程六个阶段的任务。

领会：数据流图；数据字典。

简单应用：E-R 模型设计、E-R 模型向关系模型转换。

四、本章重点与难点

本章重点：数据库的基本概念；关系模型三要素；运用 SQL 进行数据操作；数据库设计过程六个阶段的任务；E-R 模型设计；关系模型设计。

本章难点：范式；SQL 数据查询表达；E-R 模型设计。

Ⅳ. 实践环节

一、类型

课程实验

二、目的与要求

1. 目的

学习计算机软件，必须高度重视实践环节，不但要自己编写程序，还需要上机调试程序，其目的是：

1）通过上机实践来加深对本课程内容的理解，这是学习软件课程行之有效的方法。

2）通过上机实践来熟悉软件的运行环境和计算机的操作方法，为应用计算机软件解决实际问题创造条件。

3）通过上机实践学习调试 C 语言程序、与数据库间交互的语言。

2. 要求

1）考生应到主考学校或其指定场所进行实验。

2）实验前应准备好上机所需要的程序，在读懂的基础上再上机调试。

3）实验完成后应整理和写出实验报告，报告内容应包括题目、实验目的、实验内容、代码清单和运行结果等，经指导老师检查并签字后有效。

三、实验内容

1. C 语言程序设计

1）认识程序。

2）具有选择结构的程序。

3）具有循环结构的程序。

4）数组。

5）函数。

6）指针。

7）结构类型。

2. 数据结构

1）顺序表和单链表。

2）查找。

3）排序。

3. 关系数据库语言 SQL

1）数据定义。

2）数据查询。

3）数据更新。

四、实验大纲

1. C 语言程序设计

（1）认识程序

实验目的：

1）熟悉和掌握 C 语言程序的运行环境（建议使用教材中程序运行的开源集成开发工具 Dev-C++），包括 C 语言源程序的编辑、编译和运行过程。

2）编写和运行简单 C 语言程序。

实验内容：

1）用 Dev-C++集成化软件编辑、编译和运行程序。

2）用赋值语句、scanf( )函数和 printf( )函数等编写简单的程序。

（2）具有选择结构的程序

实验目的：熟悉和掌握具有选择结构的 C 语言程序。

实验内容：

1）利用不同形式的 if 语句编写具有选择结构的程序。

2）利用 switch 编写具有选择结构的多分支程序。

3）利用 if 嵌套的形式编写具有选择结构的程序。

（3）具有循环结构的程序

实验目的：熟悉和掌握具有循环结构的 C 语言程序。

实验内容：

1）利用当型循环 while 编写具有循环结构的程序。

2）利用直到型循环 do-while 编写具有循环结构的程序。

3）利用 for 语句编写具有循环结构的程序。

（4）数组

实验目的：熟悉和掌握利用数组处理多个数据。

实验内容：

1）利用循环编写含有一维数组和二维数组的程序。

2）利用数组进行数据处理，包括计算平均值、最值、查找和排序等。

（5）函数

实验目的：熟悉和掌握 C 语言函数的定义和调用。

实验内容：

1）定义和调用函数，函数的形式参数分别为简单变量和数组名。

2）建立和运行由一个主函数和其他用户自定义函数组成的程序。

（6）指针

实验目的：熟悉和掌握 C 语言的指针变量。

实验内容：编写一个含有主函数和另外两个函数的程序，分别尝试用变量传递数据和用指针传递数据。

（7）结构类型

实验目的：熟悉和掌握结构类型和变量的定义、初始化和成员引用方法。

实验内容：编写一个包括结构类型变量成员输入、处理和输出的简单程序。

2. 数据结构

（1）顺序表和单链表

实验目的：熟悉并掌握顺序表和单链表上基本运算的算法。

实验内容：编写并调试顺序表和单链表上的插入、删除和查找运算的程序。

（2）查找

实验目的：掌握常用的查找方法。

实验内容：编写并调试设“监视哨”的顺序查找和折半查找程序。

（3）排序

实验目的：掌握常用的排序方法。

实验内容：编写并调试直接插入排序、冒泡排序和直接选择排序的程序。

3. 关系数据库语言 SQL

（1）数据定义

实验目的：认识开源数据库产品 MySQL，建议使用 8.0 及以上版本，熟练 SQL 数据定义语句。

实验内容：熟悉 MySQL 客户端工具，在 MySQL 的查询窗口中，使用 SQL 实现表的定义。

（2）数据查询

实验目的：熟练 SQL 数据查询语句。

实验内容：在 MySQL 的查询窗口中，使用 SQL 实现各种情况的单表查询、多表连接查询。

（3）数据更新

实验目的：熟练使用 SQL 数据更新语句。

实验内容：在 MySQL 的查询窗口中，使用 SQL 实现表中数据插入、删除和更新操作。

V. 关于大纲的说明与考核实施要求

一、课程自学考试大纲的目的和作用

课程自学考试大纲是根据专业自学考试计划的要求，结合自学考试的特点而确定。其目的是对个人自学、社会助学和课程考试命题进行指导和规定。

课程自学考试大纲明确了课程学习的内容以及深广度，规定了课程自学考试的范围和标准。因此，它是编写自学考试教材和辅导书的依据，是社会助学组织进行自学辅导的依据，是自学者学习教材、掌握课程内容知识范围和程度的依据，也是进行自学考试命题的依据。

二、课程自学考试大纲与教材的关系

课程自学考试大纲是进行学习和考核的依据，教材明确了学习掌握课程知识的基本内容与范围，教材的内容是大纲所规定的课程知识和内容的扩展与发挥。课程内容在教材中可以体现一定的深度或难度，但在大纲中对考核的要求一定要适当。

大纲与教材所体现的课程内容应基本一致，即大纲里面的课程内容和考核知识点，教材里应该也要有；反过来，教材里有的内容，大纲里就不一定体现（注意：如果教材是推荐选用的，其中有的内容与大纲要求不一致的地方，应以大纲规定为准）。

三、关于自学教材

《计算机软件基础》，全国高等教育自学考试指导委员会组编，张琼声、马力编著，机械工业出版社出版，2024 年版。

四、关于自学要求和自学方法的指导

“计算机软件基础”是多门软件课的综合，以 C 语言、数据结构、操作系统、软件工程和关系数据库为核心内容，涉及知识面较广，内容较繁杂。因此，应考者尽可能参加教学点的助学辅导。在助学的基础上，通过自学和强化复习掌握课程内容。

为有效地指导个人自学和社会助学，本大纲已指明了课程的重点和难点，在章节的基本要求中也指明了章节内容的重点和难点。

本课程为 5 学分，其中 1 学分为上机实验内容的学分。建议学习本课程时注意以下几点：

1）在自学本课程之前应先阅读大纲，从而了解本课程的性质和特点，熟知本课程的基本要求。在学习本课程时，能紧紧围绕本课程的基本要求。

2）在自学每一章之前应先阅读大纲中对应章节的学习目的与要求、考核知识点与考核要求，从而在自学时做到心中有数。

3）细读教材，结合大纲，消化每一个知识点。每章学完要总结本章主要内容，检查是否掌握。

4）概念很重要，对教材上的概念不要死记硬背，要做到能够理解。只有理解的内容，才不容易忘掉。

5）学会阅读和分析程序。可以把程序中数字简化，按照程序运行过程体会各部分功能。会读程序才会编程序。

6）教材中的程序或者 SQL 代码的例题融合了各个知识点，需仔细阅读。考生应多做练习，善于总结。

7）本课程实践性较强，考生需重视实践环节。上机前应熟悉工具，提前准备好程序或者 SQL 代码，有误的程序或者命令无法正确运行。

五、对考核内容的说明

1）本课程要求考生学习和掌握的知识点内容都作为考核的内容。课程中各章的内容均由若干知识点组成，在自学考试中成为考核知识点。因此，课程自学考试大纲中所规定的考试内容是以分解为考核知识点的方式给出的。由于各知识点在课程中的地位、作用以及知识自身的特点不同，自学考试将对各知识点分别按三个或四个认知（或称能力）层次确定其考核要求。

2）本课程分为三部分：C 语言程序设计基础、数据结构基础、软件开发技术基础，考试试卷中所占的比例大致分别为 40%、35%、25%。

六、关于考试命题的若干规定

1）本课程的考试方式为闭卷，笔试，满分 100 分，60 分及格。考试时间为 150 分钟。

2）本课程在试卷中对不同能力层次要求的分数比例大致为识记占 20%，领会占 30%，简单应用占 30%，综合应用占 20%。

3）要合理安排试题的难易程度，试题的难度可分为易、较易、较难和难四个等级。必须注意试题的难易程度与能力层次有一定的联系，但两者不是等同的概念。在各个能力层次中对于不同的考生都存在不同的难度。在大纲中要特别强调这个问题，应告诫考生切勿混淆。

4）本课程考试命题的主要题型有单项选择题、填空题、简答题、程序分析题、程序设计题等。

在命题工作中必须按照本课程大纲中所规定的题型命制，考试试卷使用的题型可以略少，但不能超出本课程对题型的规定。

Ⅵ. 题型举例

一、单项选择题

1. C 语言中不允许有常量的数据类型是（　　）。

A. 整型　　B. 结构类型　　C. 字符型　　D. 实型

2. 在一个程序中包含三个函数：main()、fa() 和 fb()函数，它们之间不正确的调用是（　　）。

A. 在 main( ) 函数中调用 fb( ) 函数

B. 在 fa( ) 函数中调用 fb( ) 函数

C. 在 fa( ) 函数中调用 fa( ) 函数

D. 在 fb( ) 函数中调用 main( ) 函数

二、填空题

1. 假定对结点个数为 50 的有序表进行折半查找，则对应的折半查找判定树高度为________。

2. 操作系统的内存管理应具有内存分配、________、________和内存扩充功能。

三、简答题

1. 简述操作系统的作用和功能。

2. 设有一关系模式 student（sno，sname，ssex，sage，smajor)，记录学生的学号、姓名、性别、年龄和专业。试用 SQL 实现如下查询请求：

1）查询年龄在 20~23 岁（包括 20 岁和 23 岁）之间的学生的姓名和专业。

2）统计女学生人数。

四、程序分析题

1. 已知 C 语言程序如下：

```
#include<stdio.h>
int main()
{
    int i,s=0,a=1;
    for(i=1;i<=10;i++)
    {
        s=s+a*i;
        a=-a;
    }
    printf("s=%d\n",s);
    return 0;
}
```

该程序运行的结果为________。

2. 下面是求表头结点为 head 的单链表长度 *n* 的算法，请补全空白处完成算法。

```
int f(*head,n)
{
    p=head;
    n=0;
    while(①__________)
    {
        p=p->next;
```

```
        ②__________;
    }
    return n;
    }
```

五、程序设计题

1. 用 C 语言编程实现，输入一列整数，以 0 为结束标记，求其中所有正数的平均值。

2. 用函数编程设计求两整数的最大值，在主函数中调用该函数，计算并输出从键盘任意输入的两个整数的最大值。

大纲后记

《计算机软件基础自学考试大纲》是根据《高等教育自学考试专业基本规范（2021年）》的要求，由全国高等教育自学考试指导委员会机械及轻纺化工类专业委员会组织制定的。

全国高等教育自学考试指导委员会机械及轻纺化工类专业委员会对本大纲组织审稿，根据审稿会意见由编者做了修改，最后由机械及轻纺化工类专业委员会定稿。

本大纲由中国石油大学（华东）张琼声、马力编写；参加审稿并提出修改意见的有南开大学辛运帏教授、北京理工大学陈朔鹰副教授、北京邮电大学郑岩副教授。

对参与本大纲编写和审稿的各位专家表示感谢。

全国高等教育自学考试指导委员会
机械及轻纺化工类专业委员会
2024 年 3 月

全国高等教育自学考试指定教材

计算机软件基础

全国高等教育自学考试指导委员会　组编

编 者 的 话

本书是根据全国高等教育自学考试指导委员会最新制定的《计算机软件基础自学考试大纲》编写的自学考试教材。

本书依据自学考试培养应用型、职业型人才为主的精神，编写时既注重内容符合本学科的基本要求，又注重内容的基础性、实用性和实践性，同时兼顾社会需要的目标要求。本书的主要目的是帮助自学应考者掌握编程语言、程序设计思想和常用数据结构，建立坚实的计算机学科基础，培养程序设计能力和解决实际问题的能力，掌握软件工程、操作系统和数据库系统方面的相关概念，建立起对软件开发的基本认识，以适应数字化时代的发展需求。

本书系统地介绍了计算机软件基础相关的基本概念、理论和技术方法，分为三篇，共十三章，具体内容如下：

第一篇 C 语言程序设计基础，共六章：第一章绪论，第二章程序的控制结构，第三章数组，第四章函数，第五章指针，第六章结构类型。

第二篇数据结构基础，共四章：第七章数据结构概述，第八章线性数据结构，第九章非线性数据结构，第十章常用的查找和排序方法。

第三篇软件开发技术基础，共三章：第十一章操作系统概述，第十二章软件工程概述，第十三章关系数据库系统概述。

本书内容丰富，对于某些较深的内容，在章节前加了“*”号。每章章前有学习目标，章后有本章小结和适量的习题，习题包括单项选择题、填空题、简答题、程序分析题和程序设计题，与考试题型相对应。此外，本书还配有章后习题解答和教学课件等数字资源，帮助读者学习。

本书由中国石油大学（华东）张琼声、马力编著，马力负责统稿。南开大学辛运帏教授、北京理工大学陈朔鹰副教授、北京邮电大学郑岩副教授审阅了全稿并提出了许多宝贵的意见与建议，在此表示衷心的感谢。

限于编者的水平，书中难免有不妥之处，恳请广大读者批评指正。

编　者

2024 年 3 月

第一篇　C 语言程序设计基础

学习本篇的目的是学会利用 C 语言进行程序设计，从而学习如何利用计算机这一现代化信息处理的工具去解决各种实际问题。计算机是一种工具，而计算机语言则是使用计算机这种工具的工具。当然，仅学会计算机语言的规则不足以编写出高质量的程序，后续还需要学习数据结构、算法等其他知识。本篇主要介绍 C 语言和程序设计的基本知识，以期为考生学习和应用 C 语言解决问题打下良好的基础。

第一章 绪　论

学习目标：

- 掌握计算机语言、算法和程序的定义，算法和程序的区别，算法的描述即流程图的应用。
- 掌握软件的定义、发展和分类。
- 掌握常量和变量的定义，掌握 C 语言中的基本数据类型、变量名的基本命名规则，能够正确定义变量并为变量初始化。
- 掌握基本的算术运算符、赋值运算符和复合赋值运算符、算术表达式、赋值表达式、类型转换，能够正确求解算术和赋值表达式的值。

第一节 程序的概念

一、计算机语言

人与人之间通过某种语言进行交流，如汉语、英语、哑语等。同样，人和计算机交流思想也必须有一种语言，这就是计算机语言。计算机语言是从第一代机器语言、汇编语言，直到与自然语言相接近并被计算机所接受和执行的高级语言不断发展的。C 语言是一种面向过程的高级编程语言，既可以用来编写系统软件，也可以用来编写应用软件，是经过了漫长发展历史的理论体系，在编程语言中具有举足轻重的地位。

二、算法及其描述

算法是对特定问题求解步骤的一种描述，是指令的有限序列。通俗地讲，**算法就是解决问题的方法、步骤和思路**。一个算法应当具有以下五个特征：

1）有输入。一个算法必须有 0 个或多个输入。这些输入取自于特定对象的集合，可以使用输入语句由外部提供，也可以使用赋值语句在算法内给定。

2）有输出。一个算法应有 1 个或多个输出，输出的量是算法计算的结果。

3）确定性。算法的每步都应确切地、无歧义地定义。

4）有穷性。一个算法无论在什么情况下都应在执行有穷步后结束。

5）能行性。一个算法中描述的操作都是可以通过已经实现的基本操作执行有限次来实现的。

算法的描述应不依赖于任何一种计算机语言以及具体的实现手段。算法的描述方法很多，常用的有自然语言（如汉语、英语等）、伪代码方式、流程图、N-S 结构图等。流程图直观性强，简单清晰，便于阅读。本书采用流程图来描述算法。图 1-1 是 ANSI（美国国家标准协会）规定的一些基本流程图符号。

图 1-1 中起止框表示流程的开始或结束；处理框表示一般的处理功能；输入/输出框记录从外部输入数据到计算机内部，或者从计算机内部输出数据到计算机外部；判断框根据条

件是否满足，在几个可选择的路线中选择某一路径；流程指示线表示流程的路径和方向。利用上述符号可以准确地描述各种算法。例如，求 a、b 两数中的最大数，可用图 1-2 来描述。

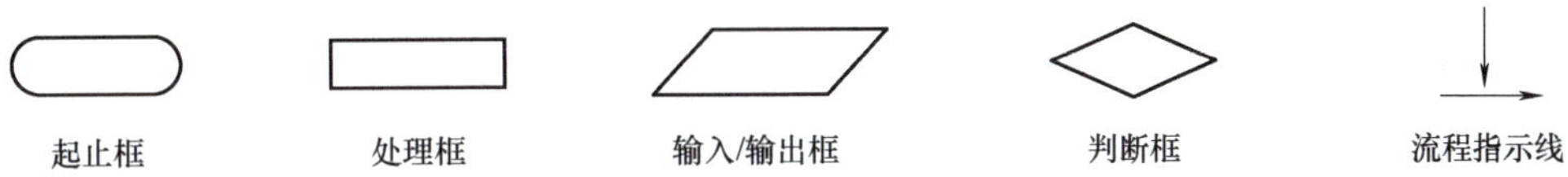

图 1-1 常用流程图符号

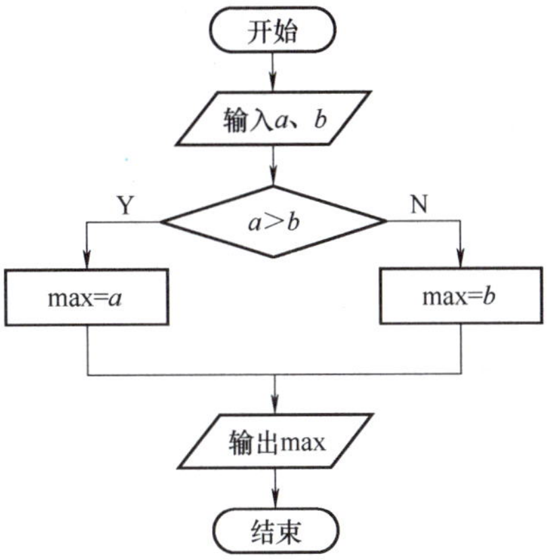

图 1-2 求 a 和 b 两数中最大数的流程图

三、程序

算法设计完成之后，用某种计算机语言表示出来就形成了程序，用 C 语言编写的程序为 C 语言程序。编写 C 语言程序的过程称为 C 语言程序设计。程序设计的关键在于设计出一个好的算法，一个好的算法应当是在正确的基础上具有易读性、易移植性、良好的时间性和空间性。图 1-2 算法用 C 语言编写的程序如下：

```
#include<stdio.h>
int main()                          /*主函数首部*/
{
    int a,b,max;                    /*定义变量*/
    scanf("%d%d",&a,&b);            /*输入变量 a 和 b 的值*/
    if(a>b)
        max=a;                      /*若 a>b,则最大值取 a*/
    else
        max=b;                      /*若 a<=b,则最大值取 b*/
    printf("max=%d\n",max);         /*输出 a、b 中的最大数 max*/
    return 0;
}
```

程序中“/∗……∗/”部分为注释。注释具有向用户或程序员提示或解释程序功能的作用，一般放在一段程序的开始或某些语句的后面。C 语言的注释分为两种：一种是以“/∗”开头，之后是注释内容，并以“∗/”结尾的段落注释；另一种是以“//”开头，之后是注释内容的单行注释。本书程序采用第一种注释方式。

四、算法和程序的区别

算法和程序的主要区别有以下三点：

1）算法是有穷的，即一个算法必须总是在执行有穷步之后结束，且每一步都要在有穷时间内完成，而程序不一定满足有穷性。例如，操作系统是一个系统程序，只要系统不遭破坏，它就永远不会停止，即使没有要处理的作业，它一直处于循环等待中。

2）算法和程序的描述方法不一样，程序是用计算机语言描述的。

3）算法一般情况下是不可执行的（除非算法十分简单，直接用计算机语言描述），而程序是可执行的。

五、计算机解决问题的一般过程

计算机解决问题包括从接受任务、分析问题开始，到最后通过计算机运行得到正确结果，其基本过程如图 1-3 所示。

图 1-3　计算机解决问题的一般过程

计算机解决问题的过程也是程序设计的过程。程序设计是运用计算机解决问题的一种方法。有些问题，如数值、逻辑等问题适合通过程序的方式解决。通过对实际问题的分析、设计算法、把转化成的程序输入计算机、经调试后让计算机执行这个程序，最终达到利用计算机解决问题的目的。前面求两个整数最大值的 C 语言程序，是不能被计算机直接执行的，这样的程序称为源程序。源程序必须翻译成机器指令即机器语言程序才能被计算机执行，这一翻译工作由编译系统来完成。例如，一个 C 语言源程序，其文件扩展名是“. c”，经过预处理程序、编译器和汇编器（简记为编译）产生二进制的目标程序，其文件扩展名为“. obj”，链接器将一个或多个目标文件与程序中用到的库文件链接起来，形成一个可以在操作系统上直接运行的可执行程序，扩展名为“. exe”，其过程如图 1-4 所示。注意，程序编译时，不对注释内容做任何处理。

图 1-4　C 语言程序编译过程

应当指出，如果想在一台计算机上运行 C 语言程序，必须首先保证该计算机具备 C 语言编译系统。C 语言的编译系统很多，本书所述内容和程序调试均在 64 位机、Windows10 环境下使用 Dev-C++集成开发环境提供的编译系统实现，遵循 1999 年 12 月 ISO 推出的 C99 标准。Dev-C++（又称 Dev-Cpp）是 Windows 环境下的一个轻量级 C 或 C++集成开发环境，窗口界面如图 1-5 所示。它是一款自由软件，遵守 GPL 许可协议分发源代码。它集合了源码编辑器、MingW64/TDM-GCC 编译器、GDB 调试器和 AStyle 格式整理器等众多自由软件，适合供 C/C++语言初学者使用，也适合非商业级普通开发者使用。

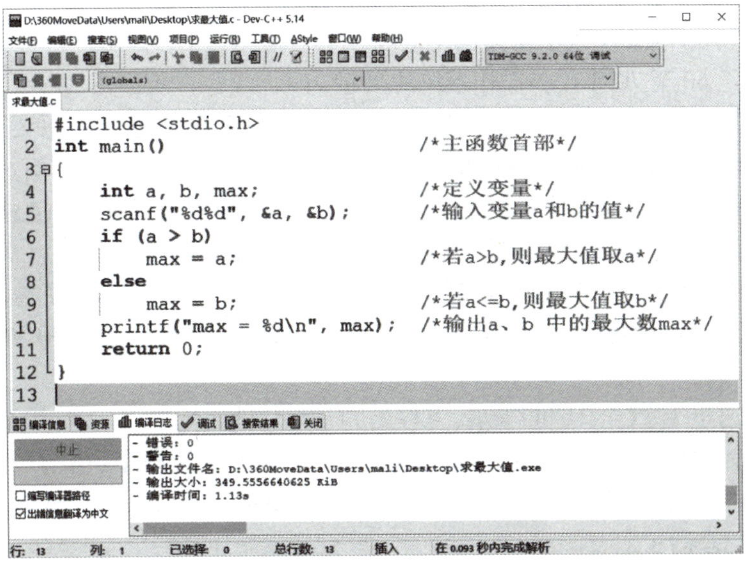

图 1-5　Dev-C++5. 14 集成开发环境界面截图

第二节　计算机软件

一、计算机软件的概念

完整的计算机系统包括硬件系统和软件系统两部分，简称为硬件和软件。其中，硬件是指组成计算机的各种物理设备的总称，包括各种电子元件和电子线路；软件是指计算机上运行的各种程序、维护这些程序所需要的文档以及运行这些程序所需数据的总称。简单地说，软件=程序+数据+文档，其正确含义为：

1）按事先设计的功能和性能要求执行的指令序列。

2）使程序能够正确运行的数据结构。

3）与程序开发、运行和维护有关的图文资料。

二、计算机软件的发展

计算机软件的发展历史可以追溯到计算机的早期阶段，以下是一些重要的里程碑和关键事件：

（1）20 世纪 40 至 50 年代：起源和早期软件

早期，计算机被设计用于执行特定任务，并且编程是通过硬件连接和开关来完成的。首个可存储程序的计算机 ENIAC 于 1946 年问世，这标志着软件开发的开始。这一时期编写程序时使用的原始代码绝大多数是直接用机器语言编写的。

（2）20 世纪 50 至 60 年代：高级语言和编译器的出现

高级程序设计语言的引入使得程序员能够使用更接近自然语言的表达方式编写代码，而无须直接操作底层硬件。FORTRAN（1957 年）和 LISP（1958 年）是最早的高级语言之一，它们提供了更强大的抽象和结构化编程概念。这一时期产生了第一个编译器，将高级语言代码转换为机器语言，从而实现了自动代码生成。

（3）20 世纪 60 至 70 年代：操作系统的兴起

随着计算机系统的不断发展，操作系统的概念和开发变得至关重要。MIT 的 CTSS（Compatible Time-Sharing System）和 IBM 的 OS/360 是早期的操作系统示例。操作系统使多个用户共享计算机资源，提供了软件抽象层，简化了程序员对底层硬件的直接控制。

（4）20 世纪 70 至 80 年代：软件工程和面向对象编程

软件工程的发展使得软件开发过程变得更加系统化和有效率，引入了需求分析、设计、测试等阶段。面向对象编程的概念得到广泛采用。Smalltalk、Ada、C/C++和 Java 等语言在此时期出现。

（5）20 世纪 90 年代至 21 世纪初：互联网和开源软件的崛起

互联网的普及带来了软件开发和分发新的模式。Web 应用程序、电子商务和社交媒体的兴起改变了软件的使用方式。开源软件运动兴起，Linux、Apache、MySQL 和 GNU 工具集等开源软件被广泛采用。

（6）2010 年至今：移动应用和人工智能技术的爆发

移动设备的普及推动了移动应用程序的发展，包括 iOS 和 Android 平台上的应用程序。人工智能和机器学习技术的快速进步，催生了语音识别、图像处理、自然语言处理等领域中的创新软件。

随着时间的推移，计算机软件的发展不断推动了科技和社会的变革。从最初的低级语言到高级语言，从操作系统到互联网和人工智能，软件在现代社会中扮演着重要的角色，并继续不断演进。

三、计算机软件的分类

计算机软件种类繁多，作用各异，从不同的角度可以有多种分类方法。依照软件与计算机硬件、用户的关系划分，软件一般可以分为系统软件、支撑软件和应用软件。

1）系统软件，是指为整个计算机系统配置的、不依赖具体应用的软件。它与计算机硬件紧密结合，以便计算机的各个部分协调、高效地工作。例如，操作系统、与计算机相连接的各种设备驱动程序、计算机语言处理程序、数据库管理系统等都属于系统软件。

2）支撑软件，是指用于协助用户开发与维护软件系统的一些工具性软件，如模拟仿真软件、错误检测程序等。广义地讲，可以把操作系统、数据库管理系统看作支撑软件，或把支撑软件看作系统软件的一部分。

3）应用软件，是指为解决各种应用领域中的问题而开发的软件，如教学管理软件、工程制图软件、图像处理软件等。应用软件按照主要用途可以分为科学计算类、数据处理类、过程控制类、辅助设计类、人工智能软件类等。

依照软件规模划分，软件又可以分为微型软件、小型软件、中型软件和大型软件。

第三节 C 语言的基本数据类型

一、数据类型

数据是程序的组成部分，也是程序的处理对象，不同的数据其表示形式和它们之间的联系不同，即数据结构不同。C 语言的数据结构是以数据类型的形式描述出来的。C 语言的数据类型很多，具体如图 1-6 所示。不同类型的数据在内存中占用不同大小的存储单元，因此，它们所能表示的数据的取值范围各不相同。

- 数据类型
  - 基本类型
    - 整型
    - 实型（浮点型）
    - 字符型
  - 构造类型
    - 数组
    - 结构
    - 联合
    - 枚举类型
  - 指针类型
  - 空类型

图 1-6　C 语言的数据类型

在 C99 标准中，又新增加了布尔数据类型。本节介绍最基本的数据类型：整型、实型、字符型，除枚举类型和联合外，其他类型将在后续章节中介绍。

1. 整型

1）整型，用 int 表示，占 4 个字节的存储空间，取值范围为$-2^{31}\sim(2^{31}-1)$。

2）长整型，用 long 表示，占 4 个字节的存储空间，取值范围为$-2^{31}\sim(2^{31}-1)$。

3）短整型，用 short 表示，占 2 个字节的存储空间，取值范围为$-2^{15}\sim(2^{15}-1)$。

4）无符号整型，用 unsigned 表示。unsigned short int 占 2 个字节的存储空间，取值范围为$0\sim(2^{16}-1)$。unsigned int 和 unsigned long int 各占 4 个字节的存储空间，取值范围均为$0\sim(2^{32}-1)$。

2. 实型

1）单精度实型，用 float 表示，占 4 个字节的存储空间，取值范围为$-3.40282\times10^{38}\sim3.40282\times10^{38}$

2）双精度实型，用 double 表示，占 8 个字节的存储空间，取值范围为$-1.79769\times10^{308}\sim1.79769\times10^{308}$。

3. 字符型

字符型用 char 表示，占 1 个字节的存储空间。字符型可以是有符号的，也可以是无符号的，取决于编译器实现。有符号字符的取值范围为$-2^{7}\sim(2^{7}-1)$，无符号字符的取值范围为 0~(2^8-1)。需要注意的是，ASCII 码中的基本字符范围是 0~(2^7-1)，对应于 7 位二进制数。因此，对于 ASCII 字符集，大多数字符的范围在 0~(2^7-1) 之间。

二、常量

C 语言程序处理的数据有常量和变量两种形式。

常量是在程序运行过程中不能改变其值的量。C 语言中的常量主要有整型常量、实型常量、字符型常量和字符串常量。

1. 整型常量

整型常量即整常数，包括正整数（正数前面的“+”号可以省略）、负整数和零在内的所有整数，有以下三种表示形式：

1）十进制整数，是由 0~9 的数字序列组成，如 123、+234、-234。整型通常习惯上用我们熟悉的十进制数表示，但事实上它们都是以二进制形式存储在计算机内存中。二进制数表示不直观方便，因此，有时也将其表示为八进制和十六进制，编译系统会自动将其转换为二进制形式存储。

2）八进制整数，是由数字 0 开头、后跟 0~7 的数字序列组成。例如，八进制整数 0234，与其等值的十进制整数为 156；八进制整数-037，与其等值的十进制整数为-31。

3）十六进制整数，是由 0X（或 0x）开头、后跟 0~9、a~f 或 A~F 的数字序列组成。例如，十六进制整数 0X234，与其等值的十进制整数为 564；十六进制整数-0x1F，与其等值的十进制整数为-31。

整型常量有长整型和短整型、有符号和无符号之分。默认的整型常量为有符号整数，占 4 个字节存储空间。

2. 实型常量

实型常量有十进制小数和指数两种表示形式。

1）十进制小数形式，与人们表示实数的惯用形式相同，是由数字和小数点组成的，且必须有小数点，例如，23.456、-1.25、.78 等均为合法的实型常量。

2）指数形式，用于直观地表示绝对值很大或很小的数，由前置数、小写字母 e 或大写字母 E、指数三部分组成。字母 e 或 E 代表以 10 为底的指数。前置数可以是十进制整型常量或十进制小数形式的实型常量，指数是十进制整型常量。如 2.34e3 和 2.34E3 数值上都代表 2.34×10^3，-2.34e-2 和-2.34E-2 数值上都代表 -2.34×10^{-2}。2.34 可以表示为 0.234E1、2.34e0、23.4e-1。C 语言规定，字母 e 或 E 之前必须要有数字，且 e 或 E 后面的指数必须为整数，字母 e 或 E 的前后以及数字之间不得插入空格，例如，e3、5e3.6、.e、e、0e 等都是非法的指数形式。

实型常量有单精度、双精度和长双精度之分，但无有符号和无符号之分。实型常量隐含按双精度型处理，占 8 个字节存储空间。

3. 字符型常量

字符型常量有两种：

1）用单引号括起来的单个字符。例如，'a'、'2'、'*'、'!' 等都是字符型常量，简称字符常量。注意，'a' 和 'A' 是两个不同的字符常量（'a' 的 ASCII 码值为 97，'A' 的 ASCII 码值为 65）。

2）转义字符。转义字符是一种特殊的字符常量。它以一个反斜杠“\”开头，后面跟着一个或几个字符。例如，'\n'表示一个换行字符，在程序中无法用一个字符描述出来，常用的转义字符常量见表 1-1。

表 1-1 常用的转义字符及其含义

字符形式	含义
\n	换行符，将当前位置移到下一行开头
\0	字符串结束标记
\f	换页符，将当前位置移到下一页的开头
\r	回车符
\\	代表一个反斜杠字符“\”
\'	单引号字符“'”
\"	双引号字符“"”
\ddd	1 至 3 位八进制数所代表的字符
\xhh	1 至 2 位十六进制数所代表的字符

例如，'\101'代表的是八进制数 101，对应的 ASCII 码为十进制的 65，表示字母'A'，因此，'\101'在 C 语言中也代表字母'A'；'\x41' 也代表'A'，即十六进制数 41 为十进制的 65。**所有的转义字符在内存中均占一个字节**，如'\101'占一个字节。

4. 字符串常量

字符串常量是用双引号括起来的零个或多个字符，简称字符串。例如，"a"、"xyz"、"Dev-C++"等都是字符串常量，其中每个字符占 1 个字节的存储空间，系统自动给字符串后面加一个结束标记字符'\0'，'\0'是 ASCII 码值为 0 的字符。字符串的长度为串中字符的个数，但在内存中所占的字节数应比长度多 1，因为'\0'还占 1 个字节，如字符串"Dev-C++"的长度为 7，在内存中占 8 个字节。

注意，'a'和"a"是不同的。'a'是字符常量，在内存中占 1 个字节；"a"是字符串常量，在内存中占 2 个字节（'\0'占 1 个字节）。字符串的结束字符'\0'是一个空操作字符，输出时不含'\0'。

三、标识符

在程序设计语言中，标识符是用来标识各种程序实体的有效字符序列，用于给变量、常量、函数等命名。标识符应遵守以下基本的命名规则：只能由字母（指英文 26 个字母）、数字（指 0~9 十个数字）和下画线（_）三种字符组成，且第 1 个字符必须为字母或下画线。例如，a、a23、ab_c、_2a3b、e2sum、max、min 等均是合法的标识符，可作为变量名，2a、-ab、a-b、2、a>b 等都不是标识符。

C 语言中标识符是区分大小写（即大小写敏感）的，所以 max 和 Max 是不同的。为避免混淆，程序中最好不要出现仅靠大小写区分的相似标识符。标识符命名不能与 C 语言中称为关键字的专用名词相同。关键字是 C 语言预先规定、具有特殊意义的单词，如 if、break 和 for 等，参见表 1-2。

表 1-2　ANSI C 定义的 32 个关键字

auto	break	case	char	const	continue	default	do
double	else	enum	extern	float	for	goto	if
int	long	register	return	short	signed	sizeof	static
struct	switch	typedef	union	unsigned	void	volatile	while

C99 标准新增了五个关键字：inline、restrict、_Bool、_Complex、_Imaginary。

四、变量

变量不同于常量，其值在程序执行过程中是可以改变的。例如，数学中 $y=2x+3$，其中 x、y 可以取不同的值，用变量来表示。

1. 变量的定义

变量在使用之前必须先定义，即事先定义其类型。变量定义的一般形式：

```
类型说明符  变量名 1,变量名 2,…,变量名 n;
```

这里的类型说明符用于声明变量的类型。变量的类型决定了编译器为其分配内存单元的字节数、数据在内存单元中的存放形式、该类型变量合法的取值范围以及该类型变量可参与的运算种类。

变量名是用户定义的标识符，用于标识内存中一个具体的存储单元，在这个存储单元中存放的数据称为变量的值。建议使用见名知意的名字为变量命名，可以使用英文单词大小写混排或中间加下画线的方式，尽量不要使用汉语拼音。

例 1-1　变量定义示例。

```
int min,max;          /*定义了 2 个整型变量 min 和 max */
long int a,b;         /*定义了 2 个长整型变量 a 和 b */
long a,b;             /*定义了 2 个长整型变量 a 和 b */
float sum;            /*定义了 1 个单精度实型变量 sum */
double c,d,e;         /*定义了 3 个双精度实型变量 c、d 和 e */
char ch1,ch2;         /*定义了 2 个字符型变量 ch1 和 ch2 */
```

2. 变量的初始化

C 语言允许变量定义后再对其进行初始化，也允许在定义变量时对其初始化，例如：

```
int x,y;          /*定义 x、y 为整型变量*/
x=3;              /*为变量 x 赋初值为 3 */
y=2;              /*为变量 y 赋初值为 2 */
```

与

```
int x=3,y=2;      /*定义 x、y 为整型变量,x 初值为 3,y 初值为 2 */
```

是等价的。

```
char ch1='a',ch2='a';/*定义 ch1、ch2 为字符型变量,其初值均为'a'*/
```

第四节 算术运算符和算术表达式

一、基本的算术运算符

基本的算术运算符包括+（加）、-(减）、*(乘）、/(除）和%（求余）。只需要一个运算对象（也称为操作数）的运算符称为一元运算符（或单目运算符），如运算符“-”（取负）。需要两个运算对象的运算符称为二元运算符（或双目运算符）。

两个整数相除其商为整数（取商的整数部分），例如，1/2 的结果为 0，9/5 的结果为 1。%的两个运算对象为整数，其余数也为整数，例如，9%4 结果为 1，4%9 结果为 4。算术运算符的运算顺序同数学中相同，一元取负运算符的优先级最高，其次是 * 、/、%，而+、-的优先级最低，并且 * 、/、%具有相同的优先级，+、-具有相同的优先级。一元的取负运算符为右结合（即自右向左计算），其余的算术运算符为左结合（即自左向右计算）。例如，表达式“-2 * 3-5”，第一个“-”是取负运算符，而第二个“-”是二元的减法运算符。此语句的运算顺序为先对 2 取负，再乘 3，结果为-6，再和 5 做减法操作，最终表达式结果为-11。

二、算术表达式

由算术运算符及其运算对象组成的表达式称为算术表达式。运算对象可以是常量、变量，也可以是函数的返回结果。

例 1-2 把下列数学算式表达为 C 语言的算术表达式。

① $\dfrac{a+b}{a-b}$；② $a(b+c)$；③ $\dfrac{1}{2}mV^2$；④ $\dfrac{abc}{2\pi}$；⑤ $\dfrac{-b+\sqrt{b^2-4ac}}{2a}$。

在将数学算式表示为算术表达式时，分数使用“/”表示；乘法运算符“ * ”是不能省略的；所有括号均为匹配的圆括号；函数的自变量用圆括号括起来。因此，上述算式分别转化为以下的算术表达式：

① (a+b)/(a-b)；

② a * (b+c)；

③ 0.5 * m * V * V 或 1.0/2 * m * V * V 或 m * V * V/2.0，注意不要写成：1/2 * m * V * V（因为 1/2 的结果为 0）；

④ a * b * c/(2 * 3.14)或 a * b * c/2.0/3.14；

⑤ (-b+sqrt(b * b-4.0 * a * c))/(2.0 * a)或(-b+sqrt(b * b-4.0 * a * c))/2.0/a。

此处，sqrt() 是 C 语言中计算平方根的数学库函数。

三、不同类型的混合运算

在 C 语言中，相同类型的操作数进行运算的结果类型与其操作数的类型相同，但当不同类型的操作数进行运算时，提供了两种类型转换的方式。

1. 隐式转换（自动类型转换）

C编译器在对操作数进行运算之前，先将所有操作数都转换成取值范围较大的操作数类型，称为类型提升。常用类型转换的规则如图1-7所示，纵向箭头表示必然的转换，横向箭头表示不同类型的操作数进行混合运算时由低到高的类型转换方向，但不代表转换的中间过程。例如，若参与运算的数中有一个为实数，则结果为double型，因为所有的实数都按double型进行运算；char型和int型运算结果为int型。

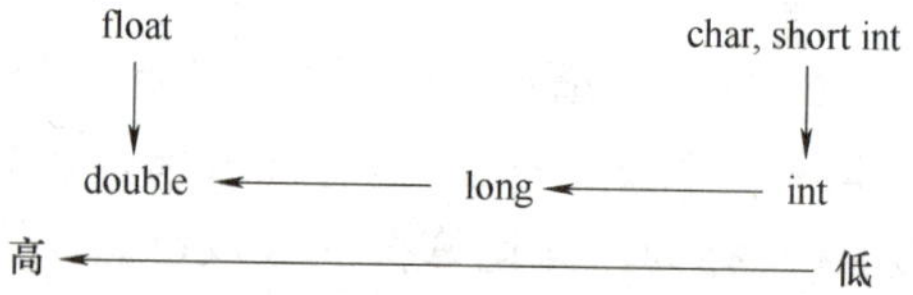

图1-7 自动类型转换规则

例如，若定义“int x=13；double y=1.5，j;”，表达式“2+'b'-x/3 * y+j”的运算顺序为：先进行2+'b'的运算，将'b'转换成整型数ASCII码值98，运算结果为100；再进行x/3，运算结果为4；接着计算4 * 1.5结果为6.0；最后进行100-6.0+j的运算，将100、6.0转化成双精度数，两数相减为double型，再和j相加，上面表达式值为double型。

按照上述转换规则进行类型转换后，每对操作数的类型变成完全一样的，因此运算结果的类型自然就与这一对操作数的类型相同。

2. 显式转换（强制类型转换）

强制类型转换的主要作用是将一个表达式值的类型强制转换为用户指定的类型，它是一个一元运算符，与其他一元运算符具有相同的优先级，一般形式为：

```
(要转换成的类型)(被转换的表达式)
```

例如，有定义：double x=3.6，y=4.2;

若执行（int）(x+y)，先计算x+y，值为7.8，再将值7.8强制转换成整型，则该表达式值为7；若执行（int）x+y，先将x的值3.6强制转换成整型值3，然后加y，则该表达式值为7.2，此处，变量x本身的类型和值是不会发生变化的。

第五节 赋值运算符和赋值表达式

一、赋值表达式

赋值运算符“=”用于给变量赋值。赋值表达式是由赋值运算符及两侧的操作数组成的表达式，一般形式为：

```
变量名=表达式
```

其中，表达式可以是任意类型的表达式。C语言没有提供专门的赋值语句。赋值操作是通过在赋值表达式后面加分号构成赋值语句来实现的。赋值语句的含义是计算表达式的值，然后将该值赋给变量。如果表达式与变量的类型不同，则在赋值前需要将表达式的值转换为变量的类型。“将值赋给变量”的含义是指将值存入系统为该变量分配的存储空间中。

例如，执行如下的赋值语句后

```
a=5;
b=a*2;
```

变量 a 的值是 5，变量 b 的值是 10。表达式中如果出现变量，则必须保证变量已经有值。第二个语句中，使用 a 的值 5 乘以 2 后，得到的值 10 赋给 b。

当使用一个表达式给多个变量赋值时，可以采用连等号赋值。如下所示：

```
a=b=c=6;
```

执行这条语句后，变量 a、b 和 c 的值都是 6。该赋值语句等价于 a=(b=(c=6));，执行时是从右向左把最右侧的表达式的值依次赋给左侧的变量。需要注意的是，连等号赋值形式不能用在变量定义的时候。例如，int a=b=c=6; 的写法是错误的。

二、复合赋值运算符

在赋值号“=”前面加上其他运算符就构成了复合赋值运算符。涉及算术运算的复合赋值运算符有五个，分别为+=、-=、*=、/=和%=。复合赋值运算的一般形式及其等价表示如图 1-8 所示。

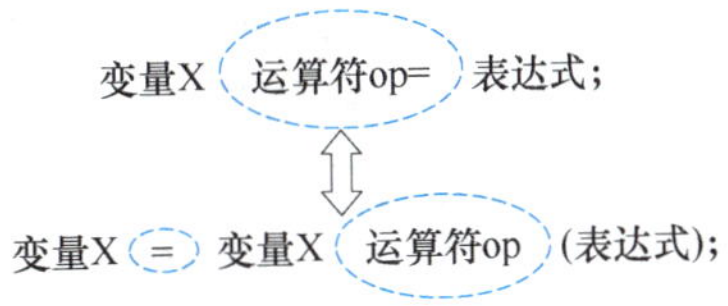

图 1-8　复合赋值运算的一般形式及其等价表示

例如：

a+=b　　(等价于 a=a+b)

a-=b　　(等价于 a=a-b)

a*=b　　(等价于 a=a*b)

a/=b　　(等价于 a=a/b)

a%=b　　(等价于 a=a%b)

其中，a 为变量，b 为表达式。例如，a*=x+3 等价于 a=a*(x+3)。赋值表达式也可以包含复合的赋值运算符。

三、自增和自减运算符

对变量进行加 1 或减 1 是一种很常见的操作。为此，C 语言专门提供了执行这种功能的运算符，称为自增和自减运算符。自增和自减运算符都是一元运算符，只需要一个操作数，且只能用于变量，不能用于常量或表达式，如 3++(或 3--)、(a-b)++都是错误的。

自增或自减运算符实现对变量本身执行加 1 或减 1 操作，既可以写在变量的前面（如 ++i，--i），也可以写在变量的后面（如 i++，i--），写在变量的前面是在变量使用之前先对其执行加 1 或减 1 操作，再使用变量的值，而写在变量的后面是先使用变量的当前值，然后对其进行加 1 或减 1 操作。这两种方式对变量而言，运算的结果都是一样的，但其所在表达式本身的值却是不同的。这种差异通常在赋值语句或打印语句中才能体现出来。

例 1-3 若定义 int i=5，j;，分别执行如下三条语句后，i 和 j 的值分别是什么？

① j=i++；② j=++i；③ j=-(i++)；

执行 j=i++；后，赋值表达式的值为 5（即 j 的值），i 值为 6。这是因为 i++中 i 在前，先用 i 值运算，执行赋值表达式 j=i，再执行 i++使 i 值加 1。

执行 j=++i；后，j 值为 6，赋值表达式值为 6，i 值为 6。这是因为++i 中 i 在后，先给 i 加 1 变成 6，再用 i 值运算执行 j=i。

执行 j=-(i++)；后，j 值为-5，赋值表达式值为-5，i 值为 6。这是因为负号“-”和“++”属于同一优先级，低于“()”的优先级，先考虑括号中的运算，写在变量 i 后面的自增运算符“++”在使用变量值之后才会对变量 i 进行加 1 操作即执行 j=-i 后再执行 i++。

本章小结

本章介绍了语言、算法和程序的概念，计算机解决问题的一般过程，计算机软件的概念、发展和分类，使考生认识什么是计算机软件。软件是程序、文档以及数据的总称，其中，程序是计算机的主宰，控制着计算机该去做什么事。

C 语言的数据类型和运算符很多，为了突出程序设计的主线，避免初学者一开始因接触较多的数据类型和运算符而陷入语法细节之中，本章仅介绍常量（整型、实型、字符型、字符串）和变量（标识符命名、变量的定义、初始化），算术运算符和算术表达式，赋值运算符和赋值表达式，类型转换，自增和自减运算符。这些基本的数据类型和运算符是构成程序的基本成分，需要熟练掌握，为后续进行程序设计奠定基础。

习　题

一、单项选择题

1. 下列整型常量中，正确的是（　　）。

A. 3e3　　B. 045　　C. a　　D. 3.4

2. 已知 int a=3，b=8;，则表达式 a%b 的值为（　　）。

A. 0　　B. 0.375　　C. 2　　D. 3

3. 下列变量定义中，语句正确的是（　　）。

A. int 3;　　B. int a; 3;　　C. int a，3;　　D. int a=3;

4. 表达式 1+'2' - 6/3+1.5 运算结果的类型为（　　）。

A. 整型　　B. 实型　　C. 字符型　　D. 无类型

5. 编制 C 语言程序并上机运行的一般过程是（　　）。

A. 编辑，编译，链接，运行　　B. 编译，编辑，链接，运行

C. 链接，编辑，编译，运行　　D. 链接，编译，编辑，运行

6. C 语言中，语句“s=i++;”等价于（　　）。

A. s=i; i=i+1;
B. i=i+1; s=i;
C. s=i; s=s+1;
D. s=i; s=i+1;

7. C 语言中，赋值表达式中“=”左边（　　）。

A. 可以是常量
B. 可以是变量名
C. 只能是表达式
D. 可以是常量或表达式

8. 属于 C 语言正确的类型说明符是（　　）。

A. Char　　B. char　　C. real　　D. string

二、填空题

1. 设 x、y、z、t 均为 int 型变量，则执行以下语句后，t 的值为________。

```
x=y=z=1;
t=++x || ++y &&++z;
```

2. C 语言源程序文件的扩展名是________，经过编译汇编后生成文件的扩展名是________，经过链接后生成文件的扩展名是________。

3. 软件是指计算机上运行的各种程序、维护这些程序所需要的________以及运行这些程序所需________的总称。

4. 表达式 6.0 * (1/2) 的结果值为________。

5. ________是对特定问题求解步骤的一种描述，是指令的有限序列。

三、简答题

1. C 语言有哪些数据类型?
2. 为什么程序中的变量在使用前必须先定义?
3. 算法和程序的区别是什么?
4. 什么是软件? 软件的分类有哪些?
5. 计算机解决问题的一般过程包括哪几步?

第二章　程序的控制结构

学习目标：

- 掌握字符输入与输出函数 getchar( )和 putchar( )、格式化输入与输出函数 scanf( )和 printf( )的使用。
- 掌握关系运算符、逻辑运算符、关系表达式和逻辑表达式的含义及运用。
- 掌握 break 和 continue 语句的作用和运用。
- 掌握 if 语句、switch 语句的一般形式及运用，三种循环结构的一般形式及运用。

1966 年 Bohra 和 Jacopini 提出了程序的三种基本结构。

1）顺序结构，用来表示一个操作序列，它的执行过程是按顺序执行各操作。

2）选择结构，也称分支结构，根据给定条件，选择执行某个分支操作。

3）循环结构，根据条件重复执行某些操作。

C 语言为这三种结构提供了相应的语句。熟练掌握这三种基本结构的概念和使用是程序设计最基本的要求。

第一节　顺序结构

顺序结构是最简单、最常用的程序结构，只要按照解决问题的顺序写出相应的语句即可，它的执行顺序是自上而下，依次执行，其示意图如图 2-1 所示。顺序结构可以独立使用构成一个简单的完整程序。常见的输入、计算和输出三部曲的程序就是顺序结构，例如，计算圆的面积，其程序的语句顺序就是输入圆的半径 r，计算 s = 3.14159 * r * r，输出圆的面积 s。大多数情况下，顺序结构是作为程序的一部分，与其他一起构成一个复杂的程序，如分支结构中的复合语句、循环结构中的循环体等。

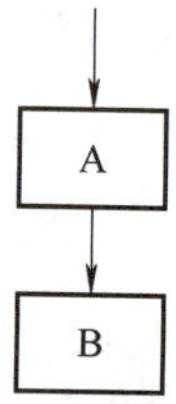

图 2-1　顺序结构示意图

键盘输入和屏幕输出是编写简单的顺序结构程序时最常用到的操作。C 程序中的键盘输入和屏幕输出都是通过输入/输出函数实现的，这些函数以库的形式存放在系统中。下面介绍最基本的输入/输出函数。

一、单个字符输入与输出

字符使用 char 类型表示，可以包含字母、数字或特殊符号等。getchar( )和 putchar( )是 C 语言标准函数库中专门用于字符输入/输出的函数。

1. 字符输入函数 getchar( )

getchar( )函数是实现从键盘读一个字符，没有参数。当程序调用 getchar( )时，程序就等待用户按键，用户从键盘输入的字符会被首先放到输入缓冲区中，直到用户按下回车键为止（回车符也会被放到输入缓冲区中）。当用户键入回车后，getchar( )开始从标准输入流中读取字符，并且每次调用只读取一个字符，其返回值是用户输入的字符 ASCII 码，且将用户输入的字符回显到屏幕上。该函数可出现在表达式的位置，接收该函数值时可以用字符型或整型变量。通常采用下列赋值语句：变量=getchar()；，例如，定义"char ch;"，执行"ch=getchar();"时，暂停程序的执行，出现一个闪动的光标，键入一个字符后程序继续向下运行。若键入 1234↙（↙表示回车换行符），则 ch='1'。

2. 字符输出函数 putchar()

putchar()函数的作用是把一个字符输出到屏幕的当前光标位置，其形式为 putchar(c)，即输出 c 所代表的一个字符。这里的 c 可以是字符常量、已赋值的字符变量、整型常量、已赋值的整型变量和整型表达式。

例 2-1　程序中使用字符输出函数的示例。

```
#include<stdio·h>
int main()
{
    int x=97;
    char y='a';
    putchar('a');          /*输出字符常量'a'*/
    putchar(y);            /*输出字符变量 y 的值'a'*/
    putchar(97);           /*输出整型常量所代表的字符'a'*/
    putchar(x);            /*输出整型变量 x 代表的字符'a'*/
    putchar('c'-2);        /*输出'c'-2 表达式所代表的字符'a'*/
    return 0;
}
```

程序运行结果如下：

```
aaaaa
```

putchar()函数不具有换行功能，可以使用转义字符'\n'输出一个换行。如下列语句：

```
putchar('a');
putchar('\n');
putchar(97);
```

程序运行结果如下：

```
a
a
```

putchar()函数也可以输出其他转义字符，例如，语句"putchar('\141');"是输出八进制数 141 所代表的字符'a'。

程序中若调用 getchar()、putchar()等标准输入/输出函数时，则**程序前面必须写上“#include<stdio. h>”或“#include "stdio. h"”**，#include 是文件包含命令，其含义是把尖括号或者双引号里指定的文件添加到本程序中。stdio. h 是标准输入/输出头文件，尖括号代表编译程序只会在系统默认搜索目录中搜索这个头文件，主要用于包含标准库头文件，而双引号代表编译程序会优先在程序的本地目录搜索这个文件，找不到再搜索系统目录，主要用于包含用户自定义的头文件。在引入标准库时，建议使用#include<stdio. h>的形式，以避免可能的命名冲突和错误。

二、格式化输入与输出

scanf()和 printf()函数可以输入、输出各种类型的数据。在使用这两个函数时，必须调用标准输入/输出头文件。

1. 格式输入函数 scanf()

scanf()函数的一般形式为：

```
scanf(格式控制字符串,参数地址表);
```

其中，格式控制字符串是用双引号括起来的字符串；参数地址表是由若干变量的地址组成的列表，这些参数之间用逗号分隔。一般情况下，格式控制字符串包含两部分内容：格式说明符和需原样输出的字符。格式说明符由%开始，并以转换字符结束，用于指定各输出参数的输出格式。例如，%d 是说明十进制整型格式，%f 是说明实型格式，%c 是说明字符型格式。

函数 scanf()要求必须指定用来接收数据的变量的地址，否则数据不能正确读入指定的内存单元，如“scanf("%f%f", x, y);”是错误的，“scanf("%f%f", &x, &y);”是正确的。

例 2-2 格式输入函数示例。

```
scanf("%d%d%d",&a,&b,&c);
```

该输入语句运行时，按如下方式键入 a、b、c 值：2␣3␣4↙，则 a 值为 2，b 值为 3，c 值为 4。这里 &a、&b、&c 分别为变量 a、b、c 的地址。

其中，结果中的␣代表一个空格符，以下类同。

```
scanf("%d,%d,%d",&a,&b,&c);
```

该输入语句的格式控制字符串中%d 之间用“,”号分开，键入 a、b、c 值时也必须以“,”号分开，键入方式为 2，3，4↙。

```
scanf("%2d%3d%4d",&a,&b,&c);
```

该输入语句的格式控制字符串用到%md 形式，m 指定输入的宽度，让系统自动截取。若键入 123456789↙，系统将 12 赋给 a，345 赋给 b，6789 赋给 c。

```
scanf("%f%f",&x,&y);
```

该输入语句运行时，若键入 1.25␣-3.6↙，则 x 的值为 1.25，y 值为-3.6。scanf( )函数输入实型数据时不能规定精度，如“scanf（"%7.2f"，&x）;”是错误的。

```
scanf("%c%c%c",&ch1,&ch2,&ch3);
```

“%c”格式输入时只能接收一个字符。该输入语句运行时，若键入 a␣b␣c↙，则将字符'a'送给 ch1，'␣'送给 ch2，'b'送给 ch3。若键入 abc↙，则将字符'a'送给 ch1，'b'送给 ch2，'c'送给 ch3。

2. 格式输出函数 printf( )

printf( )函数的一般形式为：

```
printf(格式控制字符串,输出值参数表);
```

其中，格式控制字符串与 scanf( )函数定义相同；输出值参数表中可以是多个用逗号分开的输出值，也可只输出一个字符串而无须使用逗号。

例 2-3　格式输出函数示例。

① 若定义三个整型变量 a、b 和 c，并分别为其赋值，执行不同格式控制字符串的输出语句。

```
int a=12,b=-123,c=12345;
printf("%d%d%d\n",a,b,c);
```

输出结果为：

```
12-12312345
```

这里%d 是按整型的实际长度输出。a、b 和 c 的值按实际长度直接输出后，使用'\n'进行换行。

```
printf("a=%d,b=%d,c=%d\n",a,b,c);
```

输出结果为：

```
a=12,b=-123,c=12345
```

双引号内除%d 以外的字符照原样输出。输出 a、b、c 值之间用逗号和空格分开，使结果更清晰。

```
printf("%2d,%4d,%5d\n" ,a,b,c);
```

输出结果为：

```
12,-123,12345
```

这里用到%md格式说明，m为指定输出的宽度。若m大于输出数的位数，则在输出数前面补空至m位；若m小于输出数的位数，则按实际位数输出，即m失效。

② 若定义三个浮点型变量x、y和z，并分别为其赋初值，执行不同格式控制字符串的输出语句。

```
double x=1.25,y=-23.456,z=234.56782;
printf("%f ,%f ,%f \n",x,y,z);
```

输出结果为：

```
1.250000,-23.456000,234.567820
```

这里%f由系统指出输出长度，整数部分全部如数输出，并输出6位小数。应当注意，并非全部数字都是有效数字，单精度实数的有效位数一般为7位，输出的234.567820实际上只精确到小数点后第4位。

```
printf("%f,%10f,%10.3f \n",x,y,z);
```

输出结果为：

```
1.250000,-23.456000,␣␣␣234.568
```

这里%10f指整个输出10位（含小数点1位，小数6位）。%10.3f是指整个输出10位，其中，小数位占3位，由四舍五入得到，小数点占1位，整数位数不够时前面补空。

③ 若定义三个字符型变量ch1、ch2和ch3，并分别为其赋初值，执行输出语句。

```
char ch1='a',ch2='b',ch3='c';
printf("%c%c%c\n",ch1,ch2,ch3);
```

输出结果为：

```
abc
```

三、顺序结构程序设计举例

例 2-4 写出交换a、b两变量值的语句。

相当于一瓶油a，一瓶醋b，拿一个空瓶m，使它们交换，语句描述为：

```
m=a;a=b;b=m;
```

C语言允许一行写多条语句，也允许一行写一条语句，所以上面还可以是如下形式：

```
m=a;
a=b;
b=m;
```

虽然一行写一条还是多条语句无固定要求，但后者易读性好，更符合良好的编程习惯。

例 2-5　输入一个字符，输出它的 ASCII 码值，反过来输入一个字符的 ASCII 码值，输出这个字符。

字符数据和整型数据都对应一个 ASCII 码值，可相互赋值。例如，“int m; char ch; m='a'; ch=97;”，后面两个语句的赋值都是合法的。

程序如下：

```
#include<stdio.h>                /*程序中使用了字符输入/输出系统函数*/
int main()
{
    int x;
    char ch;
    ch=getchar();                /*从键盘上键入1个字符到变量ch*/
    printf("%d\n",ch);           /*将ch的十进制ASCII码输出*/
    scanf("%d",&x);              /*从键盘键入1个十进制整数*/
    putchar(x);                  /*输出x这个整数所代表的字符*/
    return 0;
}
```

程序运行情况如下：

```
a↙     (输入)
97     (输出)
97↙    (输入)
a      (输出)
```

例 2-6　输入一个十进制整数，输出它的八进制、十六进制数。

程序如下：

```
#include<stdio.h>
int main()
{
    int a;
    scanf("%d",&a);              /*键入十进制数到a中*/
    printf("%o\n",a);            /*输出a的八进制数*/
    printf("%x\n",a);            /*输出a的十六进制数*/
```

```
    return 0;
}
```

程序运行情况如下：

```
12↙(输入十进制数)
14  (输出八进制数)
c   (输出十六进制数)
```

例 2-7 输入一个小写字母，输出相应的大写字母。

程序如下：

```
#include<stdio.h>
int main()
{
    char ch;
    scanf("%c",&ch);              /*输入小写字母*/
    printf("%c",ch - 32);         /*输出表达式 ch-32 相应的字符*/
    return 0;
}
```

程序运行情况如下：

```
a↙(输入)
A  (输出)
```

这里 ch-32 中的 32 是小写字母和大写字母 ASCII 码的差值（'a'-'A'）。

例 2-8 编写求任意半径圆的周长和面积的程序，要求周长四舍五入精确到小数点后第 2 位，面积到第 3 位。

程序如下：

```
#include<stdio.h>
int main()
{
    double r,c,s,pi=3.14159;
    scanf("%f",&r);               /*键入半径值 r*/
    c=2.0*pi*r;                   /*计算周长 c*/
    s=pi*r*r;                     /*计算面积 s*/
    printf("r=%f,c=%6.2f,s=%7.3f\n",r ,c ,s);/*按要求输出结果*/
    return 0;
}
```

程序运行情况如下：

```
2↙(输入)
r=2.000000,c=12.57,s=12.566（输出）
```

第二节　选 择 结 构

在解决实际问题时，常常需要根据不同的情况来选择不同的操作，例如，如果输入的三条边能构成一个三角形，则计算三角形的面积。选择结构就是通过判断某些特定条件是否满足来决定下一步的执行流程，是非常重要、形式比较灵活的控制结构。C 语言提供了 if、switch 等实现选择的语句。简单的判断条件可以用关系表达式来表示，复杂的条件可用逻辑表达式表示，因此本节先介绍与此有关的运算符和表达式。

一、关系运算符和关系表达式

1. 关系运算符

关系运算是指对两个数的大小进行比较的运算，即比较运算。C 语言提供六种双目关系运算符：

>(大于)、>=(大于或等于)、<(小于)、<=(小于或等于)、==(等于)、!=(不等于)

其中，前 4 个是相同优先级的运算符，后 2 个是相同优先级的运算符，前 4 个的优先级高于后 2 个。关系运算符的优先级均低于算术运算符，但高于赋值运算符。同级运算时，自左向右计算。

2. 关系表达式

关系表达式就是用关系运算符把两个表达式连接起来的式子。例如，数学中的 $a^2+b^2 \geq 2ab$ 在 C 语言中写成 a*a+b*b >=2*a*b，这就是关系表达式。关系表达式通常用于表达一个判断条件，而一个判断条件的结果只能有两种可能：“真”或者“假”。例如，3>2 的结果为“真”，值为 1；2>3 的结果为“假”，值为 0。

二、逻辑运算符和逻辑表达式

1. 逻辑运算符

C 语言提供了三种逻辑运算符：

!（逻辑非）、&&（逻辑与）、||（逻辑或）

其中，! 为单目运算符，&& 和 || 为双目运算符。!a 真值表、a&&b 真值表、a || b 真值表分别见表 2-1、表 2-2、表 2-3。

表 2-1　! a 真值表

a	! a
0（假）	1（真）
非 0（真）	0（假）

表 2-2 a && b 真值表

a	b	
	0（假）	非 0（真）
0（假）	0（假）	0（假）
非 0（真）	0（假）	1（真）

表 2-3 a || b 真值表

a	b	
	0（假）	非 0（真）
0（假）	0（假）	1（真）
非 0（真）	1（真）	1（真）

设 a 是一个整数，若！a 的值为 0，则 a 值为非 0，不能简单地说 a 值为 1，因为非 0 不仅包含 1。

2. 逻辑表达式

逻辑表达式是由若干表达式用逻辑运算符连接起来的式子。例如，数学中 $x \geqslant |a|$ 的解为 $x \geqslant a$ 或 $x \leqslant -a$。在 C 语言中写成 $x>=a \,||\, x<=-a$，这是一个逻辑表达式。

逻辑表达式中可以含有算术表达式、关系表达式等，运算符的优先顺序见表 2-4，其中非运算符“!”的优先级最高，或运算符“||”的优先级最低。

表 2-4 运算符优先顺序

优先级（1~7 是从高到低）	运算符
1	!
2	*
	/
	%
3	+
	-
4	>
	>=
	<
	<=
5	==
	!=
6	&&
7	||

例 2-9 逻辑表达式优先级示例。

① 逻辑表达式!a || a>b，按照优先级顺序，等价为（!a）||（a>b）；

② 逻辑表达式 a==b || a==c，按照优先级顺序，等价为（a==b）||（a==c）；

③ 逻辑表达式 a>b && x>y，按照优先级顺序，等价为（a>b）&&（x>y）；

④ 逻辑表达式!a && b || x>y && c，按照优先级顺序，等价为（!a）&&（b）||（x>y）&&（c）或（（!a）&&（b））||（（x>y）&&（c））。

用 && 对两个表达式计算时，若第一个表达式值为“假”，其结果肯定是“假”，此时，第二个表达式不再计算。例如，定义：

```
char ch1=a,ch2=b,ch3=c,ch4=d;
```

执行（ch1>ch2）&&（ch3==ch4），因为第一个表达式 ch1>ch2 是按它们的 ASCII 码值比较 a>b 为“假”，所以第二个表达式（ch3==ch4）将不会执行。

用“||”对两个表达式计算时，若第一个表达式值为“真”，那么整个表达式值为“真”，同样第二个表达式就不再计算。

三、if 语句

C 语言的 if 语句有三种基本形式：单分支 if 语句，双分支 if 语句和多分支 if 语句。

1. 单分支 if 语句

最简单的单分支选择结构，可以用下面的 if 语句实现：

```
if(表达式)
    语句 S
```

其语义是如果表达式的值为“真”，则执行其后的语句 S，否则不做任何操作，直接执行 if 语句后面的语句。单分支 if 语句流程图如图 2-2 所示。

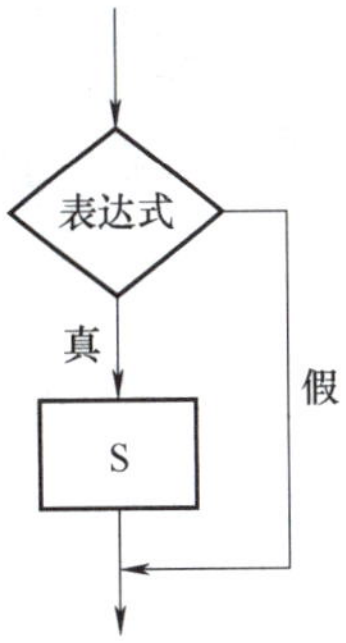

图 2-2　单分支 if 语句流程

语句 S 不仅可以是单个语句，还可以是复合语句。一般来说，复合语句是将一组逻辑相关的语句用一对花括号“{”和“}”括起来所构成的语句，又称为语句块。复合语句被当作一条语句来处理，用在单个语句可以使用的任何地方。

例如：

① if(a< b)

```
{
    m=a;
    a=b;
    b=m;
}
```

② if(a< b)

```
        m=a;
    a=b;
    b=m;
```

这里①和②是不同的。当a<b时，①会依次执行大括号中的3条语句，执行结果是交换a、b两个变量的值。而在②的写法中，因为缺少了大括号，故当a<b时仅执行一条语句，执行结果是将a的值赋给m。无论a<b为真还是为假，都会执行后面的两条语句“a=b;”和“b=m;”，这与初衷相悖（当a>=b时，3条语句都不应该执行）。更重要的是，当a>=b时，因为没有执行“m=a;”这条语句，在用m的值给b赋值时可能会引起错误。

在条件表达式中表示相等关系时，要使用等号“==”，而不是赋值号“=”。例如：

int a=3,b=4,c=5;

① if(a=b)

    c=a+b;

② if(a==b)

    c=a+b;

语句①中的表达式为赋值表达式，将b值赋给a，赋值表达式的值即为被赋予变量的值，即为变量a当前值为4（非0），if语句的表达式成立，执行语句“c=a+b;”，结果c值为8（因为a被赋值为4）。程序如下：

```
#include<stdio.h>
int main()
{
    int a=3,b=4,c=5;
    if(a=b)
        c=a+b;
    printf("a=%d,b=%d \n",a,b);
    printf("c=%d\n",c);
    return 0;
}
```

程序运行结果如下：

```
a=4,b=4
c=8
```

语句②中的表达式为关系表达式，a==b值为“假”，不会执行语句“c=a+b;”，c仍保留原来的值5。程序如下：

```
#include<stdio.h>
int main()
{
    int a=3,b=4,c=5;
    if(a==b)
        c=a+b;
```

```
    printf("a=%d,b=%d \n",a,b);
    printf("c=%d\n",c);
    return 0;
}
```

程序运行结果如下:

```
a=3,b=4
c=5
```

常量、变量和函数也是表达式，是表达式的特例。所以，“if（5）语句 s;”和“if（a）语句 s;”均为正确的 if 语句。

例 2-10　铁路上托运行李规定，行李重量小于或等于 20kg 时免费，超过 20kg 时，超过部分费用为 0.5 元/kg，试编写根据行李重量计算运费的程序。

设行李重量用 p 表示，运费用 w 表示，均定义为实型变量，其数学式为

$$w=\begin{cases}0, & p\leqslant 20\\ 0.5(p-20), & p>20\end{cases}$$

使用 C 语言实现的程序如下:

```
#include<stdio.h>
int main()
{
    double p,w;
    scanf("%f",&p);                     /*输入行李重量 p*/
    w=0;
    if(p>20)
        w=(p - 20) * 0.5;
    printf("p=%f,w=%f\n",p,w);   /*输出重量 p 和运费 w*/
    return 0;
}
```

还可以将程序中的运算部分改为:

```
w=(p - 20) * 0.5;
if(p<=20)
    w=0;
```

可以用 $p\leqslant 20$ 和 $p>20$ 两个区间的数据在上机时验证一下。思考能否交换两句先后顺序?

2. 双分支 if 语句

用于解决双分支结构问题的 if-else 语句，其一般形式为:

```
if(表达式)
    语句 S1
else
    语句 S2
```

该语句的语义是如果表达式的值为“真”，则执行语句 S1，否则执行语句 S2，流程如图 2-3 所示。

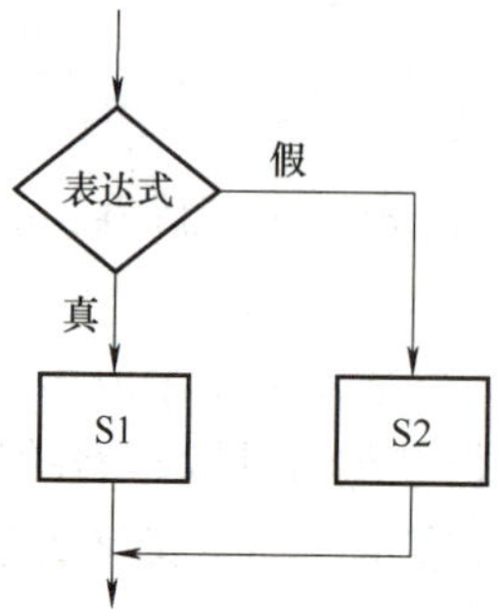

图 2-3 双分支选择结构流程

其中，语句 S1 和语句 S2 均可为复合语句。C 语言的书写形式很自由，也可以把整个 if 语句写在同一行，但文中给出的“锯齿形”书写形式层次分明，便于阅读。

使用 if-else 语句，例 2-10 的运算部分可以改写为：

```
if(p<=20.0)
    w=0.0;
else
    w=(p-20.0)*0.5;
```

3. 多分支 if 语句

在 if 语句中表达式后面的语句 S1 和 else 后面的语句 S2 可以是 C 语言中任何语句，因此也可以是 if 语句本身。这种在 if 语句中又包含 if 语句可以实现多分支流程控制，其一般形式为：

```
if(表达式 1)
    语句 S1
else if(表达式 2)
    语句 S2
…
else if(表达式 m)
    语句 Sm
else
    语句 Sq
```

其语义是当表达式 1 的值为“真”，执行语句 S1；表达式 2 的值为“真”，执行语句 S2，依此类推，表达式 m 的值为“真”，执行语句 Sm。当表达式 1 到表达式 m 这 m 个表达式的值均为“假”时，执行 else 后面的语句 Sq。

对于 m=2 的情况，控制流程如图 2-4 所示，其功能是若表达式 1 的值为“真”，则执行语句 S1；如果表达式 1 为“假”而表达式 2 为“真”，则执行语句 S2；如果表达式 1 和表达式 2 均为“假”，则执行语句 S3。

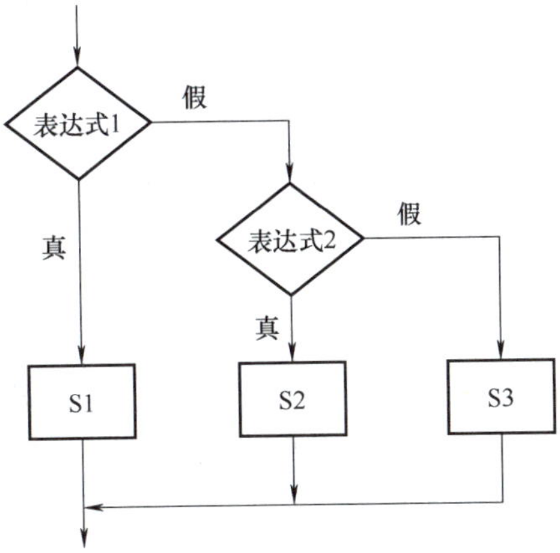

图 2-4　多分支选择结构流程

例 2-11　有如下分段函数：

$$y=\begin{cases}-1, & x<0\\ 0, & x=0\\ 1, & x>0\end{cases}$$

试编写程序，通过输入 x 值，求 y 的值。

使用 C 语言实现的程序如下：

```
#include<stdio.h>
int main()
{
    int x,y;
    scanf("%d",&x);
    if(x< 0)
        y=-1;                    /*x<0 情况下执行*/
    else if(x==0)
        y=0;                     /*x=0 情况下执行*/
    else
        y=1;                     /*x>0 情况下执行*/
    printf("x=%d,y=%d\n",x,y);
    return 0;
}
```

注意：else 总是与它前面、离它最近且在同一复合语句中尚未匹配的 if 配对。本例中第 1 个 else 和条件 x<0 配对，第 2 个 else 和条件 x==0 配对。

上面的语句部分还可以写为：

```
y=-1;
if(x >=0)
    if(x==0)          /*x>=0 情况下执行此 if 语句*/
        y=0;          /*x=0 情况下执行*/
    else
        y=1;          /*x>0 情况下执行*/
```

完成同一任务，C 语言表达形式有多种。上面的 if 语句还可以等价为：

```
if(x ! =0)
    if(x< 0)          /*x! =0 情况下执行此 if 语句*/
        y=-1;         /*x<0 情况下执行*/
    else
        y=1;          /*x>0 情况下执行*/
else
    y=0;              /*x=0 情况下执行*/
```

四、switch 语句

多分支流程控制可以用 if 语句来处理，但如果分支较多，程序冗长，可读性降低，为此 C 语言提供了一种实现多分支结构的 switch 语句。

1. switch 语句的一般形式

```
switch(表达式)
{
    case 常量表达式 1:语句组 1;break;
    case 常量表达式 2:语句组 2;break;
    …
    case 常量表达式 n:语句组 n;break;
    default:语句组 n+1;
}
```

switch 后面括号内的表达式可以是整型、字符型或枚举型。该语句的语义是，若 switch 后表达式和常量表达式 i(i=1,2,…,n)的值相同，则执行语句组 i，随后执行 break 终止 switch 执行；若 switch 后表达式和每一个常量表达式都不相同，则执行语句组 n+1。break 语句的作用是跳出 switch，执行 switch 语句后面的语句。值得注意的是，switch 语句中每一个常量表达式的值是互不相同的。语句组 i 可为 C 语言的任何可执行语句，也可以是一个

switch 语句。若某一语句组 i 后无 break，则执行完语句组 i 后，紧接着执行下面的语句组 i+1，此时常量表达式 i+1 不起作用。

此外，在一个 switch 语句中，多个 case 可以共用一组执行语句，例如：

```
switch(ch)
{
    case'A':
    case'B':
    case'C':printf("%c\n",ch);
}
```

当 ch 的值为'A'、'B'或'C'时都执行语句 printf（"%c \ n"，ch）;。

2. 举例

例 2-12　输入一名学生某门课百分制成绩，输出其成绩等级。等级规定如下：

100 分——'A'级，90~99 分——'B'级，80~89 分——'C'级，70~79 分——'D'级，60~69 分——'E'级，60 分以下为'F'级。

程序如下：

```
#include<stdio.h>
int main()
{
    int x,i;
    char ch;
    scanf("%d",&x);                /*输入成绩 x*/
    i=x / 10;                      /*确定分数段*/
    switch(i)
    {
        case 10:ch='A';break;      /*成绩 100 分为 A 级*/
        case 9:ch='B';break;       /*成绩 90~99 分为 B 级*/
        case 8:ch='C';break;       /*成绩 80~89 分为 C 级*/
        case 7:ch='D';break;       /*成绩 70~79 分为 D 级*/
        case 6:ch='E';break;       /*成绩 60~69 分为 E 级*/
        default:ch='F';            /*成绩小于 60 分为 F 级*/
    }
    printf("%d—%c\n",x,ch);       /*输出成绩及等级*/
    return 0;
}
```

程序运行情况如下：

```
86↙      (输入)
86—C     (输出)
```

上面 switch 部分可用下面的语句替代：

```
if(i< 6)
    ch='F';
else
    ch='E'-(i - 6);
```

例 2-13　试分析以下程序的运行结果。

```
#include<stdio.h>
int main()
{
    int a=1,b=0;
    switch(a)
    {
        case 1:switch(b)
            {
                case 0:a++;b++;
                case 1:a++;break;
                case 2:b++;
            }
        case 2:a++;b++;break;
        default:a++;
    }
    printf("a=%d,b=%d\n",a,b);
    return 0;
}
```

程序的执行过程是：最外层 switch 中表达式 a 等于 1，执行 case 1 后面的 switch(b)语句，表达式 b 等于 0；执行 case 0 分支：a++；和 b++;，没遇到 break，则继续执行 case1 后面的 a++，遇到 break 终止里层 switch，继续执行外层 case 2 后面的 a++；和 b++;，遇到 break 终止外层 switch，最后输出结果。

程序运行结果如下：

```
a=4,b=2
```

注意：在 switch 中出现的 break 是终止本层 switch 的执行。若在内层 switch(b)的右花括号“}”的下面加 1 个“break;”语句，才可终止外层的 switch。此时运行结果为：a=3，b=1。

通过这个例题可以深入理解 break 的作用，同时也可以看到，良好的程序书写格式方便程序的阅读。

五、选择结构程序设计举例

例 2-14　输入 a、b、c 三个数，按由小到大的顺序输出。

假设排序的结果可让 a 中存放最小数，b 中存放中间数，c 中存放最大数。

方法 1：思路可用图 2-5 描述（①~③为比较的顺序）。

即 if(a>b)
　　a 和 b 交换；
if(b>c)
　　b 和 c 交换；
if(a>b)
　　a 和 b 交换；

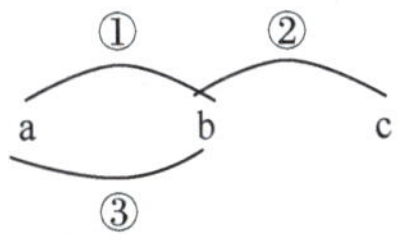

图 2-5　排序过程示意

这里第 3 句不能写为 if（a>c）a 和 c 交换，这是因为第 2 句 b 和 c 若发生交换后可能最小数又到了 b 的位置，所以还必须 a 和 b 比较。可赋初值令 a=3、b=2、c=1 上机体验一下。

C 语言程序如下：

```
#include<stdio.h>
int main()
{
    double a,b,c,m;
    scanf("%f %f %f",&a,&b,&c);
    if(a>b)
    {
        m=a;
        a=b;
        b=m;
    }
    if(b>c)
    {
        m=b;
        b=c;
        c=m;
    }
    if(a>b)
    {
```

```
            m=a;
            a=b;
            b=m;
        }
        printf("a=%6.2f,b=%6.2f,c=%6.2f\n",a,b,c);
        return 0;
    }
```

方法 2：思路可用图 2-6 描述。请考生自己编写程序练习。

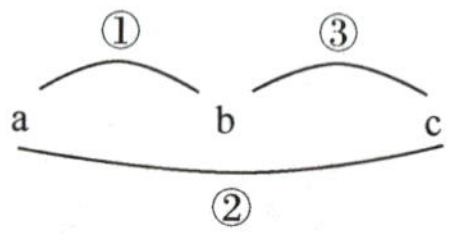

图 2-6 排序过程示意

例 2-15 编写程序求 a、b、c 和 d 这 4 个数中的最大数。

思路：先将第一个数 a 送给变量 max，然后分别用其他 3 个数和 max 比较，若某一数大于 max，就将此数送给 max，直至比较完毕。

程序如下：

```
#include<stdio.h>
int main()
{
    double a,b,c,d,max;
    scanf("%f %f %f %f",&a,&b,&c,&d);
    max=a;    /*max 中记录到目前为止找到的最大值,初始时记录第 1 个数*/
    if(b>max)
        max=b;/*将后面的各个数依次和 max 进行比较,必要时更新 max 值*/
    if(c>max)
        max=c;
    if(d>max)
        max=d;
    printf("max=%f\n",max);
    return 0;
}
```

例 2-16 输入一个字符，首先判断它是否为大写字母，若是则转换成小写字母，否则不做处理，最后输出这个字符的小写形式。

从 ASCII 代码表中可以看到，每一个小写字母比它相应的大写字母的 ASCII 码值大 32，C 语言允许字符型数据和整型数进行算术运算，即'A'+32 得到整数 97，即为'a'的 ASCII 代码值。另外，若一个字符 ch 位于'a'和'z'之间，则 ch 为小写字母；若位于'A'和'Z'之间，则 ch 为大写字母。

程序如下：

```
#include<stdio.h>
int main()
```

```
{
    char ch;
    scanf("%c",&ch);                /* 输入一个字符 */
    if(ch >='A'&& ch<='Z')
        ch=ch+32;                   /* 若 ch 为大写字母,则变成小写字母 */
    printf("%c\n",ch);              /* 输出这个字符 */
    return 0;
}
```

例 2-17 某一年为闰年的条件满足下面两者之一：

① 年份能被 4 整除，但不能被 100 整除；

② 年份能被 400 整除。

试编写 C 程序，根据输入的年份 year，判断其是否为闰年。

程序 1（流程图如图 2-7 所示）：

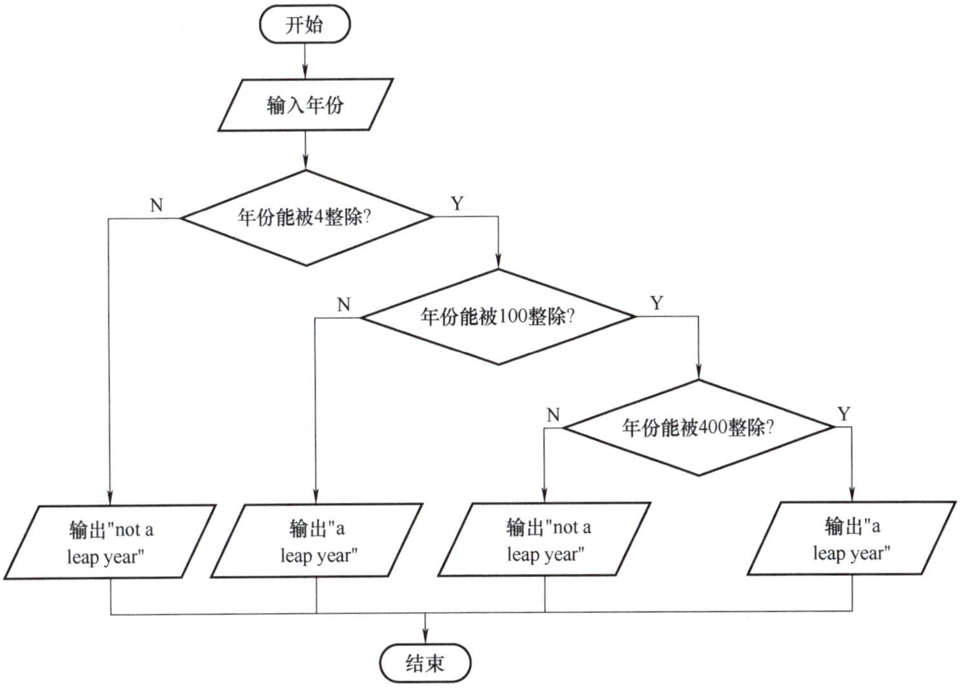

图 2-7 判断闰年流程图

```
#include<stdio.h>
int main()
{
    int year;
    scanf("%d",&year);
```

```
    if(year % 4 ! =0)
        printf("%d is a not a leap year\n",year);
    else if(year % 100 ! =0)
        printf("%d is a leap year\n",year);
    else if(year % 400 ! =0)
        printf("%d is a not a leap year\n",year);
    else
        printf("%d is a leap year\n",year);
    return 0;
}
```

还可以由 400 到 100，再到 4，逐次判断年份是否能被整除，请考生思考如何实现。

闰年的判断还可用一个逻辑表达式来表示：

(year % 4==0 && year%100 ! =0) || year % 400==0

因为 && 优先级高于 ||，所以 || 前面的那层括号可以去掉，但加上括号表达更清楚。

程序 2：

```
#include<stdio.h>
int main()
{
    int year;
    scanf("%d",&year);
    if((year % 4==0 && year%100 ! =0) || year % 400==0)
        printf("%d is a leap year\n",year);
    else
        printf("%d is not a leap year\n",year);
    return 0;
}
```

程序运行情况如下：

```
2024↙                        (输入)
2024 is a leap year          (输出)
2026↙                        (输入)
2026 is not a leap year      (输出)
```

第三节 循环结构

实际应用中的许多问题都会涉及重复执行一些操作，如若干数求和、计算阶乘 $n!$、数值排序等，都需要用循环结构来实现。循环结构通常有两种：一是当型循环结构（见图 2-8），表示当条件 P 成立时，反复执行 S 操作（称为循环体），直到 P 不成立时结束循环；二是直到型循环结构（见图 2-9），表示先执行 S 操作，再判断条件 P 是否成立，若条件 P 成立，则反复执行 S 操作，直到条件 P 不成立时结束循环。C 语言提供 while、do-while 和 for 三种循环语句来实现循环结构。

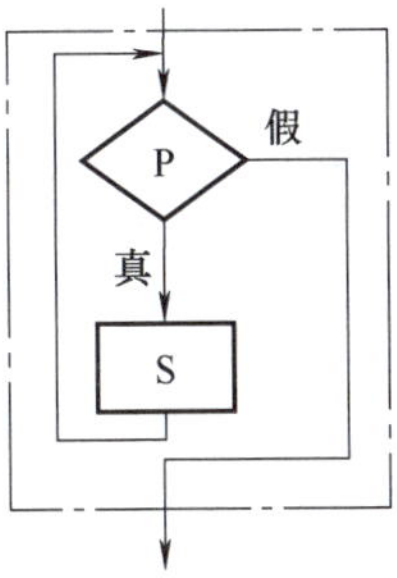

图 2-8　当型循环结构流程

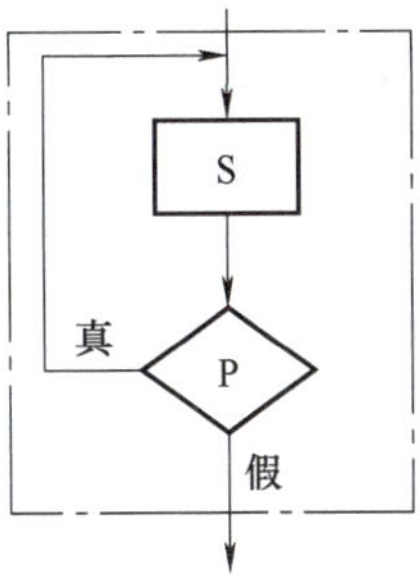

图 2-9　直到型循环结构流程

一、while 语句

while 语句属于当型循环，其一般形式为：

```
while(表达式)
    循环体语句 S;
```

其中，表达式可以是任何类型（常用的是关系表达式和逻辑表达式）。循环体语句 S 可以是任何语句，一般为复合语句，用花括号括起来。循环体语句 S 也可以是循环语句，这就是循环的嵌套，称为多重循环。

while 语句中的表达式是在执行循环体之前测试的。while 语句执行过程如下：

1）计算表达式的值。

2）如果表达式的值为真，则执行循环体语句 S，并返回步骤 1）。

3）如果表达式的值为假，则退出循环，执行该 while 语句后面的语句。

例 2-18　使用 while 语句编写求 sum＝1+2+…+100 的程序。

程序如下：

```
#include<stdio.h>
int main()
{
    int i=1,sum=0;
    while(i<=100)
    {
        sum=sum+i;
```

```
        i++;
    }
    printf("sum=%d\n",sum);
    return 0;
}
```

为更好地理解程序的执行过程，初学者可以进行简单验证，若求 1+2+3 的和，即循环条件为 i<=3，将程序中变量 i 和 sum 全列出来，运行过程如下：

i	sum
1<=3	0+1
2<=3	0+1+2
3<=3	0+1+2+3
4>3	

程序结束，实现了 sum=1+2+3 的求值。

二、do-while 语句

do-while 语句属于直到型循环，其一般形式为：

```
do
{
    循环体语句 S;
} while(表达式);
```

与 while 语句不同的是，do-while 语句中的表达式是在执行循环体之后测试的。do-while 语句的执行过程如下：

1）执行循环体语句 S。

2）计算表达式的值。

3）如果表达式的值为真，则返回步骤 1）。

4）如果表达式的值为假，则退出循环，执行 while 语句后面的语句。

例 2-19 使用 do-while 语句编写求 sum=1+2+…+100 的程序。

程序如下：

```
#include<stdio.h>
int main()
{
    int i=1,sum=0;
    do
    {
        sum=sum+i;
```

```
        i++;
    } while(i<=100);
    printf("sum=%d\n",sum);
    return 0;
}
```

三、for 语句

for 语句属于当型循环结构，使用方式非常灵活，是 C 语言程序中使用频率最高的语句之一，其一般形式为：

```
for(初始化表达式;循环控制表达式;增值表达式)
    循环体语句 S;
```

其中，初始化表达式的作用是为循环控制变量初始化，决定循环的起始条件；循环控制表达式是控制循环继续执行的条件，当这个表达式的值为真时继续重复执行循环，否则结束循环；增值表达式的作用是每执行一次循环后控制循环变量的变化。for 语句执行时，会先执行初始化表达式，接着判断循环控制表达式是否成立，如果条件成立则执行循环体语句 S，执行完循环体 S 后接着执行增值表达式。在执行完增值表达式后对循环控制表达式再次进行判断，若条件还成立，则继续重复中间循环体，当条件不成立时则跳出 for 循环。

在每次（包括第一次）循环体被执行之前，都要对循环控制条件测试一次；每次循环体执行完以后都要执行一次增值表达式。如何对循环变量进行增值，决定了循环的执行次数，如果在循环体内再次改变这个变量的值，将改变循环正常的执行次数。

for 语句中 3 个表达式之间的分隔符是分号，有且仅有 2 个分号，既不能多，也不能少。初始化表达式、增值表达式本身也可以是用逗号隔开的多个表达式，例如：

```
for(i=1,j=n;i<j;i++,j--)
{
    sum=sum+i+j;
}
```

一般情况下，循环控制表达式很少省略，若省略，则表示循环条件永真。

例 2-20　使用 for 语句编写求 sum=1+2+…+100 的程序。

程序如下：

```
#include<stdio.h>
int main()
{
    int i,sum=0;
    for(i=1;i<=100;i++)        /*i 为循环控制变量,从 1 到 100,每次加 1*/
        sum=sum+i;             /*把各个 i 值加到 sum 中*/
```

```
    printf("sum=%d\n",sum);
    return 0;
}
```

也可反过来求 sum=100+99+…+3+2+1，其 for 语句为：

```
for(i=100;i>=1;i--)
    sum=sum+i;
```

注意，for 语句使用方式灵活，还可书写为如下形式：

1）初始化表达式可以省略，为循环控制变量 i 初始化，写在 for 语句的上面，但其后的分号不能省略，例如：

```
i=1;sum=0;
for(;i<=100;i++)
    sum=sum+i;
```

2）循环控制表达式也可以省略，其后的分号不能省，此时可将循环判断条件即循环控制表达式写在循环体中，例如：

```
i=1;sum=0;
for(;;i++)
{
    if(i>100)
        break;        /*若 i>100,跳出循环*/
    sum=sum+i;
}
```

3）同样，增值表达式也可以省略，将其放在循环体中处理。

```
for(i=1;i<=100;)
{
    sum=sum+i;
    i++;
}
```

为增加程序的易读性，一般情况下不要省写 for 语句后三个表达式。

四、流程的转移控制

1. break 语句

break 语句除用于跳出 switch 结构外，还可用于循环语句的循环体中。当执行循环体遇到 break 语句时，本循环语句将立即终止，从当前循环语句后面的第一条语句开始继续执行。例如：

```
int i;sum=0;
for(i=1;i<=100;i++)
{
    sum=sum+i;
    if(sum>10)
        break;
}
printf("i=%d ,sum=%d\n",i,sum);
```

该段程序功能是求 sum=1+2+…+i>10 的最小 i 值及 sum 值，执行过程如下：

1）i=1，i<=100 成立，执行 sum=sum+i，sum=0+1，sum<10。

2）执行 i++，i 值为 2，i<=100 成立，执行 sum=sum+i，sum=0+1+2，sum<10。

3）执行 i++，i 值为 3，i<=100 成立，执行 sum=sum+i，sum=0+1+2+3，sum<10。

4）执行 i++，i 值为 4，i<=100 成立，执行 sum=sum+i，sum=0+1+2+3+4，sum=10。

5）执行 i++，i 值为 5，i<=100 成立，执行 sum=sum+i，sum=0+1+2+3+4+5，此时 sum=15>10，结束循环。

则输出结果为：

```
i=5,sum=15
```

2. continue 语句

continue 语句也可用于循环语句的循环体中。当在循环体中遇到 continue 语句时，程序将跳过 continue 语句后面尚未执行的语句，重新进行增值表达式判断，以决定是否继续进行下次循环，即只结束本次循环的执行，并不终止整个循环的执行。例如：

```
int i;sum=0;
for(i=1;i<=100;i++)
{
    if(i % 2==0)
        continue;
    sum=sum+i;
    if(sum>10)
        break;
}
printf("i=%d,sum=%d\n",i,sum);
```

该程序的功能是求 sum=1+3+…+i>10 的最小值 i 及 sum 值。其输出结果为：

```
i=7,sum=16
```

执行的基本过程为：若 i 为偶数（i%2 值为 0）则执行 continue，此时循环体下面的语句“sum=sum+i; if (sum>10) break;”均不执行，流程直接去计算增值表达式（即 i++），再判断“i<=100”成立，则执行循环体。若 i 为奇数，则执行“sum=sum+i;”，直至 sum>10 跳出循环，输出运算结果。

以上可看出，break 和 continue 语句的区别在于：continue 是跳过本次循环体中剩下尚未执行的语句，立即进行下一次的循环条件判定，而 break 语句是跳出当前层循环。

五、循环结构程序设计举例

例 2-21 分析以下程序，写出运行结果。

```
#include<stdio.h>
int main()
{
    int i,j,k;
    for(i=1;i<=3;i++)                /*i 从 1 到 3 变化,输出 3 行*/
    {
        for(j=1;j<=3;j++)            /*每行输出 3 个算式*/
        {
            k=i * j;
            printf("%d * %d=%d    ",i,j,k);
        }
       printf("\n");                 /*每行输出完成后换行*/
    }
    return 0;
}
```

这是一个多重循环的例子。设计和分析多重循环时一定要弄清循环的层次（注意，循环不得交叉，可以并列，也可以内嵌）。以上程序从 i=1 开始第一层循环，让 j 从 1 到 3 变化，分别执行 k=i＊j，输出 3 个结果后换一行。再使 i 加 1（i=2），让 j 又从 1 到 3 变化，分别执行 k=i＊j，输出 3 个结果后换一行。再使 i 加 1（i=3），让 j 从 1 到 3 变化，分别执行 k=i＊j，输出 3 个结果后换一行。i 再加 1，此时 i 为 4，超过 3，整个程序结束。

程序运行结果如下：

```
1 * 1=1    1 * 2=2    1 * 3=3
2 * 1=2    2 * 2=4    2 * 3=6
3 * 1=3    3 * 2=6    3 * 3=9
```

可以考虑一下，若程序分别进行下列变动，其运行结果是什么？

① 将 j<=3 改为 j<=i;

② 将 j<=3 改为 j<=4-i;

③ 将 j=1 改为 j=i。

例 2-22　分析以下程序，写出运行结果。

```
#include<stdio.h>
int main()
{
    int i,j;
    for(i=1;i<=3;i++)                  /*i 从 1 到 3 共输出 3 行*/
    {
        for(j=1;j<=11-i;j++)           /*每行开始空 11-i 个空格*/
            printf("␣");
        for(j=1;j<=2 * i-1;j++)        /*每行输出 2i-1 个*号*/
            printf("*");
        printf("\n");                  /*各行输出完后换 1 行*/
    }
    for(i=1;i<=2;i++)                  /*i 从 1 到 2 共输出 2 行*/
    {
        for(j=1;j<=8+i;j++)            /*每行开始空 8+i 个空格*/
            printf("␣");
        for(j=1;j<=5-2 * i;j++)        /*每行输出 5-2i 个*号*/
            printf("*");
        printf("\n");                  /*各行输出完成后换 1 行*/
    }
    return 0;
}
```

该程序由两个并列的 i 循环块组成，每个块中又并列了两个 j 循环。程序运行结果如下：

```
          *
         ***
        *****
         ***
          *
```

例 2-23　输入一个整数，判断其是否为素数。

素数是只能被 1 和自己本身整除的整数。判断一个数是否为素数的方法很多。这里只介绍一种思路简单的方法，即用 m 分别除以 $2\sim m-1$，若都除不尽，则 m 为素数，否则 m 不为素数。

C 语言程序如下：

```
#include<stdio.h>
int main()
```

```
{
    int m,i=2;
    scanf("%d",&m);
  /*i从2开始,若m是i的倍数则结束循环,否则i不断加1,重复判断*/
    while(m % i!=0)
        i++;
    if(m==i)    /*当i和m相等时,说明m除以2~m-1均除不尽*/
        printf("%d is a prime number.\n",m);
    else
        printf("%d is not a prime number.\n",m);
    return 0;
}
```

可令 $m=7$ 和 $m=9$ 运行此程序。

若要求出45以内所有素数，且每行输出7个，方法如下：因为素数中最小数为2，除2以外的素数必为奇数，可以在判断 m 为素数运算的外面加上一层循环，使 m 值从3开始到45每次加2循环。每行输出7个，可设1个计数器 k，每输出一素数 k 加1，k 若为7的倍数则换行。因为2是一个特殊的素数先输出，所以计数器 k 的初值为1。

程序如下：

```
#include<stdio.h>
int main()
{
    int i,k=1,m;
    printf("%5d",2);                   /*先输出最小的素数2,输出宽度为5
                                          是为了数据分开显示*/
    for(m=3;m<=45;m=m+2)               /*从3开始45以内奇数循环*/
    {
        i=2;
        while(m % i!=0)
            i++;
        if(m==i)
        {
            printf("%5d",m);           /*输出素数*/
            k++;                       /*素数个数加1*/
        }
        if(k % 7==0)                   /*k为7的倍数换行*/
            printf("\n");
    }
```

```
    return 0;
}
```

程序运行结果如下：

```
2    3    5    7    11    13    17
19   23   29   31   37    41    43
```

例 2-24　斐波那契数列是指从第3个数开始，各个数等于前两个数之和的数列，即 $F(n)=F(n-1)+F(n-2)$（其中 $n\geqslant2$，$F(0)=1$，$F(1)=1$）。试输出斐波那契数列的 $F(1)\sim F(8)$，每行输出4个。本题假设前两个数为1、2，即从 $F(1)=1$ 和 $F(2)=F(1)+F(0)=2$ 开始。

程序如下：

```
#include<stdio.h>
int main()
{
    int i,a=1,b=2;                  /*设前两个数为1和2*/
    for(i=1;i<=4;i++)               /*i从1到4,循环4次共输出8个数*/
    {
        printf("%5d%5d",a,b);       /*每次输出两个数*/
        if(i % 2==0)                /*若i是2的倍数,即每行输够4个,则换
                                      一行*/
            printf("\n");
        a=a+b;                      /*计算后面的两个数,分别赋值给a和b*/
        b=a+b;
    }
    return 0;
}
```

程序运行结果如下：

```
1    2    3    5
8    13   21   34
```

上面程序还可以写成：

```
#include<stdio.h>
int main()
{
```

```
    int i,a=1,b=2,f;
    printf("%5d%5d",a,b);          /* 先输出前两个数 */
    for(i=3;i<=8;i++)              /* 从第 3 个到第 8 个数 */
    {
        f=a+b;                     /* 每个数 f 等于前两个数之和 */
        printf("%5d",f);
        if(i % 4==0)
            printf("\n");          /* 每行够 4 个数则换行 */
        a=b;                       /* 形成新的 a、b */
        b=f;
    }
    return 0;
}
```

例 2-25 输入若干实数，以 0 为结束标志，求其中所有正数的平均值。

程序如下：

```
#include<stdio.h>
int main()
{
    double x,s=0.0;                /* 用 x 代表这些数,s 中存放正数和,最终放
                                      平均值 */
    int i=0;                       /* i 为正数个数计数器 */
    scanf("%f",&x);                /* 先输入第一个数 */
    while(x!=0)                    /* 若输入数为 0,则结束循环 */
    {
        if(x>0)                    /* 正数求累加和,个数加 1 */
        {
            s=s+x;
            i++;
        }
        scanf("%f",&x);            /* 输入下一个数 */
    }
    s=s / i;                       /* 求平均值 */
    printf("average=%f\n",s);      /* 输出正数平均值 */
    return 0;
}
```

程序中第 1 个 scanf( )是启动循环，第 2 个 scanf( )起到了继续循环的作用，若无第 2 个

scanf()，则可能成为死循环（无限循环）。

例 2-26 输入一个正整数，输出该数为几位数。

程序如下：

```
#include<stdio.h>
int main()
{
    int x;                          /*x代表输入的正整数*/
    int i=0;                        /*i为整数位数计数器*/
    scanf("%d",&x);                 /*输入整数x*/
    while(x!=0)                     /*当x为0时结束循环*/
    {
        x=x / 10;                   /*不断去掉x的最低位*/
        i++;                        /*除以10的次数即为该数的位数*/
    }
    printf("i=%d\n",i);             /*输出整数的位数i*/
    return 0;
}
```

程序运行情况如下：

```
2567↙   (输入)
i=4     (输出)
```

本章小结

本章主要讨论了C语言的顺序结构、选择结构和循环结构的不同实现方式。程序控制结构是指以某种顺序执行的一系列动作，用于解决某个问题。理论和实践证明，无论多复杂的算法均可通过顺序结构、选择结构和循环结构三种基本控制结构构造出来。顺序结构程序就是指按语句出现的先后顺序执行的程序结构，是结构化程序中最简单的结构。编程语言并不提供专门的控制流语句来表达顺序控制结构，而是用程序语句的自然排列顺序来表达。选择结构是当程序执行到控制分支的语句时，首先判断条件，根据条件表达式的值选择相应的语句执行。C语言提供if语句和switch语句实现选择结构。循环结构可以实现有规律地重复计算处理。实现循环结构有三种方式：while、do-while和for语句。

考生应理解这些控制语句的作用、相同与不同之处，以便灵活运用它们解决实际问题。

习　题

一、单项选择题

1. C语言中，下列运算符优先级最高的是（　　）。

A. >=　　B. ==　　C. !=　　D. &&

2. C 语言中，运算符“>=”是（　　）。

A. 算术运算符　　B. 关系运算符

C. 逻辑运算符　　D. 以上均不是

3. 执行以下程序段后，变量 y 的值是（　　）。

```
int x,y;
x=1;
y=++x * 5;
```

A. 5　　B. 10　　C. 15　　D. 20

4. 以下关于 C 语言的描述中，错误的是（　　）。

A. 可以用 while 语句实现的循环一定可以用 for 语句实现

B. 可以用 for 语句实现的循环一定可以用 while 语句实现

C. 可以用 do-while 语句实现的循环一定可以用 while 语句实现

D. do-while 语句与 while 语句的区别仅是关键字 while 出现的位置不同

5. C 语言中，if 和 switch 语句属于（　　）。

A. 说明语句　　B. 注释语句

C. 程序流程控制语句　　D. 程序执行语句

6. 关于以下 C 语言程序段的 while 循环的叙述中，正确的是（　　）。

```
int i=1;
while(5)
{
    i++;
    if(i>3)
        break;
}
```

A. 循环体执行 3 次　　B. 循环体执行 4 次

C. 循环为死循环　　D. while 后表达式不合法

7. 在下列 C 语言表达式中，与语句“while（!E);”括号中的表达式含义等价，即表达式值同为“真”或同为“假”的是（　　）。

A. E==0　　B. E!=0

C. E==1　　D. E!=1

8. 以下 C 语言程序段的输出结果是（　　）。

```
#include<stdio.h>
int main()
{
    int y=10;
```

```
    while(y--)
        printf("y=%d\n",y);
    return 0;
}
```

A. y=-1　　　B. y=0　　　C. y=9　　　D. y=10

二、填空题

1. 结构化程序的三种基本结构包括__________、__________和__________。

2. C 语言提供的选择结构语句有__________和__________。

3. 有一程序段为：while（表达式）

　　　　语句 1；

　　语句 2；

　　…

当表达式的值为非 0 时，执行__________；当表达式的值为 0 时，执行__________。

4. 在 do-while 语句中 while 后的表达式的值最终应达到__________值，才能正常退出循环。

5. 已知 int a=1，b=2；表达式!(a+b)-a&&b+2 * 4 的值为__________，表达式!(a-b)的值是__________。

三、简答题

1. 请写出 switch 语句的一般格式及注意事项。
2. 试说明 while 语句和 do-while 语句的异同。
3. 简述 for 语句的执行过程及注意事项。
4. 试说明 continue 语句和 break 语句的作用及区别。

四、程序分析题

1. 写出程序的运行结果。

```
#include<stdio.h>
int main()
{
    int a,b,c;
    scanf("%d,%d,%d",&a,&b,&c);
    if(a>b)
        if(a>c)
            printf("%d",a);
        else
            printf("%d",b);
    printf("end");
    return 0;
}
```

若 a=2，b=3，c=1，则输出为__________。

若 a=2，b=1，c=3，则输出为__________。

2. 以下程序的功能是用来统计从键盘输入的一个正整数中各位数字中零的个数，并求各位数字中最大者，例如，1080 其零的个数是 2，各位数字中最大者是 8，请补全横线处空缺。

```
#include<stdio.h>
int main()
{
    int num,max=0,t;
    int count=0;
    scanf("%d",&num);
    do
    {
        t=__________;
        if(t==0)
            ++count;
        else if(max<t)
            __________;
        num=num / 10;
    } while(num);
    printf("count=%d,max=%d\n",count,max);
    return 0;
}
```

五、程序设计题

1. 编写程序实现从键盘输入若干个字符，分别统计其中字母（不区分大、小写）、数字字符和其他字符的个数。

2. 编写程序实现输入 a、b、c、d 四个整数，求其中最小值 min 和最大值 max。

3. 已知银行整存整取存款业务不同期限的月息利率分别为：

$$\text{月息利率}=\begin{cases}0.63\%，\text{期限一年}\\0.66\%，\text{期限两年}\\0.69\%，\text{期限三年}\\0.75\%，\text{期限五年}\end{cases}$$

编写程序实现输入存款本金和期限，期限只能是整数月，计算到期时能从银行得到的利息与本金合计。当存款期限不足一年，不计利息，存款期限满一年但在两年内，则月利息率为 0.63%，依此类推。

4. 编写求 $s=1!+2!+\cdots+n!$ 的通用程序。

5. 编写程序实现输出如下图形。

```
      *
    * * *
  * * * * *
* * * * * * *
```

第三章　数　　组

学习目标：

- 掌握一维数组、二维数组和字符数组的定义、初始化方式和元素引用方式。
- 掌握字符串和字符数组的区别，字符串常量及字符串应用。
- 掌握常用字符串函数 gets()、puts()、strcmp()、strlen()和 strcat()的含义和使用。
- 能够灵活运用一维数组、二维数组和字符数组。

有些问题，用前面讲过的单个变量进行程序设计是复杂的或者实现不了的。例如，处理 100 名学生的成绩，计算它们的平均值，定义 100 个变量存储这些同学的成绩显然是不现实的。为此，C 语言引入数组类型来解决这种需要对相同类型的批量数据进行处理的问题。本章介绍数组的基本概念及它的简单应用。

第一节　一维数组

当构成数组的各个元素的下标（在数学中称为下脚或脚码）只有一个时，这样的数组被称为一维数组。

一、一维数组的定义

```
类型说明符 数组名[常量表达式];
```

其中，类型说明符即数组元素的类型说明；数组名的命名规则同变量名；数组名后面为方括号；常量表达式表示数组元素的个数，即数组的长度，可以为常量、符号常量和已赋值变量。

例如定义：

```
int a[3];
```

在该声明语句中，int 代表该数组中元素的类型为整型，a 为数组名，方括号内的数字代表数组元素的个数，即表示 a 数组有 3 个元素。数组元素也称为下标变量。C **语言规定：数组元素下标从 0 开始，最大值为长度减** 1。所以数组 a 的 3 个元素分别为 a[0]、a[1]、a[2]，不能使用数组元素 a[3]。

同类型的变量、数组可以在同一个定义语句中定义，也可以分开定义，例如：

```
double x,y,a[4];
```

定义 x、y 为双精度实型变量，a 为有 4 个双精度实型元素的数组。

数组的定义还可采用如下多种形式：

① int x[6];，直接用整型常量定义数组长度。

② #define N 6

```
main()
{
  int x[N];
   ⋮
}
```

定义中数组的长度使用符号常量 N。

③ int x[2+3 * 4];，这个定义中数组的长度使用常量表达式。

④ int n=6，x[n];，这个定义中 x[n] 中 n 为变量。

⑤ int n；scanf（"%d"，&n）；int x[n];。

二、一维数组的初始化

定义但未进行初始化的数组元素的值仍然是随机数。对数组进行初始化时，可以用赋值语句或输入语句，但要占用运行时间，还可以使数组在运行前初始化，即在编译阶段使之得到初值。对数组初始化可用以下方法实现：

1）在定义数组时对数组元素赋以初值。例如：

```
int a[5]={2,5,3,7,9};
```

经过上面的定义和初始化后，a[0]=2，a[1]=5，a[2]=3，a[3]=7，a[4]=9。初始化列表中提供的初值个数不能多于数组元素的个数。

2）在定义数组时省略对数组长度的声明。例如：

```
int a[ ]={2,5,3,7,9};
```

系统会自动按照初始化列表中提供的初值个数对数组进行初始化并确定数组的大小。所以只对部分数组元素赋初值时，不能省略对数组的长度声明。例如：

```
int a[5]={2,5};
```

其赋值结果是：a[0]=2，a[1]=5，a[2]=0，a[3]=0，a[4]=0。

3）为数组全部元素赋初值为 0，可以写成：

```
int a[5]={0,0,0,0,0};或 int a[5]={0};
```

如果定义改为 int a[5]={0，0}，只对部分元素赋初值，则全部元素初值也为 0，考生可上机验证。

当数组在所有函数（包括 main 函数）外定义，或用 static 定义为静态存储类型时，即使不给数组元素赋初值，那么数组元素也会自动初始化为 0，这是在编译阶段完成的。

三、一维数组元素的引用

1. 一维数组元素的表示形式

数组在定义之后，可引用各数组元素，其引用形式为：

```
数组名[下标]
```

例如，数组 a 定义：

```
int a[5];
a[0]=2;              /*为数组第1个元素(下标为0)赋值*/
a[1]=a[0]+3;         /*为数组第2个元素(下标为1)赋值*/
```

以上都是正确的数组元素引用。引用后的数组元素和变量一样使用。

2. 一维数组元素的输入和输出

1）当数组元素个数较少，且值已知时，既可以为各数组元素直接赋值，也可以用输入函数为数组元素赋值。例如：

```
for(i=0;i<5;i++)
    scanf("%d",&a[i]);
```

运行时键入 2 5 3 7 9↙，得到 a 数组的 5 个元素值依次为：2、5、3、7、9。

2）用输出函数输出数组元素值。

```
for(i=0;i<5;i++)
    printf("%4d",a[i]);
```

程序运行结果如下：

```
2  5  3  7  9
```

数组元素在引用时下标不要超界。例如，定义数组“int a[5];”，若引用 a[5]，在编译时并不会加入检查下标是否超界的代码，在运算时系统会把元素 a[4] 在内存中的下一个存储空间的内容取出作为 a[5] 引用，引起错误结果，这点应特别注意。

四、一维数组应用举例

例 3-1 求一维数组元素中的最大值及所在位置（下标位置）。

思路：假设有整型数组 a[5]，用 max 表示最大值，用 maxi 表示取得最大值时的下标位置。初始设 max 取值为 a[0]，maxi 初值为 0，然后从 a[1] 到 a[4] 逐一和 max 比较，若 a[i]>max，则 max=a[i]，当前最大值序号为 maxi=i。比较完后该数组的最大值即为 max，其下标位置即为 maxi。

```
#include<stdio.h>
#define N 5
int main()
{
    int a[N],i,max,maxi;
    for(i=0;i<N;i++)
        scanf("%d",&a[i]);          /* 输入 a 数组的 N 个元素值 */
    max=a[0];
    maxi=0;                          /* 最大值位置序号置为 0 */
    for(i=1;i<N;i++)                 /* 求最大数 max 及位置 maxi */
        if(a[i]>max)
        {
            max=a[i];
            maxi=i;
        }
    printf("max=a[%d]=%d\n",maxi,max);
    return 0;
}
```

程序执行如下：

```
2 5 3 8 6↙          (输入)
max=a[3]=8          (输出)
```

例 3-2 求一个整数的各位上数字之和。

方法 1：把该整数各位上数字分离出来放到一维数组中，求一维数组各元素之和。

```
#include<stdio.h>
int main()
{
    int x;
    int a[10],k,i=0,s=0;            /* i 统计整数的位数,初值为 0,s 中放各位
                                       数字之和 */
    scanf("%d",&x);
    while(x!=0)
    {
        a[i]=x % 10;                 /* 分离出最右边数字,放入 a 数组 */
        x=x / 10;                    /* 去掉右边数字后余下的数 */
        i++;                         /* i 为数组元素的下标 */
```

```
    }
    for(k=0;k<i;k++)                       /*这个整数共有 i 位,下面求数组各
                                              元素之和*/
        s=s+a[k];
    printf("sum=%d\n",s);
    return 0;
}
```

程序执行如下：

```
234↙  (输入)
sum=9  (输出)
```

输入后，一维数组中数组元素的状态如图 3-1 所示。

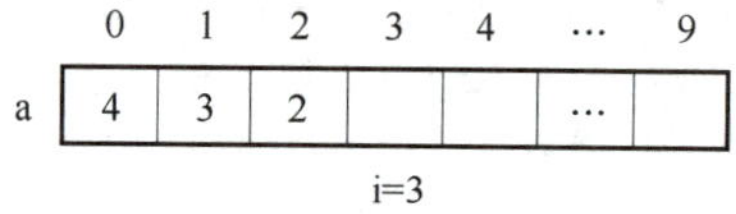

图 3-1 一维数组 a 的状态

方法 2：不使用数组，在分离各位数字的过程中边分离边累加。主要语句如下：

```
s=0;
while(x!=0)
{
    s=s+x % 10;
    x=x / 10;
}
printf("sum=%d\n",s);
```

例 3-3 输出斐波那契数列的前 10 个数，要求每行输出 5 个。

分析：设有一整型数组 a[10]，其中，a[0]=1，a[1]=1；其余各数的关系为 a[i]=a[i-2]+a[i-1]（2≤i<10）。

程序如下：

```
#include<stdio.h>
int main()
{
    int a[10]={1,1},i;                   /*给定前两个元素值为 1 和 1*/
    for(i=2;i<10;i++)
        a[i]=a[i-2]+a[i-1];              /*形成数组 a[2]~a[9]的值*/
```

```
    for(i=0;i<10;i++)
    {
        if(i % 5==0)                    /*若每行够5个数,则换行*/
            printf("\n");
        printf("%5d",a[i]);             /*输出各数*/
    }
    return 0;
}
```

程序运行结果如下:

```
1    1    2    3    5
8    13   21   34   55
```

在该程序中，a[i-2]、a[i-1]、a[i] 中下标用到了含整型变量的表达式，在引用时是合法的。随着 i 的变化，下标也变。for 语句中的两个语句顺序不能颠倒，**在 C 语言中，先判断是否换行，然后再输出，因为 C 语言下标从 0 开始**。若下标从 1 开始，则先输出，再判断换行。

例 3-4 编写程序把一维数组元素逆序排列输出。

假设由 7 个整数组成的一维数组，按图 3-2 所示元素交换就可以实现数组元素的逆序排列。

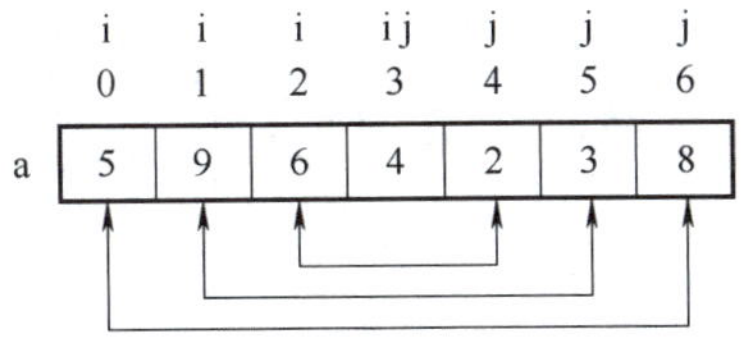

图 3-2 一维数组逆置 i、j 指针变化示意

程序 1:

```
#include<stdio.h>
int main()
{
    int a[7]={5,9,6,4,2,3,8},i,j,m;     /*为数组a赋初值*/
    i=0;                                /*i和j两个变量记录当前交换元
                                          素的位置*/
    j=6;
    while(i<j)
    {
```

```
        m=a[i];                     /*利用 m 交换 a[i]和 a[j]的值*/
        a[i]=a[j];
        a[j]=m;
        i++;                        /*两指针向中间移动*/
        j--;
    }
    for(i=0;i<7;i++)                /*输出逆序后数组各元素*/
        printf("%6d",a[i]);
    printf("\n");
    return 0;
}
```

程序运行结果如下：

```
8   3   2   4   6   9   5
```

程序 2：7 个数交换 3 次（7/2=3）

```
int a[7],i;
for(i=0;i<7;i++)
    scanf("%d",&a[i]);              /*输入数组的 7 个数*/
for(i=0;i<3;i++)                    /*7 个数交换 3 次*/
{
    m=a[i];                         /*a[i]和 a[7-i-1]交换*/
    a[i]=a[7-i-1];
    a[7-i-1]=m;
}
```

考生很容易验证上述程序正确与否，当 i=0 时，a[0] 和 a[6] 交换，当 i=1 时，a[1] 和 a[5] 交换，当 i=2 时，a[2] 和 a[4] 交换。

例 3-5　编写十进制数转换成二进制数的程序。

把一个十进制数 x 转换成二进制数的基本思路是：不断把 x%2 的余数存入 a 数组中（x 值为 x 不断除以 2 后的商），直至 x 值为 0，最后逆序输出 a 数组各元素值。例如，十进制数 26 转换成二进制数为 11010，其计算过程如图 3-3 所示。

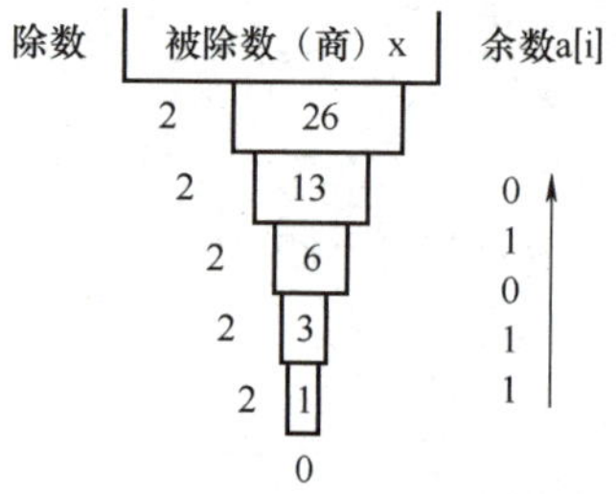

图 3-3　十进制数转换为二进制数示意

```
#include<stdio.h>
int main()
{
    int x,a[16],i=0,k,y;
    printf("输入十进制数:");
    scanf("%d",&x);
    y=x;                        /*因为最后需要输出原始值 x,所以先把
                                   x 值保存在 y 中,让 y 变化*/
    while(y!=0)
    {
        a[i]=y % 2;             /*将 y 除以 2 的余数送入 a 数组*/
        y=y / 2;                /*将 y 除以 2 的商作为新的被除数*/
        i++;
    }
    printf("输出相应的二进制数:");
    for(k=i-1;k>=0;k--)
        printf("%1d",a[k]);     /*逆序输出数组 a 各元素值,即二进制
                                   数*/
    printf("\n");
    return 0;
}
```

程序运行结果如下：

```
输入十进制数:26
输出相应的二进制数:11010
```

本程序运行完后 i=5，a 数组状态如图 3-4 所示。程序中的 while（y!=0）也可写成 while（y）。如果要实现将十进制数转换为八进制数，只需将程序中的 2 变成 8 即可。

15	14	…	5 (i)	4	3	2	1	0
		…		1	1	0	1	0

图 3-4　a 数组状态示意

第二节　二维数组

当数组中的数据元素具有两个或两个以上的下标时，这种数组称为多维数组。本节主要介绍比较常用的具有两个下标的二维数组。

一、二维数组的定义

```
类型说明符 数组名[常量表达式1][常量表达式2];
```

常量表达式 1 表示第一维，是数组的行数；常量表达式 2 表示第二维，是数组的列数。例如：

```
double a[2][3];
```

定义 a 为具有 2 行 3 列共 6 个元素的实型数组，每一维的下标从 0 开始，这样 a 数组中 6 个元素的逻辑存储结构如图 3-5 所示。

	第0列	第1列	第2列
第0行	a[0][0]	a[0][1]	a[0][2]
第1行	a[1][0]	a[1][1]	a[1][2]

图 3-5　二维数组 a 的逻辑存储结构

二维数组在内存中的排列顺序是 **“按行”** 存入，即先存第 0 行，再存第 1 行，a 数组各元素在内存中存储顺序如下：

a[0][0]，a[0][1]，a[0][2]，a[1][0]，a[1][1]，a[1][2]。

二、二维数组的初始化

二维数组可以用以下的方法初始化：

1）分行对二维数组各元素赋值。例如：

```
int x[3][4]={{1,2,3,4},{5,6,7,8},{9,10,11,12}};
```

这种赋值方法是把第 1 个花括号内的数据赋给第 0 行元素，第 2 个花括号内的数据赋给第 1 行元素，…，逐行赋值，这种赋值方法较直观，不易出错。

2）还可以把所有数据写在一个花括号内，在程序编译时会按数组在内存中的排列顺序将各初始值分别赋给数组各元素。例如：

```
int x[3][4]={1,2,3,4,5,6,7,8,9,10,11,12};
```

这种赋值方法仍会逐行赋值，即把 1、2、3 和 4 分别赋值给 x[0][0]、x[0][1]、x[0][2] 和 x[0][3]，第 1 行所有列都赋值后，再赋值第 2 行，依此类推。

3）可以对部分元素赋值。例如：

```
int y[2][3]={1,2,3,4};
```

数组 y 有 6 个元素，仅给前 4 个赋值，后两个元素为 0。数组中各元素值为：$\begin{pmatrix}1 & 2 & 3\\4 & 0 & 0\end{pmatrix}$。

4）也可使用花括号，在分行赋值时，只对该行中部分元素赋值。例如：

```
int y[2][3]={{1,2},{3}};
```

数组中各元素值为：$\begin{pmatrix}1 & 2 & 0\\3 & 0 & 0\end{pmatrix}$。

5）在定义数组时，若给出了全部元素值，则第一维的长度可以不写，但**第二维的长度不能省略**。例如：

```
int a[ ][3]={1,2,3,4,5,6};
```

等价于 int a[2][3]={1, 2, 3, 4, 5, 6};，不能写成 int a[2][ ]={1, 2, 3, 4, 5, 6};。

三、二维数组元素的引用

1. 二维数组元素的表示形式

```
数组名[下标1][下标2]
```

如“int x[3][4];”中，x[0][2] 表示 x 数组第 0 行、第 2 列的元素，不能写成 x[0, 2]。与一维数组相同，二维数组元素的下标在使用时不要超界，数组 x 的行下标是 0~2，列下标是 0~3，不能出现 x[3][4] 这样的元素。

2. 二维数组元素的输入和输出

二维数组元素的输入和输出均用双重循环实现。

1）向二维数组 x[3][4] 按行输入各元素，代码如下：

```
for(i=0;i<3;i++)
    for(j=0;j<4;j++)
        scanf("%d",&x[i][j]);
```

输入数据 1 2 3 4 5 6 7 8 9 10 11 12↙后，数组 x 的各元素被赋值为：

$$\begin{pmatrix}1 & 2 & 3 & 4\\5 & 6 & 7 & 8\\9 & 10 & 11 & 12\end{pmatrix}$$

2）采用按行方式输出二维数组 x[3][4]，代码如下：

```
for(i=0;i<3;i++)                          /*逐行输出,共3行*/
{
    for(j=0;j<4;j++)                      /*每行输出4个元素*/
        printf("%4d",x[i][j]);
    printf("\n");                         /*一行元素输出后换行*/
}
```

输出结果为：

```
1   2   3   4
5   6   7   8
9   10  11  12
```

四、二维数组应用举例

例 3-6 阅读并分析以下程序的运行结果和功能。

```
#include<stdio.h>
int main()
{
    int a[12],b[3][4],i,j,k=0;
    for(i=0;i<3;i++)                /*生成二维数组b中元素值*/
        for(j=0;j<4;j++)
            b[i][j]=i * 4+j+1;
    for(i=0;i<3;i++)                /*输出二维数组b的元素值*/
    {
        for(j=0;j<4;j++)
            printf("%4d",b[i][j]);
        printf("\n");
    }
    for(i=0;i<3;i++)                /*将二维数组中的b元素值,逐行存入一维
                                      数组a中*/
        for(j=0;j<4;j++)
        {
            a[k]=b[i][j];
            k++;
        }
    for(i=0;i<12;i++)               /*输出一维数组a的各元素值*/
        printf("%4d",a[i]);
    return 0;
}
```

程序运行结果如下：

```
1   2   3   4
5   6   7   8   (二维数组b)
9   10  11  12
1   2   3   4   5  6  7  8  9  10  11  12  (一维数组a)
```

程序功能是将二维数组 b 的值按行依次存入一维数组 a 中，并分别输出。

例 3-7 编写求矩阵转置的程序。

已知矩阵 $\boldsymbol{a}$ 为 2×3 阶阵，则 $\boldsymbol{a}$ 的转置阵 $\boldsymbol{b}$ 为 3×2 阶阵。$\boldsymbol{a}=\begin{pmatrix}4 & 5 & 6\\7 & 8 & 9\end{pmatrix}$，$\boldsymbol{b}=\begin{pmatrix}4 & 7\\5 & 8\\6 & 9\end{pmatrix}$。

```
#include<stdio.h>
int main()
{
    int a[2][3]={{4,5,6},{7,8,9}},b[3][2],i,j;
    printf("array a:\n");
    for(i=0;i<2;i++)
    {
        for(j=0;j<3;j++)
        {
            printf("%4d",a[i][j]);          /*输出 a 数组各元素*/
            b[j][i]=a[i][j];                /*行、列互换,形成转置阵 b*/
        }
        printf("\n");
    }
    printf("array b:\n");
    for(i=0;i<3;i++)
    {
        for(j=0;j<2;j++)
            printf("%4d",b[i][j]);
        printf("\n");
    }
    return 0;
}
```

程序运行结果如下：

```
array a:
4  5  6
7  8  9
array b:
4  7
5  8
6  9
```

注意:“b [j][i]=a[i][j];”绝不能写成“b [i][j]=a[j][i];”,否则 a 数组的行超界(因为 a[j][i] 中 j 代表行号,在循环中 j 从 0~2,而 a 的行只能是 0~1);b 数组的列超界(b 的列只能是 0~1,而循环中 j 从 0~2),出现错误的结果。

例 3-8 输出杨辉三角形。

杨辉三角形是二项式系数在三角形中的一种几何排列,例如,图 3-6 所示 6×6 的 ***a*** 矩阵的数字部分就构成一个杨辉三角形,它有如下特点:

	1	2	3	4	5	6
1	1					
2	1	1				
3	1	2	1			
4	1	3	3	1		
5	1	4	6	4	1	
6	1	5	10	10	5	1

图 3-6 ***a*** 矩阵示意

1)第 1 列及主对角线元素为 1,即:

```
for(i=1;i<=6;i++)
    a[i][1]=a[i][i]=1;
```

2)从第 3(i=3)行开始,各行第 2 列(j=2)到第 i-1 列各项值等于该项左肩值加上头顶值,即:

```
for(i=3;i<=6;i++)
    for(j=2;j<=i-1;j++)
        a[i][j]=a[i-1][j-1]+a[i-1][j];
```

根据 1)和 2)两步就形成了杨辉三角形。

3)输出杨辉三角形。第 1 行输出 1 个数,第 2 行输出 2 个数,第 i 行输出 i 个数,输出形式和二维数组的输出一样。

一般习惯定义整型数组 a[7][7] 存储矩阵 ***a***,数组的第 0 行和第 0 列的空间不用,从第 1 行、第 1 列开始存储。

完整程序如下:

```
#include<stdio.h>
int main()
{
    int a[7][7],i,j;
    for(i=1;i<=6;i++)
        a[i][1]=a[i][i]=1;
    for(i=3;i<=6;i++)
        for(j=2;j<=i-1;j++)
            a[i][j]=a[i-1][j-1]+a[i-1][j];
    for(i=1;i<=6;i++)                        /*从第 1 到第 6 行输出*/
    {
        for(j=1;j<=i;j++)                    /*第 i 行输出 i 个数*/
            printf("%5d",a[i][j]);
```

```
        printf("\n");                    /*每行输出后换行*/
    }
    return 0;
}
```

程序运行结果如下：

```
1
1    1
1    2    1
1    3    3    1
1    4    6    4    1
1    5    10   10   5    1
```

例 3-9　编写求二维数组 a 中元素最大值及所在行和列位置的程序。

思路与求一维数组元素最大值一样，先令最大值 max 为 a[0][0]，其行号、列号初值均为 0，然后逐个比较。程序如下：

```
#include<stdio.h>
#define M 2      /*定义行数*/
#define N 3      /*定义列数*/
int main()
{
    int a[M][N],i,j,max,maxi,maxj;       /*maxi 为最大数的行号,maxj 为最
                                            大数的列号*/
    for(i=0;i<M;i++)                     /*输入数组元素值*/
        for(j=0;j<N;j++)
            scanf("%d",&a[i][j]);
    max=a[0][0];                         /*置初值*/
    maxi=maxj=0;
    for(i=0;i<M;i++)                     /*每个元素和当前最大值比较*/
        for(j=0;j<N;j++)
            if(a[i][j]>max)
            {
                max=a[i][j];
                maxi=i;
                maxj=j;
            }
    printf("max=a[%d][%d]=%d\n",maxi,maxj,max);
```

```
                                           /* 输出结果 */
    return 0;
}
```

程序运行情况如下：

```
4 8 6 3 7 9↙          (输入)
max=a[1][2]=9    (输出)
```

这里，输入的数组 a 形式为：$\begin{pmatrix} 4 & 8 & 6 \\ 3 & 7 & 9 \end{pmatrix}$。

第三节　字符数组和字符串

一、字符数组

字符数组是用来存放字符数据的数组。字符数组中的一个元素存放一个字符。

1. 字符数组的定义

```
char 数组名[常量表达式];
```

例如，定义：

```
char d[5];
```

含义是定义具有 5 个元素的字符数组 d，其元素分别为 d[0]、d[1]、d[2]、d[3]、d[4]，均为一个字节的 char 类型。

2. 字符数组的初始化

在定义一个字符数组时逐个为数组中各元素指定初始字符。例如：

```
char d[5]={'a','b','c','d','e'};
```

数组状态如图 3-7 所示。

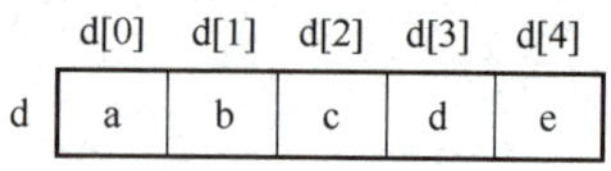

图 3-7　数组 d 状态

若字符个数与数组长度相同，定义时可以省略数组长度，系统自动根据初值个数确定数组的长度。例如：

```
char d[ ]={'a','b','c','d','e'};
```

数组 d 的长度自动定义为 5。在数组字符个数较多，赋初值时，使用这种方法比较方便。

3. 字符数组元素的输入和输出

1）字符元素值的输入，例如：

```
for(i=0;i<5;i++)
    scanf("%c",&d[i]);
```

输入：

```
abcde↙  (注意不得用空格分开)
```

2）字符数组元素的输出，例如：

```
for(i=0;i<5;i++)
    printf("%c",d[i]);
```

输出结果：

```
abcde
```

在输入和输出时可以看出，字符数组元素的引用方法和前面讲的数组元素引用方法一样，只不过字符数组中的每一个元素是一个字符。注意，**空格也是一个字符**。

二、字符串

字符串实际就是由若干有效字符构成且以字符“\0”作为结束的一个字符序列。**C 语言没有提供字符串数据类型，因此字符串的存取要用字符数组来实现。**

1. 字符串和字符数组在使用上的不同（见表 3-1）

表 3-1　字符串和字符数组在使用上的不同

<table>
<tr><th>字符串</th><th>字符数组</th></tr>
<tr>
<td>
1）赋初值时字符个数<字符数组长度。如：char d[5]={"ab"}；或 char d[5]="ab"；或 char d[5]={'a','b'};，这时 d 数组表示字符串"ab"，串长度为 2，在内存中占 5 个字节（'\0'占一个字节）。
d 数组为：
<table><tr><td>0</td><td>1</td><td>2</td><td>3</td><td>4</td></tr><tr><td>a</td><td>b</td><td>\0</td><td></td><td></td></tr></table>
2）输入时用
① scanf("%s"; d);
② gets(d);
3）输出时用
① printf("%s", d);
② puts(d);
（d 为数组名，是数组首地址）
</td>
<td>
1）赋初值时字符个数和字符数组长度相等（不含'\0'字符），如 char d[5]={'a','b','c','d','e'};
d 数组为：
<table><tr><td>0</td><td>1</td><td>2</td><td>3</td><td>4</td></tr><tr><td>a</td><td>b</td><td>c</td><td>d</td><td>e</td></tr></table>
2）输入时用
① for(i=0; i<5; i++)
　　scanf("%c", &d[i]);
② for(i=0; i<5; i++)
　　d[i]=getchar();
3）输出时用
① for(i=0; i<5; i++)
　　printf("%c", d[i]);
② for(i=0; i<5; i++)
　　putchar(d[i]);
</td>
</tr>
</table>

表 3-1 中，%s 为字符串输入、输出形式说明符，其输入、输出对象可以是字符串的首地址（字符数组名是串的首地址），输出对象还可以是字符串本身。在输出时，每输出 1 个字

符先检查该字符是否为结束标记'\0'，若是，则输出结束，若不是，则输出该字符。若一个字符数组中有多个'\0'字符，在输出时遇到第1个'\0'，则输出结束。gets()和puts()是字符串输入、输出函数，将在后面介绍。

2. 常见字符串函数

（1）字符串输入函数gets（字符数组）

功能：从键盘输入一个字符串到字符数组。例如：

```
char ch[8];          /*该串占8字节内存*/
```

执行“gets（ch）;”语句时，从键盘输入abcd↙，则将字符串abcd存入字符数组ch，这样ch中共有5个字符（含系统自动加入的'\0'字符）。

若有定义语句：

```
char ch[10];
```

① 使用gets（ch）；输入Dev C++↙，其接收值为Dev C++，中间空格原样接收；

② 使用scanf（"%s"，ch）；输入Dev C++↙，其接收值为Dev，第一个空格及其后面的所有字符全不接收。

（2）字符串输出函数puts（字符数组）

功能：将一个字符串输出。例如：

```
char ch[ ]={"abcd"};      /*该串占5个字节内存,即ch数组长度为5*/
puts(ch);
```

输出结果如下：

```
abcd
```

（3）求字符串长度的函数strlen（字符数组）

功能：求字符数组所表示串的长度。例如，strlen（"abcd"）的结果为4。

例3-10　求字符串长度strlen()函数的使用示例。

```
#include<stdio.h>
#include<string.h>                 /*程序中用到字符串处理函数时引用*/
int main()
{
    char s[15]="Dev C++";
    printf("%d\n",strlen(s));      /*输出s串的长度*/
    return 0;
}
```

输出结果不是15，也不是8，而是7（含一个空格字符），也可直接求字符串的长度。

例如：

```
printf("%d\n",strlen("Dev C++"));
```

(4) 字符串连接函数 strcat(字符数组 1，字符数组 2)

功能：把字符数组 2 所表示的串连到字符数组 1 所表示的串的后面，并删去串 1 后的结束标记“\0”。

字符数组 1 必须足够大，以便容纳连接后的串 2。连接前，两串均以“\0”结束；连接后，串 1 的“\0”取消，新串最后加“\0”。本函数返回值是字符数组 1 的首地址。

(5) 字符串比较函数 strcmp(字符数组 1，字符数组 2)

功能：将两个字符串自左向右逐个字符比较，直到出现不同的字符或遇到“\0”为止。若全部字符相同，则两个字符串相等，若出现不同的字符（第 1 个），则两个字符串不等，由第一对不相等的字符的大小来决定它们所在字符串的大小。两个字符串比较结果如下：

$$\text{strcmp(字符串 1，字符串 2)}=\begin{cases}1，\text{若字符串 1}>\text{字符串 2}\\0，\text{若字符串 1}=\text{字符串 2}\\-1，\text{若字符串 1}<\text{字符串 2}\end{cases}$$

字符大小的比较是按各字符的 ASCII 码值大小比较的，考生只要记住下列常用的字符大小即可。

```
数字字符<大写字母<小写字母
```

即'0'<'1'<'2'<…<'9'<'A'<'B'<…<'Z'<'a'<'b'<…<'z'

如果两个字符串长度相等，且每一个相应位置上的字符都一样，就认为两个字符串相等，如"THEN"="THEN"。如果两个字符串长度不相等，则以第一个不相同的字符作为基准，而不考虑它们的长度及其后字符的比较结果，如"CHINA">"CANADA"（因为'H'>'A'）。

三、字符数组和字符串应用举例

例 3-11 编写十进制数转换成十六进制数的程序。

思路：十进制数转换成十六进制数的方法和例 3-5 中十进制数转换成二进制数一样，所不同的是转换成十六进制数中除数为 16。十六进制数有 16 个数字：0~9、A~F，需要用字符数组来保存。

```
#include<stdio.h>
int main()
{
    int x,y,m,i=0;                      /*i 为十六进制数的位数计数器*/
    char a[16];
    printf("输入十进制数:");
    scanf("%d",&x);
```

```
    y=x;                          /*把十进制数 x 保存到 y 中,便于输出原始
                                    值 x*/
    while(y!=0)
    {
        m=y % 16;
        if(m<10)                  /*余数全以字符存入 a 数组*/
            a[i]=m+'0';           /*把小于 10 的余数变成数字字符*/
        else
            a[i]=m-10+'A';        /*把大于或等于 10 的余数变成 A~F 大写
                                    字母*/
        y=y / 16;                 /*形成新的被除数 y*/
        i++;
    }
    printf("输出相应十六进制数:");
    for(m=i-1;m>=0;m--)
        printf("%c",a[m]);        /*输出十六进制数的各位*/
    printf("\n");
    return 0;
}
```

程序运行结果如下：

```
输入十进制数:1452
输出相应十六进制数:5AC
```

程序中，若余数 m 是 0~9 的数，转换成字符只要加'0'（0 的 ASCII 码值为 48）。例如，5+'0'就变成'5'，因为 5+'0'的值为 5+48=53，ASCII 码值为 53 的字符为'5'。若余数 m>9，就要把 10 变成'A'，11 变成'B'，…，15 变成'F'，方法是 m-10+'A'，例如，m=12，12-10+'A'=2+65=67，即为'C'。

例 3-12　编写把十六进制数转换成十进制数的程序。

```
#include<stdio.h>
int main()
{
    char a[16];
    int x=0,i=0;
    printf("输入十六进制数:");
    scanf("%s",a);                        /*把十六进制这一串数输
                                            入字符数组中*/
```

```
    while(a[i]!='\0')
    {
        if(a[i]>='0'&& a[i]<='9')        /*0~9 数字拼数*/
            x=x * 16+a[i]-'0';
        else
            x=x * 16+a[i]-'A'+10;        /*A~F 字母拼数*/
        i++;
    }
    printf("输出相应十进制数:");
    printf("%d\n",x);
    return 0;
}
```

程序运行结果如下：

```
输入十六进制数:5AC
输出相应十进制数:1452
```

把各种进制的数转换成十进制数是一个拼数的过程。本题输入字符串为5AC，拼数过程如下：

a[0]='5'为数字字符，x=0×16+'5'-'0'，即 x=0+5=5；

a[1]='A'不是数字字符，x=x×16+'A'-'A'+10，即 x=5×16+10=90；

a[2]='C'不是数字字符，x=x×16+'C'-'A'+10，即 x=90×16+2+10=1452；

a[3]='\0'，结束。

把数字字符变数字，例如，'5'变成5，只要'5'-'0'即可，因为'5'和'0'的 ASCII 码值相差5。把十六进制'C'变成十进制数，只要'C'-'A'+10 即可，因为'C'和'A'的 ASCII 码值相差2，而C代表十六进制中的12。

二进制或八进制转换成十进制，只需把上面程序改动两处：其一，将16变成2或8；其二，去掉程序中代码“else x=x * 16+a[i]-'A'+10”。

例 3-13 编写求字符串长度的程序。

思路：输入一个字符串 s，设置一个计数器 i，初值为0，从 s[0] 开始扫描串中的各个元素，若不为'\0'，则 i 加1，否则程序结束。最后的 i 值即为串长度。

```
#include<stdio.h>
int main()
{
    char s[80];
    int i=0;
    scanf("%s",s);
```

```
    while(s[i]!='\0')
        i++;
    printf("i=%d\n",i);
    return 0;
}
```

运行程序如下：

```
abcde↙     (输入)
i=5        (输出)
```

例 3-14 输入一个字符串，把其中的数字字符依次存入一个字符数组中，输出结果。

思路：循环输入一串字符，直至遇回车换行符结束，每输入一个字符 ch，就判断其是否为数字字符，判断数字字符的表达式为“ch>='0'&& ch<='9'”。若为数字字符，则存入一维字符数组 s 中，i 加 1，i 用来记录数字字符在一维数组中的下标位置。最后，为串 s 尾部加一结束标记'\0'。

```
#include<stdio.h>
int main()
{
    char s[80],ch;
    int i=0;
    while((ch=getchar())!='\n')
        if(ch>='0'&& ch<='9')           /*数字字符*/
        {
            s[i]=ch;                    /*把 ch 存入一维数组第 i 个位置*/
            i++;                        /*下标位置计数器加 1*/
        }
        s[i]='\0';                      /*加结束标记*/
        puts(s);                        /*输出数字字符串 s*/
    return 0;
}
```

运行过程如下：

```
a2x+5b3c4↙    (输入)
2534          (输出)
```

s 数组状态如图 3-8 所示。

程序中，表达式“(ch=getchar())!='\n'”含义是从键盘上键入 1 个字符，若不为回车换行符，则循环，否则结束循环；语句“s[i]='\0';”的含义是给数字字符串尾部加一

	0	1	2	3	i=4	5	…	79
s	2	5	3	4	\0	…		

图 3-8　s 数组状态

个结束标记“\ 0”。本程序还可以整体输入一个字符串到字符数组中。

例 3-15　编写将字符串 2 连在字符串 1 后面的程序。

思路：将字符串 1 放在 s1 字符数组中，字符串 2 放在 s2 字符数组中，s1 数组要足够大，方法是先找到字符串 1 的结束标记“\ 0”，然后把字符串 2 逐个字符复制到字符串 1 的后面，直至遇到字符串 2 的结束标记。复制完后给字符串 s1 的尾部加上结束标记“\ 0”。连接后原来字符串 s2 的内容不变。

```
#include<stdio.h>
int main()
{
    char s1[80],s2[40],i,j;
    gets(s1);
    scanf("%s",s2);          /*向 s1、s2 数组中分别输入串 1、串 2*/
    i=0;
    while(s1[i]!='\0')
        i++;                 /*找 s1 串的结束标记*/
    j=0;
    while(s2[j]!='\0')
    {
        s1[i]=s2[j];         /*把 s2 串中字符逐个放在 s1 串后面*/
        i++;                 /*i、j 分别为 s1、s2 的字符计数器*/
        j++;
    }
    s1[i]='\0';              /*给 s1 串后加结束标记*/
    puts(s1);                /*输出连接后的 s1 串*/
    return 0;
}
```

运行过程如下：

```
abc↙    (输入 s1 串)
123↙    (输入 s2 串)
abc123  (输出连接后的 s1 串)
```

连接前 s1、s2 数组状态如图 3-9a、b 所示。把 s2 连在 s1 后面，这时 s1 状态如图 3-9c 所示。

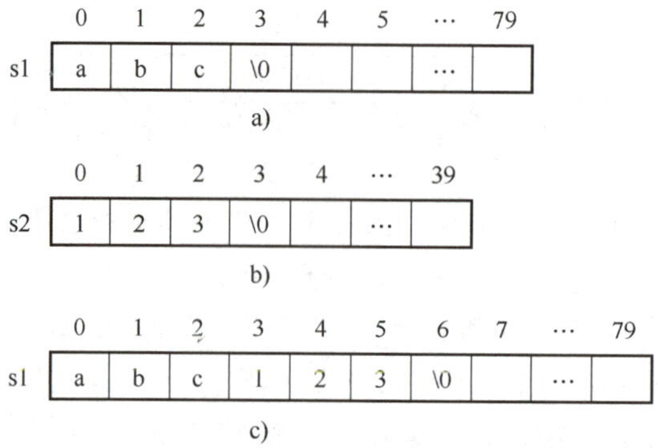

图 3-9 两个串连接示意

上面程序还可以用字符串连接函数写成：

```
#include<stdio.h>
#include<string.h>          /*程序中使用了字符串处理的系统函数*/
int main()
{
    char s1[80],s2[40];
    gets(s1);               /*输入 s1、s2 串*/
    scanf("%s",s2);
    strcat(s1,s2);          /*调用系统连接函数把 s2 串连在 s1 后面*/
    puts(s1);               /*输出 s1 串*/
    return 0;
}
```

本章小结

本章主要讨论了 C 语言的数组结构，详细介绍了一维数组和二维数组的定义、初始化和引用，字符数组和字符串，并通过应用举例使考生更深入地理解数组的使用方法和适用范围。C 语言中的数组是一种用于存储相同类型元素的数据结构，提供了便捷的方式来管理和操作多个相关的数据。在使用数组变量之前，必须先定义数组变量并为之初始化。对数组初始化时，可以只对部分元素赋值；若对全部元素赋值，那么在第一维（一维数组只有 1 个维度）的长度可以不给出。数组名是一个地址的常量，代表数组中首元素的地址。C 程序通过数组的下标实现对数组元素的访问。如果数组中的一个元素存放一个字符，则被称为字符数组。C 语言没有提供字符串数据类型，因此字符串的存取要用字符数组来实现。

灵活运用数组，特别是二维数组对初学者来说是相对复杂的，考生一定要加强上机实践练习，能够做到举一反三。

习 题

一、单项选择题

1. 以下关于一维数组 a 的定义，非法的是（ ）。

A. int a（5）;

B. int n=5, a[n];

C. int n;

scanf（"%d", &n）;

int a[n];

D. #define SIZE 5

int a[SIZE];

2. 在定义“int a[5][4];”之后，对 a 的引用正确的是（　　）。

A. a[2][4]　　B. a[5][0]

C. a[0][0]　　D. a[0, 0]

3. 以下对二维数组 a 进行初始化，正确的是（　　）。

A. int a[2][3]={ {1, 2}, {3, 4}, {5, 6} };

B. int a[ ][3]={1, 2, 3, 4, 5, 6};

C. int a[2][ ]={1, 2, 3, 4, 5, 6};

D. int a[2][ ]={1, 2}, {3, 4} };

4. 若定义“char str [10]="China\0";”，则 strlen（str）的结果是（　　）。

A. 5　　B. 6　　C. 7　　D. 9

5. 以下关于字符串的描述中，正确的是（　　）。

A. 两个字符串所包含的字符个数相同时，才能比较字符串

B. 字符个数多的字符串比字符个数少的字符串大

C. 字符串"RABIT"与"RABIT␣␣"相等

D. 字符串"That"小于字符串"The"

6. 若数组 a 有 m 列，则 a[i][j] 之前的数组元素个数为（　　）。

A. （i-1）*（j-1）　　B. i * m+j+1

C. i * m+j-1　　D. i * m+j

7. 对两个数组 a 和 b 分别进行如下初始化：

char a[ ]="ABCDEF";

char b [ ]={'A', 'B', 'C', 'D', 'E', 'F'};

则以下叙述正确的是（　　）。

A. a 与 b 数组完全相同　　B. a 与 b 数组长度相同

C. a 与 b 中都存放字符串　　D. a 数组比 b 数组长度长

二、填空题

1. C 语言默认数组下标的下界是＿＿＿＿＿＿。

2. 在 C 语言中，二维数组元素在内存中的存放顺序是＿＿＿＿＿＿存放。

3. 有如下数组定义和赋值：

```
int a[ ]={2,5,3,7,9};
```

则数组元素 a[2] 的值是＿＿＿＿＿＿。

4. 字符串的结束标志是__________。

5. 若定义了一个二维数组“int a[3][4];”且该数组的起始地址为 1000，则元素 a[1][3] 的地址为__________。(一个整型变量占 4 个字节)

三、简答题

1. 若有定义“int a[5];”，试说明引用 a、a[0] 和 &a[1] 的含义。

2. 在 C 语言数值表示中'a'与"a" 相同吗?

四、程序分析题

1. 当运行以下程序时，若从键盘输入 AabD↙，则程序的运行结果是__________。

```
#include<stdio.h>
int main()
{
    char s[80];
    int i=0;
    gets(s);
    while(s[i]!='\0')
    {
        if(s[i]<='z'&& s[i]>='a')
            s[i]='z'+'a'-s[i];
        i++;
    }
    puts(s);
    return 0;
}
```

2. 阅读分析以下程序，完成其后问题。

```
#include<stdio.h>
int main()
{
    char c,str[81];
    int i,a=0,b=0;
    gets(str);
    for(i=0;(c=str[i])!='\0';i++)
        if(c=='␣')
            a=0;
        else if(a==0)
        {
            a=1;
            b++;
```

```
        }
      printf("%d\n",b);
      return 0;
  }
```

该程序的作用是__________。若输入 a␣b␣c↙，则程序运行后，输出结果为__________，c 的值为__________，a 的值为__________。

五、程序设计题

1. 编写程序实现：在具有 10 个数的递增序列中加入一个 x（x 由键盘输入），使结果仍然有序。

2. 编写程序实现：输入某班学生某门课的成绩（最多不超过 30 人，具体人数由键盘输入），统计不及格人数。

3. 编写程序实现：两个字符串 s1 和 s2 比较，若 s1>s2，输出一个正数；若 s1 = s2，输出 0；若 s1<s2，输出一个负数。不要使用 strcmp( ) 函数。两个字符串用 gets( ) 函数读入。输出的正数或负数的绝对值应是相比较的两个字符串的相应字符的 ASCII 码的差值。

4. 编写程序实现：输入一行用空格隔开的单词组，要求将每个单词中的第 1 个字符改成大写字母（如果原来已是大写字母，则不变）。

5. 编写程序实现：将字符串 s2 中的全部字符复制到字符数组 s1 中，要求实现时不能调用 strcpy( ) 函数，复制时“\0”也要复制过去，“\0”后面的字符不复制。

第四章 函 数

学习目标：

- 掌握函数的分类，函数的定义格式，常用库函数。
- 掌握实参和形参关系，函数调用方式及运用，数据传递方式。
- 掌握变量的作用域，局部变量和全局变量的定义，并能正确定义和运用变量。
- 掌握自动变量、寄存器变量、静态变量和外部变量的定义，自动变量的运用。
- 掌握递归的概念，函数的递归调用及运用。

为降低开发大规模软件的复杂度，往往需将大规模的问题分解为若干个小问题，小问题再分解为更小的问题，这是人们解决复杂问题的一种常用方法，也是模块化程序设计的思想。模块化程序设计是通过功能分解实现的，即一步一步地把大功能分解为小功能，自上而下，逐步求精，各个击破，直到完成最终的程序。函数是 C 语言中模块化程序设计的最小单位，既可以把每个函数都看作一个模块，也可以将若干相关的函数合并成一个模块。本章主要介绍函数的基本概念及其简单应用。

第一节 函数的概念

一、函数的分类

在 C 语言中，函数是构成程序的基本模块。前面用到的 main( ) 就是一个特殊的函数，像一个程序的总管。程序的执行从 main( ) 的入口开始，到 main( ) 的出口结束，中间可以调用一个或者多个函数。每个函数分工明确。从用户使用的角度出发，C 语言把函数分成了两类：一类是库函数（也称为系统函数或标准函数）；另一类是用户自定义函数。

1. 库函数

库函数一般是指编译系统提供的可在 C 源程序中调用的函数，封装了常见的任务和操作，如输入/输出、数学运算、字符串处理和内存管理等。在调用库函数前，使用文件包含命令“#include”将指定头文件（库函数是在对应的头文件中声明的）嵌入用户程序的开头位置，注意该命令结尾没有分号。C 语言编译系统提供了大量的库函数，常用的有如下几类：

1）输入/输出类。例如，程序中凡是出现 getchar( )、putchar( )、printf( )、scanf( )、gets( ) 和 puts( ) 等函数时，在程序的开头需加文件包含命令：

```
#include "stdio.h"或#include<stdio.h>
```

2）字符串处理类。例如，程序中出现 strlen( )、strcpy( )、strcat( ) 和 strcmp( ) 等函数

时，在程序的开头需加文件包含命令：

```
#include "string.h"或#include<string.h>
```

3）数学类。例如，程序中出现 fabs( )、sqrt( )、sin( )和 cos( )等数学类函数时，在程序的开头需加文件包含命令：

```
#include "math.h"或#include<math.h>
```

2. 用户自定义函数

如果库函数不能满足程序设计人员的编程需要，就需要自行编写函数来实现自己所需的功能。这类函数称为用户自定义函数，简称函数。

二、函数的定义

和使用变量一样，函数在使用之前必须先定义。函数定义的基本格式为：

```
返回值类型 函数名(类型1  形式参数1,类型2  形式参数2,...)/*函数头部*/
{                      /*花括号{ }之间为函数体,花括号为函数体的定界符*/
    说明部分;          /*说明函数体内所有变量和即将要调用的函数*/
    语句部分;          /*可执行语句序列*/
}
```

函数名是函数的唯一标志，用于在程序中调用函数。函数名是用户自己定义的标识符，命名方法同变量名。函数头部里的变量，称为形式参数，简称形参，是只能在函数体内访问的内部变量。一个函数可以没有形式参数，称为无参函数，但函数名后面的一对圆括号不能省略。注意：函数头部右圆括号后面没有“;”。

各形式参数是函数的入口。假如函数名相当于说明运算规则的话，那么参数表里的形参就相当于运算的操作数，而函数的返回值就是运算的结果，使用关键字 return 返回运算结果。若函数没有函数返回值，则用 void 定义返回值的类型。

C 语言规定，不能在一个函数内部再定义其他函数，即 **C 语言不允许函数的嵌套定义**。

例 4-1 编写一个函数，求指定整数 n 的阶乘 $n!$。

```
int f1(int n)              /*f1()函数头部*/
{
    int i;                 /*函数体中的说明部分*/
    int result=1;
    for(i=1;i<=n;i++)      /*函数体的语句部分*/
        result=result * i;
    return result;         /*返回计算结果 result 的值*/
}
```

编写函数的过程就是函数的定义，上面代码定义了 f1( ) 函数，由函数头部和函数体两部分组成。

第二节 函数的调用

一、函数调用和实参

例 4-1 是一个不可运行的程序。一个完整的 C 程序由一个主函数 main( ) 组成，或由一个主函数与若干子函数构成。主函数可以调用子函数，子函数不能调用主函数。子函数之间可以相互调用。若 A 函数调用 B 函数，一般情况下，B 函数在 A 的前面定义。若要将 B 放在 A 的后面定义，则需要在 A 之前或者 A 函数体的说明部分对 B 进行声明。在调用其他函数时，必须提供一个称为实际参数（简称实参）的表达式给被调用的函数。这里，被调用的函数简称为被调函数，调用其他函数的函数简称为主调函数。形参和实参总的来讲是一一对应的关系，具体是：

① 个数相等；

② 顺序一致；

③ 类型相符（或实参可以给形参正确的赋值）。

例 4-2 编写例 4-1 的 main( ) 函数，调用 f1( ) 函数计算 2!+3!+7! 的值。

```
int main()
{
    int s;                                /*函数体中变量定义*/
    s=f1(2)+f1(3)+f1(7);                  /*调用 f1()函数,计算 2!+3!+7!
                                             的值*/
    printf("2!+3!+7!=%d\n",s);            /*输出结果*/
    return 0;
}
```

例 4-1 中的 f1( ) 函数头部的 n 为形参，语句“s=f1(2)+f1(3)+f1(7);”中的 2、3 和 7 为实参。执行过程是从 main( ) 开始，为 s 分配存储空间，调用 f1( ) 函数，分别将 2、3、7 三个实参传递给 f1( ) 函数中的形参 n，执行求和语句，将各自结果累加到 s 中后输出，返回值 0，结束整个程序的执行。此例中，主调函数为 main( )，被调函数为 f1( )。

二、函数调用和返回值

不是所有函数操作完后都有返回值。下面分别对无返回值和有返回值函数的调用进行介绍。

1. 无返回值函数的调用

若函数无返回值，其返回值类型定义为空类型，用类型名 void 表示，函数中没有 return 语句或 return 语句后面无表达式。

这类无返回值函数的调用是语句调用。被调用函数执行完后返回到主调函数中调用语句的下一句去执行。

例 4-3 求两个数最大值的程序。

```
#include<stdio.h>
int main()
{
    void max(int,int);             /*对被调用空类型函数max()的声明*/
    int a,b;
    scanf("%d,%d",&a,&b);          /*注意,此处输入的a和b值是用逗号隔
                                     开的*/
    max(a,b);                      /*用语句调用max()函数*/
    return 0;
}
void max(int x,int y)              /*被调函数是空类型,无返回值*/
{
    int z;
    if(x>y)
        z=x;
    else
        z=y;
    printf("max=%d\n",z);
}
```

在该程序中，被调用函数 max( )返回值为空类型。函数 max( )在主调函数 main( )的后面定义，所以在主调函数 main( )中需要对它作声明。如果将子函数写在 main( )函数之前，则无须此函数声明语句。主调函数 main( )中用“max(a, b);”语句来单独调用函数 max ( )，没有返回值。被调函数 max( )执行最后一个 printf( )语句输出结果后，函数max( )执行完，程序返回主函数，然后执行调用语句的下一 return 语句。

2. 有返回值函数的调用

若函数中有“return 表达式（或变量）;”语句，则该函数一定有返回值。return 后面表达式值的类型应以所在函数的返回值类型为准，若类型不符，则先将表达式值转换为该函数的返回值类型，再返回主调函数。当返回值类型为 int 时，返回值类型名 int 可以不写，系统默认为 int。例如，main( )函数的类型 int 省略或者使用 void 编译运行不报错误，但为了规范和适用性，建议在 main( )前面使用 int 作为函数返回值类型。

具有返回值的函数调用为表达式调用，它只能出现在表达式所能出现的地方。被调函数调用完后执行 return 语句，将表达式值返回到调用表达式处参加运算。如例 4-2 中 s=f1(2)+f1(3)+f1(7) 就是表达式调用。

例 4-4 将例 4-3 求两个数最大值函数调用方式改为表达式调用。

```
#include<stdio.h>
int main()
{
    int max(int x,int y);
    int a,b;
    scanf("%d,%d",&a,&b);
    printf("max=%d\n",max(a,b));   /*输出max调用结果,"max(a,b)"是
                                     调用表达式*/
    return 0;
}
int max(int x,int y)               /*定义max()为整型函数*/
{
    int z;
    if(x>y)
        z=x;
    else
        z=y;
    return z;
}
```

程序中，return z 的作用是将 z 值返回到调用表达式“max（a，b）”处，最后输出结果。

三、函数调用时的数据传递

C 语言中，数据传递方式有四种：单向值传递、地址传递、返回值传递和全局变量传递，前两种方式是利用函数的实参和形参的结合来传递数据的，返回值传递方式前面已介绍，全局变量传递方式将在第三节专门讨论。下面主要介绍前两种传递方式。

1. 单向值传递方式

单向值传递方式是调用函数时，将实参值计算出来赋给对应的形参，即数据只能从实参单向传给形参。

此种方式函数调用时，形参和实参各占一个独立的存储空间。形参的存储空间是在函数调用时才分配的，调用前不占存储。调用开始，系统为形参开辟一个临时存储区，然后将各实参值传给对应的形参，这时形参就得到了实参的值。这种虚实结合的方式称为单向值传递。函数执行完返回时，形参的临时存储区被回收。函数中对形参的操作不会影响到主调函数中的实参，即形参值的变化不能传回给对应的实参。单向值传递时实参可以是常量、已有值的变量和表达式，而形参一般是变量。

例 4-5 分析程序，写出运算结果。

```
#include<stdio.h>
void f2(int x,int y)
```

```
{
    int m;
    m=x;                                   /* 交换 x,y 两变量的值 */
    x=y;
    y=m;
    printf("x=%d,y=%d\n",x,y);
    return;                                /* 该 return 语句可以省略 */
}
int main()
{
    int a=2,b=8;
    f2(a,b);                               /* 用语句调用 f2()函数 */
    printf("a=%d,b=%d\n",a,b);             /* 语句调用完后返回到该语句 */
    return 0;
}
```

程序运行结果如下：

```
x=8,y=2      (f2()函数输出结果)
a=2,b=8      (返回主函数后输出原有的 a、b 值)
```

此处，f2()函数的功能是交换两参数的值。从运行结果可以看出，它只交换了两个形参变量 x 和 y 的值，并没有交换 main()中实参 a 与 b 的值。

2. 地址传递方式

在函数调用中，以数组名作为参数时，不是把数组元素值传给形参，而是把实参数组的起始地址传给形参，这样两个数组就共占同一段内存空间（形参数组是不分配内存的）。数组名实际上是数组第一个元素的地址，传递了数组的首地址后，被调函数就能够准确地知道该数组的存储位置。因此，形参数组中各元素值如发生变化会使这个实参数组的值同时发生变化。数组的这一传递方法称作地址传递，也称为双向传递，即不仅能将主调函数中的数据带到被调函数，而且能把被调函数变化了的数据带回主调函数。

例 4-6　编写将数组 a 中最大数和最小数对调的程序。

要求：主函数中输入数组 a 各元素值，输出对调后 a 数组元素值。子函数中求出最大数和最小数及它们的位置，并对调。

```
#include<stdio.h>
#define M 6                               /* 程序中凡是出现 M 的地方,均用 6 替换 */
void f3(int x[ ])
{
    int max,maxi,min,mini,i,w;
    max=min=x[0];
```

```
    maxi=mini=0;
    for(i=1;i<M;i++)
    {
        if(x[i]>max)
        {                                      /*求最大值max及它的序号maxi*/
            max=x[i];
            maxi=i;
        }
        else if(x[i]<min)
            {                                  /*求最小值min及它的序号mini*/
                min=x[i];
                mini=i;
            }
}
    w=x[maxi];                                 /*借助w交换最大值、最小值的位置*/
    x[maxi]=x[mini];
    x[mini]=w;
}
int main()
{
    int a[M],i;
    for(i=0;i<M;i++)
        scanf("%d",&a[i]);                     /*输入a数组各元素值*/
    f3(a);                                     /*语句调用,f3()函数调用完后返回到下一
                                                 句*/
    for(i=0;i<M;i++)
        printf("%4d",a[i]);                    /*输出对调后的a数组值*/
    printf("\n");
    return 0;
}
```

程序运行情况如下:

```
416297↙                    (输入)
    4   9   6   2   1   7   (输出)
```

程序从主函数开始，先输入a数组各元素值，执行调用语句“f3(a);”之后，a数组的首地址就传给了形参数组x，它们在内存中共占同一块内存空间，x[0] 与a[0] 同占一个空间，x[1] 与a[1] 同占一个空间，依此类推。执行函数时，形参x数组中最大值和最小

值交换后，实参 a 数组的值也发生了相应的变化。

值得注意的是，以一维数组名作参数时，实参数组必须定义为具有确定长度的数组，而形参可以不定义长度（如本例中的 x 数组），这是因为并不另外为形参数组分配内存空间，它只是共享实参数组的数据。使用形参数组时，其下标不要超过实参数组的长度。实参数组与相应的形参数组类型应一致（本例中 a 和 x 数组均为 int 型）。

第三节 局部变量和全局变量

一、局部变量

在函数内部使用的变量，应该在本函数内加以说明。这种在函数内部说明的变量称为局部变量，形式参数也属于所在函数的局部变量。

变量的作用域是指该变量在程序中的有效范围。变量的作用域规则是每个变量仅在定义它的语句块（包含下级语句块）内有效，并且拥有自己的存储空间。函数体、分支语句和循环体均是语句块。局部变量只是当其所在的函数被调用时才具有确定的存储空间，当从该函数返回到主调函数后，局部变量的存储空间被回收，该变量无定义。主函数 main( ) 中定义的局部变量只在主函数中有效，主函数不能使用其他函数中定义的局部变量。例如，例 4-4 中z 是子函数 max( ) 中的局部变量，其作用范围仅为 max( ) 函数，main( ) 函数中不能使用；变量 a、b 是 main( ) 函数中的局部变量，其作用范围也仅为 main( ) 函数。

不同函数中可以使用相同的变量名，但它们有各自的作用域，互不干扰，如例 4-7 所示。

例 4-7 分析程序，写出运行结果。

```
#include<stdio.h>
int f4(int a,int b)
{
    a=a+b;              /*此处变量 a、b 的有效范围在 f4()函数内*/
    b=a+b;
    printf("a1=%d,b1=%d\n",a,b);
}
int main()
{
    int a=5,b=8;        /*此处变量 a、b 的有效范围在主函数中*/
    f4(a,b);
    printf("a2=%d,b2=%d\n",a,b);
    return 0;
}
```

程序运行结果如下：

```
a1=13,b1=21
a2=5,b2=8
```

程序从主函数开始，调用 f4()函数，将 a=5，b=8 的值分别赋给 f4()中的形参 a 和 b（调用时才给 f4()中的 a、b 分配内存空间），输出运算结果：a1=13，b1=21。函数执行完后 f4()中 a、b 内存空间被回收，其值就失效。程序返回到调用语句“f4 (a, b);”的下一句，输出 a2=5，b2=8（a、b 保持主函数中的原值），程序结束。

C 语言允许在函数中的语句块内定义变量，这些变量只在该语句块中有效。例如，下面循环语句中的变量 i 只能在 for 循环语句中使用。

```
for(int i=1;i<=5;i++)
{
    …
}
```

例 4-8 编程实现并输出 1~4 的阶乘值。

```
#include<stdio.h>
int f5(int n)
{                     /*变量i,s和形参n的有效范围在函数f5()中*/
    int i,s=1;
    for(i=1;i<=n;i++)
        s=s * i;
    return s;
}
int main()
{
    int i;            /*i的有效范围是主函数内*/
    for(i=1;i<=4;i++)
        printf("%d!=%d\n",i,f5(i));
    return 0;
}
```

程序运行结果如下：

```
1!=1
2!=2
3!=6
4!=24
```

主程序中的 i 从 1 开始到 4，不断将 i 赋给 f5()函数中的形参 n，每赋 1 次求 1 个 n! 值返回主函数输出；主函数中 i 再加 1，重复上述工作，直至 i=5，超过终值 4，for 循环结束，运算完毕。两个函数中的 i 相互独立，各自完成自己的循环。这里 f5( ) 函数被调用了 4 次，是用 f5(i) 表达式调用的，所以函数 f5( ) 一定有返回值，每次的返回值 s 都返回到主函数中表达式 f5(i) 处。

二、全局变量

全局变量是在函数外部定义的量，可以为程序中各个函数所引用，其作用域是整个程序，即在程序运行期间的任何时候，在程序的任何地方，都可以访问它。全局变量从程序运行开始起就占据内存，仅在程序结束时才将其释放。所谓释放内存，其实就是将内存中的值恢复为随机值（即乱码）。

由于同一程序中的所有函数都可以使用全局变量的值，因此，在一个函数中改变了全局变量的值，就能影响到其他函数，相当于各函数间有直接的数据传递通道。函数的调用结果只能通过 return 带回 1 个值，但是利用全局变量就可以得到若干个返回值，这样，也可以减少函数实参和形参的个数，从而减少数据传递时虚实结合所耗时间，提高运行效率。

例 4-9 编写使用全局变量求 *N* 个数的最大数、最小数的程序。要求主函数中输入这 *N* 个数，输出它们的最大数、最小数。

```
#include<stdio.h>
#define N 5
double max,min;                        /*定义 max,min 为全局变量*/
void f6(double x[ ],int n)
{
    int i;
    for(i=1;i<n;i++)
    {
        if(x[i]>max)
            max=x[i];
        else if(x[i]<min)
            min=x[i];
    }
}
int main()
{
    double a[N];
    int i;
    for(i=0;i<N;i++)
        scanf("%f",&a[i]);             /*输入 N 个数*/
    max=min=a[0];                      /*最大、最小数变量赋初值*/
    f6(a,N);                           /*用语句调用,求最大值、最小值函数*/
```

```
    printf("max=%f,min=%f\n",max,min);
    return 0;
}
```

该程序中通过全局变量 max 和 min 得到 N 个数的最大值和最小值。调用 f6( ) 函数时，实参数组 a 和形参数组 x 共占同一地址，它们之间是地址传递。

例 4-10 分析程序，写出运行结果。

```
#include<stdio.h>
int x=3,y=8;                        /*定义x、y为全局变量*/
int f7(int x,int y)                 /*形参x、y为局部变量,仅在f7()函数中有
                                      效*/
{
    int m;
    m=x+y;
    return m;
}
int main()
{
    int y=10;                       /*局部变量y仅在主函数中有效*/
    printf("%d\n",f7(x,y));         /*使用全局变量x=3和局部变量y=10*/
    return 0;
}
```

程序运行结果如下：

```
13
```

该程序中，全局变量 x 和 f7( ) 函数中的局部变量 x 同名，所以全局变量 x 的作用范围为 f7( ) 函数外程序中的其他函数，也就是 main( ) 主函数。主函数调用表达式“f7(x, y)”中，x=3、y=10。在两个函数中都重新定义了 y，所以全局变量 y=8 没有起作用。

任何事物都具有两面性，虽然使用全局变量使函数之间的数据交换更容易，也更高效。但是，由于全局变量在程序的执行过程中一直占用存储空间，降低了空间利用率；各函数执行时都可能改变全局变量的值，程序易出错，同时，降低了程序的可读性；全局变量的作用牵制了各个函数，降低了各函数之间的相对独立性。因此，**建议程序设计过程中尽量不使用全局变量**，不得不使用时一定要严格限制，尽量不要在多个地方随意修改它的值，切不可贪图一时方便而造成后患无穷。

三、变量的生存期

变量的生存期是指变量从产生到被撤销的时间段，即从分配内存到释放内存的时间段，

实际上就是变量占用内存的时间。在 C 语言中，变量的生存期是由变量的存储类型声明的。变量的存储类型决定了变量的生存期，其一般声明方式如下：

```
存储类型 数据类型 变量名表;
```

变量只能在其生存期内被访问，而变量的作用域也会影响变量的生存期。

C 语言中提供了四种存储类型：auto（自动变量）、register（寄存器变量）、static（静态变量）和 extern（外部变量）。变量的存储类型代表编译器为变量分配内存的方式，例如，自动变量是在内存的动态存储区分配空间，静态变量和外部变量是在内存的静态存储区分配空间，而寄存器变量是在寄存器中分配存储空间。在动态存储区分配内存的变量生存期通常较短，而在静态存储区中分配内存的变量生存期较长。

下面主要讨论 static 型变量，其他仅作简单介绍。

1. 用 auto 声明的自动变量

由于自动变量极为常用，C 语言把它设计成默认的存储类型。**同时，变量定义时缺少存储类型说明系统默认为自动变量**。

例如：

```
auto int a=2,b=3;
```

等价于：

```
int a=2,b=3;
```

这里的 a、b 为自动变量，这里的“自动”体现在进入语句块时自动申请内存，退出语句块时自动释放内存，当再次进入语句块，该变量被重新分配内存，所以不会保持上一次退出前所拥有的值。自动变量仅能被语句块内的语句访问，在退出语句块以后不能再访问。因此，自动变量也称为动态局部变量。

自动变量在定义时不会被自动初始化，所以若自动变量没有被显示赋初值，则它的值是一个随机不确定的值。

2. 用 register 声明的寄存器变量

寄存器是 CPU 内部的一种容量有限但速度极快的存储器。若有变量的值在程序运行中使用很频繁，为减少从内存到运算器、再从运算器到内存这样反复的操作，C 语言允许把该变量的值放在 CPU 的寄存器中，需要时直接从寄存器中取出运算。由于寄存器的存取速度高于内存的存取速度，所以程序执行速度更快。

现代编译器可以根据需要自动进行代码优化，完成寄存器分配，因此没有必要再专门声明 register。

3. 用 static 声明的静态变量

一个自动变量在退出定义它的函数后，因系统给它分配的内存已经被释放，下次再进入该函数时，系统会给它重新分配内存，因此它的值是不会被保留的。用关键字 static 声明其存储类型的变量为静态变量。这种变量的值在函数结束后不消失，即占用的存储空间不回收，在下一次调用该函数时，静态变量的值仍保持上一次退出函数前所拥有的值，这使得定义了静态局部变量的函数具有一定的“记忆”功能。在定义局部静态变量时，如不显式赋初值，编译系统将自动赋初值，数值型变量赋0值，字符型变量赋空字符。

在函数内定义的静态变量，称为静态局部变量，静态局部变量只能在定义它的函数内被访问，而在所有函数外定义的静态变量，称为静态全局变量，静态全局变量可以在定义它的文件内的任何地方被访问，但不能像非静态的全局变量那样被程序的其他文件所访问。

例 4-11　利用静态变量计算并输出 1~4 的阶乘。

```
#include<stdio.h>
int f8(int n)
{
    static int f=1;            /* 定义静态局部变量 */
    f=f * n;
    return f;
}
int main()
{
    int i;
    for(i=1;i<=4;i++)
        printf("%d!=%d\n",i,f8(i));
    return 0;
}
```

程序运行结果如下：

```
1!=1
2!=2
3!=6
4!=24
```

其调用过程如下：

第 1 趟，i=1，调用 f8(1)，变量 f=1，计算 f=f*1 后 f=1，返回给 f8(1)，输出；

第 2 趟，i=2，调用 f8(2)，变量 f=1，计算 f=f*2 后 f=2，返回给 f8(2)，输出；

第 3 趟，i=3，调用 f8(3)，变量 f=2，计算 f=f*3 后 f=6，返回给 f8(3)，输出；

第 4 趟，i=4，调用 f8(4)，变量 f=6，计算 f=f*4 后 f=24，返回给 f8(4)，输出。

此例应用了局部静态变量 f，n 从 1~4 求阶乘利用了递推的方法，即 $n!=n(n-1)!$，前一次的阶乘结果放在 f 变量中。例 4-8 中 n 从 1~4 求阶乘、每求一个阶乘必须从 1~n 累乘。相比之下，应用局部静态变量提高了程序的运行效率。然而这也使得 f8( ) 函数对于相同的输入参数输出不同的结果，因此**建议尽量少用静态局部变量**。

4. 用 extern 声明的外部变量

如果在所有函数之外定义的变量没有指定其存储类别，那么它就是一个外部变量。外部变量是全局变量，它的作用域是从它的定义点到本文件的末尾。但是如果要在定义点之前或者在其他文件中使用它，就需要用关键字 extern 对其进行声明（注意：不是定义，编译器并不对其分配内存）。和静态变量一样，外部变量也是在静态存储区内分配内存的，其生存期是整个程序的运行期。没有初始化的外部变量由编译程序自动初始化。

第四节　函数的递归调用

一、递归的概念

如果一个对象部分地由它自己组成或按它自己定义，则称它为递归。程序设计中常常要用到递归的方法，递归过程结构清晰，思路明了，程序易读。例如，计算非负整数 n 的阶乘 $n!$ 时，利用递归定义为：

$$n! = \begin{cases} 1, & n=0,1 \\ n(n-1)!, & n>1 \end{cases}$$

当 $n>1$ 时，$n!=n(n-1)!$，而 $(n-1)!=(n-1)(n-2)!$，依此类推，经过有限次后，出现 $2!=2\times1!$，$1!=1$，再逆向求出 $n!$ 为止。这说明阶乘是可以根据其自身来定义的问题，因此阶乘也是可递归求解的典型实例。

这种在函数内直接或间接地调用自己的调用，称为函数的递归调用，这样的函数称为递归函数。从递归函数的程序编写角度看，有两个关键点必须紧紧抓住。

1）递归出口：即递归的结束条件，到何时不再递归调用下去。

2）递归式子：当前函数结果与准备调用的函数结果之间的关系，如求阶乘函数 $F(n)=nF(n-1)$。

递归程序设计是一个非常有用的工具，可以解决一些用其他方法很难解决的问题。但递归程序设计的技巧性要求比较高，对于一个具体问题，要想归纳出递归式子有时是很困难的。

当函数调用自己时，每一次调用都会产生一个新的、同先前调用相独立的版本。因此递归调用并不能减少空间消耗，相反大多数情况下采用递归操作会大大消耗内存；同样，递归也无法提高程序运行速度。递归函数的主要优点是可以把算法写得比使用非递归函数时更清晰更简洁，相对其他方法，递归能更加自然地反映问题的解决过程，而且在程序的理解和调试方面，递归也更容易让人接受。

二、递归调用实例

例 4-12　采用递归方法，编程将一个正整数逆序输出。例如，若输入 1234，则输出 4321。

分析：要逆序输出 1234，则首先取出右边的数字 4 输出，对余下的数 123，再取出右边的数 3 输出，…，直至余下的数为 1 位数，全部位数输出后整个程序结束。下面调用函数 f9( )完成上述操作。

```
#include<stdio.h>
void f9(int n)
```

```
{
    if(n<10)
        printf("%d",n);             /*余下1位数输出,函数执行完毕*/
    else
    {
        printf("%d",n % 10);        /*计算n除以10的余数输出,即右边的数
                                      输出*/
        f9(n / 10);                 /*n去掉个位数即右边数后,继续调用本函
                                      数f9()输出*/
    }
}
int main()
{
    int n;
    scanf("%d",&n);
    f9(n);                          /*调用f9()函数*/
    return 0;
}
```

程序运行情况如下：

```
1234  (输入)
4321  (输出)
```

该程序是一个简单的直接递归调用，它的运行过程如下：

从主函数开始输入 n 值 1234，调用 f9( )，将 1234 赋给形参 n，n≥10，输出 1234%10，即输出 4。

① 第 1 次直接递归调用，将 1234/10，即 123 赋给形参 n，n≥10，输出 123%10，即输出 3。

② 第 2 次直接递归调用，将 123/10，即 12 赋给形参 n，n≥10，输出 12%10，即输出 2。

③ 第 3 次直接递归调用，将 12/10，即 1 赋给形参 n，n<10，输出 n，即输出 1。返回主调函数 main( ) 中调用语句 f9(n) 的下一句，整个程序结束。

例 4-13 采用递归方法，编程求 *n*! 并输出。

```
#include<stdio.h>
long f10(int n)
{
    if(n<0)                         /*处理非法数据*/
```

```
        return-1;
    else if(n==0 || n==1)
        return 1;
    else
        return n * f10(n-1);          /*递归调用,利用(n-1)! 计算n! */
}
int main()
{
    int n;
    long w;
    scanf("%d",&n);
    w=f10(n);
    if(w==-1)
        printf("n<0 数据错误!");
    else
        printf("%d!=%ld\n",n,w);
    return 0;
}
```

程序运行情况如下：

```
4↙     (输入)
4!=24  (输出)
```

程序的执行过程可用图 4-1 描述（○内数字为流程顺序）。

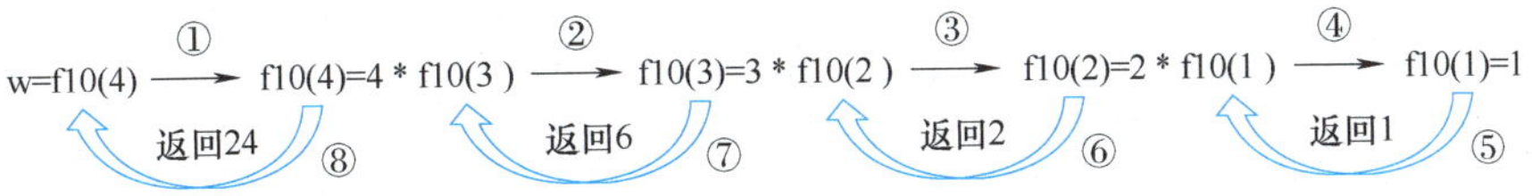

图 4-1 例 4-13 程序调用执行过程

详细执行过程如下：

① 执行 w=f10(4) 时，进行第 1 次调用，将实参 4 赋给形参 n，返回表达式 n∗f10(n−1)，即 4∗f10(3)；

② 第 2 次调用 f10(3)，将实参 3 赋给形参 n，返回表达式 n∗f10(n−1)，即 3∗f10(2)；

③ 第 3 次调用 f10(2)，将实参 2 赋给形参 n，返回表达式 n∗f10(n−1)，即 2∗f10(1)；

④ 第 4 次调用 f10(1)，将实参 1 赋给形参 n，n=1 时返回 1，结束调用。程序返回计算 f10(2)=2∗f10(1)=2，再返回计算 f10(3)=3∗f10(2)=6，再返回计算 f10(4)=3∗f10(3)=24，然后将 24 存入变量 w 中，输出 w。

上面 4 次调用，每调用 1 次系统都要重新给 n 分配存储空间。当 n=0 或 n=1 时，n!=

1，返回主调函数程序结束。

第五节　函数的应用举例

例 4-14　用梯形法计算 $S=\int_a^b f(x)\,dx$。

梯形法计算定积分，实际上是计算区间 [a, b] 内曲边梯形的面积。计算方法如下：
① 将 [a, b] 区间 n 等分，各部分的面积近似用梯形法来计算；
② 各部分梯形的高 $h=(b-a)/n$，第 i 个梯形的下底为第 $i+1$ 个梯形的上底；
③ [a, b] 内曲边梯形的面积可近似用 n 个梯形的面积之和求得。

假设求 $S=\int_2^4 (2x^2+3x+1)\,dx$，$n=10$。

```
#include<stdio.h>
double f11(double x)                    /* 定义 f11()是求 y=2x²+3x+1 的
                                           函数 */
{
    double y;
    y=2.0 * x * x+3.0 * x+1.0;
    return y;
}
int main()
{
    double a,b,h,w,s=0.0,y1,y2;
    int i,n;
    scanf("%d,%f,%f",&n,&a,&b);        /* 输入等分数 n,积分区间下限和上
                                           限 a、b */
    h=(b-a)/ n;                         /* 梯形的高 */
    y1=f11(a);                          /* 第一个梯形的上底 */
    for(i=1;i<=n;i++)
    {
        y2=f11(a+i * h);                /* 第 i 个梯形的下底 */
        w=(y1+y2) * h / 2.0;            /* 第 i 个梯形的面积 */
        s=s+w;                          /* 梯形面积累加 */
        y1=y2;                          /* 第 i 个梯形的下底为第 i+1 个梯
                                           形的上底 */
    }
    printf("s=%f\n",s);
```

```
    return 0;
}
```

程序运行情况如下:

```
10,2,4↙        (输入)
s=57.360001   (输出)
```

例 4-15　输入三个整数 a、b、c，判断它们是否能构成三角形。若可以，则计算其面积并输出结果。要求：判断输入数据的合理性和求面积均使用函数实现。

```
#include "stdio.h"
#include<math.h>                        /*程序中用到数学运算的系统函数*/
int istriangle(int a,int b,int c)       /*合理性判断函数*/
{
    if(a>0 && b>0 && c>0 && a+b>c && b+c>a && a+c>b)
        return 1;                       /*可以构成三角形*/
    else
        return 0;                       /*无法构成三角形*/
}
double area(int a,int b,int c)          /*计算面积函数*/
{
    double d,s;
    d=(a+b+c)/ 2.0;                     /*计算半周长*/
    s=sqrt(d * (d-a) * (d-b) * (d-c));  /*使用海伦公式求面积*/
    return s;
}
int main()
{
    int a,b,c,w;
    scanf("%d%d%d",&a,&b,&c);
    w=istriangle(a,b,c);                /*调用判断函数*/
    if(w)
    {                                   /*若a、b、c为三角形三边*/
        double s;
        s=area(a,b,c);                  /*调用计算面积函数*/
        printf("可构成三角形,面积 s=%.2f\n",s);
    }
    else
```

```
        printf("无法构成三角形! \n");
    return 0;
}
```

本章小结

本章主要讨论了C语言的函数，详细介绍了函数的定义、调用、参数传递、局部变量和全局变量、函数的递归调用。函数是构成程序的基本模块，既可以把每个函数都看作一个模块，也可以将若干相关的函数合并成一个模块。设计得当的函数可以把函数内部的信息对不需要这些信息的其他模块隐藏起来，即不能访问。让使用者不必关注函数内部的实现细节，只需知道它能做什么以及如何使用它即可，从而使得整个程序更加紧凑，逻辑也更加清晰。程序的执行都是从main()的入口开始，到main()的出口结束。C语言函数分为库函数和自定义函数两类。使用库函数时，必须在程序的开头把该函数的头文件包含进来。和使用变量一样，函数在使用之前必须先定义。一个函数在调用其他函数时，必须把实参的值复制给被调函数的形参。函数的返回值只能有一个，返回值的类型可以是除数组以外的任何类型。函数中的return语句可以有多个，但不表示可以有多个返回值。如果在一个函数内直接或间接地调用自己，这样的调用则称为递归调用，这个函数称为递归函数。注意，在递归函数中必须有终止递归的条件。

函数的使用，体现了模块化程序设计思想，考生需理解并掌握函数的使用，才能为软件开发奠定良好基础。

习　题

一、单项选择题

1. 下列叙述中，错误的是（　　）。

A. 一个C语言源程序至少包含一个函数

B. 一个C语言源程序可以包含一个main()和其他函数

C. 主函数main()和其他函数可以相互调用

D. C语言程序的基本单位是函数

2. 下列关于C语言函数的描述中，错误的是（　　）。

A. 当用数组名作形参时，形参数组改变可使实参数组随之改变

B. 允许函数递归调用

C. 函数形参的作用范围只是局限于所定义的函数内

D. 函数说明必须在主调函数之前

3. 决定一个函数返回值类型的是（　　）。

A. return语句中表达式的类型　　B. 在调用函数时临时指定

C. 定义函数时指定的返回值类型　　D. 调用该函数的主调函数类型

4. 以下程序的输出结果是（　　）。

```
#include<stdio.h>
int fun(int x)
```

```
{
    int p;
    if(x==0 || x==1)
          return 3;
    p=x-fun(x-2);
    return p;
}
int main()
{
    printf("%d\n",fun(9));
    return 0;
}
```

A. 7　　　　B. 2　　　　C. 0　　　　D. 3

5. 下列关于 C 语言函数的描述中，正确的是（　　）。

A. 调用函数时，只能把实参的值传送给形参，形参的值不能传送给实参

B. 函数既可以嵌套定义又可以递归调用

C. 函数必须有返回值，否则不能使用函数

D. C 程序中有调用关系的所有函数必须放在同一个源程序文件中

6. 以下程序的输出结果是（　　）。

```
#include<stdio.h>
int f()
{
    static int i=0;
    int s=1;
    s=s+i;
    i++;
    return s;
}
int main()
{
    int i,a=0;
    for(i=0;i<5;i++)
        a=a+f();
    printf("%d\n",a);
    return 0;
}
```

A. 1　　B. 0　　C. 15　　D. 5

二、填空题

1. 从用户使用角度看，函数分为________函数和________函数。

2. 若有以下函数调用语句：

func(a+b,(x,y),fun(n+k,d,(a,b)));

在函数 func()的调用语句中实参的个数是________。

3. 在 C 语言中，________是构成程序的基本模块。

4. 变量的作用域是指变量的有效范围，在作用域内可以引用该变量。按作用域变量可以分为________变量和________变量。

5. C 语言规定不能嵌套定义函数，但可以嵌套________函数。

三、简答题

1. 简述函数定义的一般格式及注意事项。

2. 函数调用时的数据传递方式有哪些？

3. 试说明实参和形参的关系。

四、程序分析题

1. 函数 fun()的功能是使字符串 str[ ] 按逆序存放，请将横线处缺失补充完整。

```
void fun(char str[])
{
    char m;
    int i,j;
    for(i=0,j=strlen(str);i<________;i++,j--)
    {
        m=str[i];
        str[i]=________;
        str[j-1]=m;
    }
    printf("%s\n",str);
}
```

2. 写出以下程序的输出结果为________。

```
#include<stdio.h>
void f(int c)
{
    int a=0;
    static int b=0;
    a++;
    b++;
    printf("%d: a=%d,b=%d\n",c,a,b);
```

```
}
int main()
{
    int i;
    for(i=1;i<=3;i++)
        f(i);
    return 0;
}
```

五、程序设计题

1. 编写程序，定义一个判断闰年的函数，若参数 y 为闰年，则返回 1，否则返回 0。主函数则从键盘输入某个年份，判断其是否为闰年，是则输出“Yes”，不是则输出“No”。

2. 编写程序，求方程 $ax^2+bx+c=0$ 的根，从主函数输入 a、b、c 的值，用 3 个函数分别求当 b^2-4ac 大于 0、等于 0 和小于 0 时的根并输出。

3. 编写程序，定义一个 fun( ) 函数，其功能是求 n 以内（不包括 n）同时能被 3 与 7 整除的所有自然数之和的平方根，主函数中从键盘输入 n 的值，调用 fun( ) 函数，并输出结果。

4. 编写程序，用函数计算两个整数的最大值，在主函数中调用该函数，计算并输出任意输入的两个整数的最大值。

5. 编写一个函数实现判断整数 n 是否为素数，在主函数中输入一个整数 n，计算并输出 $1\sim n$ 之间的所有素数之和。

第五章　指　　针

学习目标：

- 掌握直接存取方式和间接存取方式。
- 掌握指针变量的定义、初始化，指针运算符“&”和“*”的含义和运用。
- 掌握指向一维数组的指针变量的定义、初始化，数组元素的表示和引用。
- 掌握指向字符型的指针的定义、初始化和运用。
- 了解指针数组的概念和简单运用。
- 掌握返回指针值的函数的定义和简单运用。

指针是C语言中一种很重要的数据类型，也是C语言的精华所在。灵活使用指针，可以使程序简洁、紧凑、灵活、高效。指针在表示复杂的数据结构方面显示出强大的功能。本章主要介绍指针的基本概念及其简单应用。

第一节　指向变量的指针

一、变量的内存地址

变量的值都存储在计算机内存特定的存储单元中。内存中的每个单元有唯一的地址，通过取地址符“&”来获得变量的地址，例如，前面用的scanf( )函数中使用过这个运算符。在计算机中，对数据的存取都是通过访问其地址进行的，C语言中访问变量值的方式有两种：直接存取方式和间接存取方式。

1）直接存取方式。这种存取方式只需知道变量名，而无须知道变量在内存中的具体地址。对变量操作时，编译程序会自动找出该变量的存储地址，然后对该地址的存储空间进行操作，这种直接按变量的地址（即变量名）存取变量值的方式称为“直接存取”方式。

2）间接存取方式。这种存取方式是用一个特殊变量来存放内存地址的。例如，定义一个变量p（假定地址为1100），若将整型变量x的内存地址（假定为2000）存放到变量p中。这时要对变量x进行存取操作，可以先找到p的存储地址1100，再从1100中取出x的存储地址2000，然后去访问以2000为**首地址**的存储空间。指向变量的指针示意如图5-1所示。这种通过变量p间接得到变量x的地址，再存取变量x值（此图中变量的值为2）的方式称为“间接存取”方式。

二、指针变量的定义

由图5-1b中可以看出，变量p指向了变量x，变量x是变量p所指的对象，这种指向关系是通过地址建立的，图中“→”形似指针，是一种表示。因此，指针其实就是地址，是它所指对象的地址。存放变量的地址需要一种特殊类型的变量，这种特殊的数据类型称为指

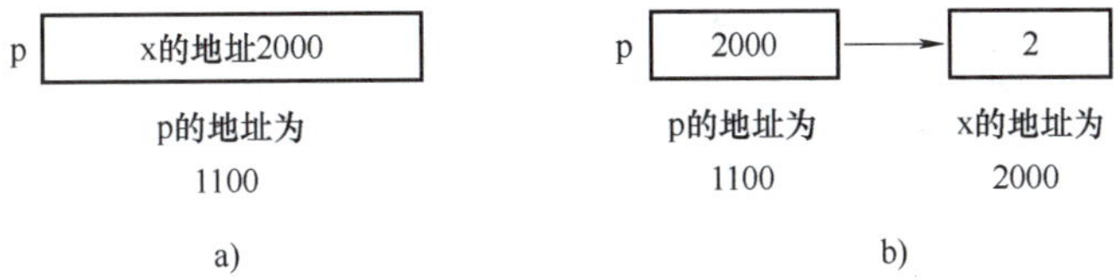

图 5-1　指向变量的指针示意

针，具有指针类型的变量称为指针变量。指针变量是专门用来存储变量的地址值的变量，例如，指针变量 p 中存放了变量 x 的地址，其定义形式为：

```
类型名 *指针变量名;
```

其中，类型名就是指针变量指向的那个变量的数据类型，即指针变量的基类型；指针变量名前的“*”号是必需的。例如：

```
int *p;
```

说明 p 是一个指向整型变量的指针变量，在 p 的存储单元中可以存放一个整型变量的地址。再如：

```
int *p1,*p2,i,a[5];
```

同一个定义语句中，可以定义若干个指向相同类型的指针变量和该类型的变量、数组。其中，p1、p2 为指向整型变量的指针变量，i 为整型变量，a 为具有 5 个元素的整型数组。不同类型的变量也可以分开定义。

三、指针变量的初始化

定义了指针变量，如果未被初始化，意味着指针变量的值是一个随机值，无法预知它会指向哪里，它很可能会乱指一气，从而出错。对指针变量进行初始化，可采用如下两种方法：

1）在定义指针变量的同时给指针变量赋初值，例如：

```
int x,*p=&x;
```

2）先定义指针变量，然后赋值，例如：

```
int x,*p;
p=&x;
```

上面两种方法是等价的，其含义是让 p 指向变量 x，即 p 的存储空间中存放整型变量 x 的地址，也就是图 5-1b 中所示的情况。

为避免忘记指针初始化给系统带来的潜在危险，习惯上在定义指针变量的同时将其初始化为 NULL（NULL 是在 stdio. h 中定义为零值的宏）。

同类指针是可以相互赋值的。例如：

```
int x,*p1,*p2;
p1=&x;
p2=p1;
```

结果如图 5-2 所示，p1 和 p2 均指向变量 x，即 p1 和 p2 的存储空间中均存放变量 x 的地址。

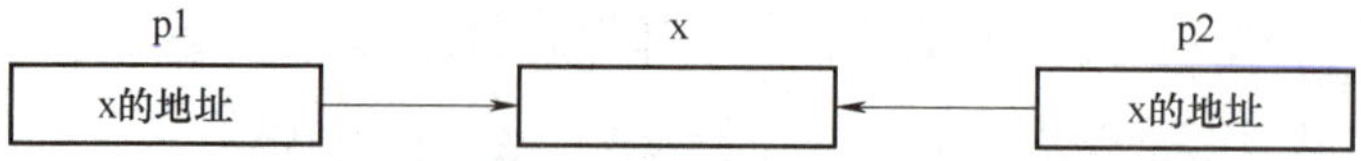

图 5-2　同类指针赋值示意

不同类型的指针不能相互赋值。例如：

```
int x,z,*p1=&x;
double y,*p2;
```

此时语句“p2=p1;”是错误的，因为 p1 和 p2 是两个指向不同类型变量的指针。

一个指针变量只能指向同一类型的变量。语句“p1=&y;”也是错误的，这里的 p1 只能指向整型变量，即 p1 中只能存放整型变量的地址。语句“p1=&z;”是正确的。

四、指针运算符

C 语言有两个专门的指针运算符“&”和“*”，都是单目运算符。

1. 取地址运算符 &

形式为：

```
&变量名
```

其含义为变量的地址。& 后面必须是变量名，这里的变量可以是 C 语言中的任意变量，包括下标变量，还可以是指针变量。& 后面不得为常量或表达式。例如，图 5-1b 中尽管 x 的地址为 2000，也不能把“p=&x;”写成“p=2000;”，因为 2000 是一个常量还是一个内存地址，系统是不好识别的；同样，也不能写成“p=1500+500;”，因为 1500+500 是一个表达式。

2. 取内容运算符 *

形式为：

```
*地址
```

“*”称为间接寻址符，用来访问指针变量指向的变量的值，即取出“*”后面地址中的内容。“*”号后面也可以是指针变量。

例如：

```
int x=2, *p=&x;
printf("x=%d\n", *p);
```

输出结果为:

```
x=2
```

定义语句中“*p=&x”是在定义 p 为指针变量的同时为其赋初值，说明 p 指向了变量 x，p 中存放了变量 x 的地址。“printf ("x=%d\n", *p);”语句中“*p”表示指针 p 所指对象 x。即 p 所指地址中的内容 2，这里 *p 和 x 是等价的。整个语句可理解为把 p 所指对象 x 的内容 2 输出，如图 5-3 所示。

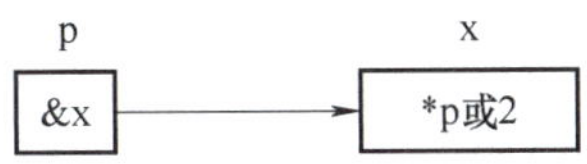

图 5-3 取内容运算符含义示意

需要注意，定义语句中“p”前面的“*”是说明 p 的类型是指针变量。而除定义语句外的其他语句中出现的“*p”里的“*”是对 p 所指变量的引用，即代表它指向的变量。在指针概念中“*”用的位置不同，其含义不同。“*&x”相当于“*(&x)”，“&x”是变量 x 的地址，“*(&x)”代表变量 x；而“&*x”是错误的，它相当于“&(*x)”，x 是一般变量，不是地址，所以“*x”出错。

五、指针变量应用举例

例 5-1 通过指针变量访问整型变量。

```
#include<stdio.h>
int main()
{
    int a=8,b=2, *p1, *p2;
    p1=&a;
    p2=&b;
    printf("a=%d,b=%d\n",a,b);
    printf("*p1=%d, *p2=%d\n", *p1, *p2);
    return 0;
}
```

程序运行结果如下:

```
a=8,b=2
*p1=8, *p2=2
```

以上程序中指针变量 p1、p2 和变量 a、b 的关系可用图 5-4 表示。

图 5-4 指针、变量关系示意

例 5-2 分析以下两个程序的运行结果。

程序 1：

```
#include<stdio.h>
int main()
{
    int a,b,m,*p1=&a,*p2=&b;
    scanf("%d,%d",p1,p2);          /*等价于scanf("%d,%d",&a,&b);*/
    m=*p1;
    *p1=*p2;
    *p2=m;                         /*等价于m=a;a=b;b=m;*/
    printf("%d,%d\n",a,b);
    printf("%d,%d\n",*p1,*p2);
                                   /*等价于printf("%d,%d\n",a,b);*/
    return 0;
}
```

程序运行情况如下：

```
8,2↙    (输入)
2,8     (输出)
2,8     (输出)
```

输入 8 和 2 后，指针指向情况如图 5-5a 所示，两指针所指对象 a、b 交换后的情况如图 5-5b 所示。

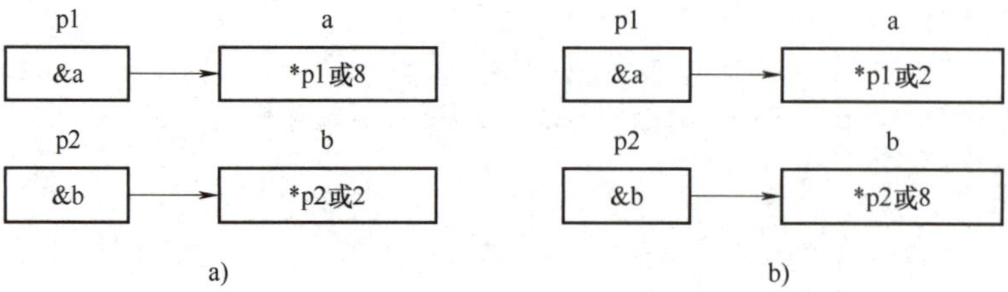

图 5-5 指针变量关系示意

程序 2：

```
#include<stdio.h>
int main()
```

```
{
    int a,b, *p, *p1, *p2;
    p1=&a;p2=&b;
    scanf("%d,%d",&a,&b);                    /* 等价于 scanf("%d,%d",p1,
                                                p2); */
    printf("a=%d,b=%d\n",a,b);
    p=p1;p1=p2;p2=p;                         /* p1、p2 同类指针交换 */
    printf("a=%d,b=%d\n",a,b);               /* 输出指针交换后 a、b 的值 */
    printf("*p1=%d, *p2=%d\n", *p1, *p2);
                                             /* 指针交换后 *p1、*p2 的值 */
    return 0;
}
```

程序运行情况如下：

```
8,2↙              (输入)
a=8,b=2           (a、b 初值)
a=8,b=2           (指针交换后,a、b 值未变)
*p1=2, *p2=8      (指针交换后,所指对象发生变化,p1 指向了 b,p2 指向了 a)
```

输入 8 和 2 后，指针指向情况如图 5-6a 所示，p1、p2 两指针交换位置后指针指向情况如图 5-6b 所示。

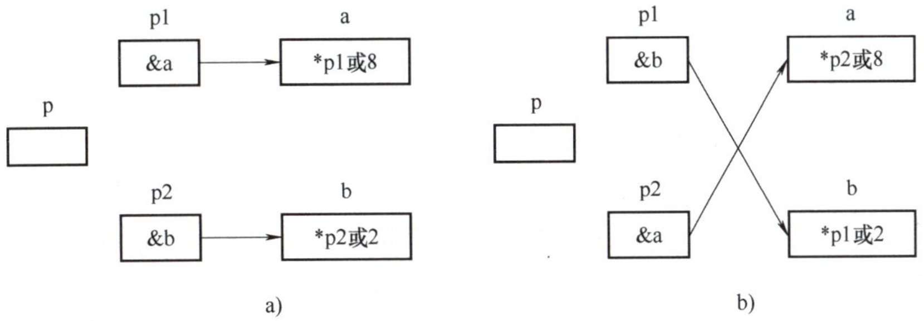

图 5-6 指针变量关系示意

以上两个程序不同之处在于：程序 1 是交换 a、b 两变量的内容，即两指针所指对象的值发生交换，指针没动。程序 2 是交换 p1、p2 两指针所指对象，即两指针变量的值交换。

例 5-3 实现将 a、b 和 c 三个整数由小到大排序的程序。主函数的功能是输入三个整数，调用 pswap( )交换变量的函数，最后输出排序结果。

```
#include<stdio.h>
void pswap(int *px,int *py)
{
```

```
    int m;
    m= * px;                              /* 交换指针 px 和 py 所指变量的值 */
    * px= * py;
    * py=m;
}
int main()
{
    int a,b,c, * pa=&a, * pb=&b, * pc=&c;
    scanf("%d,%d,%d",pa,pb,pc);  /* 相当于 scanf("%d,%d,%d",&a,
                                     &b,&c); */
    if(a>b)
        pswap(pa,pb);
    if(b>c)
        pswap(pb,pc);
    if(a>b)
        pswap(pa,pb);
    printf("%d,%d,%d\n",a,b,c);
    return 0;
}
```

程序运行情况如下：

```
3,2,1↙  (输入)
1,2,3   (输出)
```

这里实参和形参均为整型指针变量，输入 3、2、1 后，指针指向情况如图 5-7a 所示。若 a>b，则进行第 1 次 pswap( ) 函数调用，系统给指针变量 px、py 和整型变量 m 分配存储空间，将实参 pa 赋给形参 px（让 px 也指向 pa 所指的结点 a），将实参 pb 赋给形参 py（让 py 也指向 pb 所指的结点 b），指针及变量值的变化情况如图 5-7b 所示，第 1 次调用完后 px、py、m 的存储空间被回收，返回主函数。若 b>c，则进行第 2 次 pswap( ) 函数调用，整个过程同第 1 次，第 2 次调用函数时指针及变量变化情况如图 5-7c 所示。第 3 次如图 5-7d 所示。

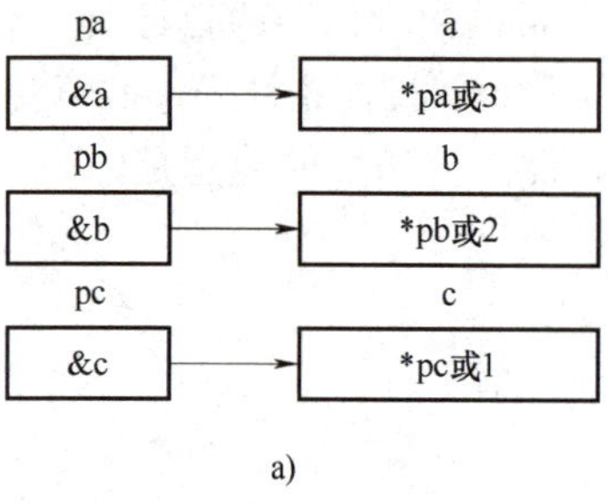

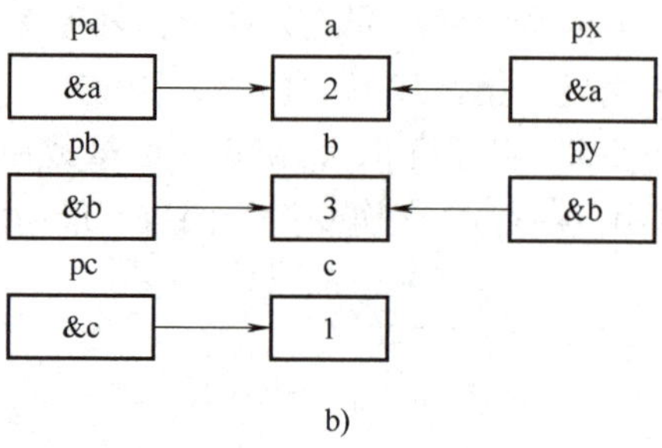

图 5-7 指针及变量值变化情况

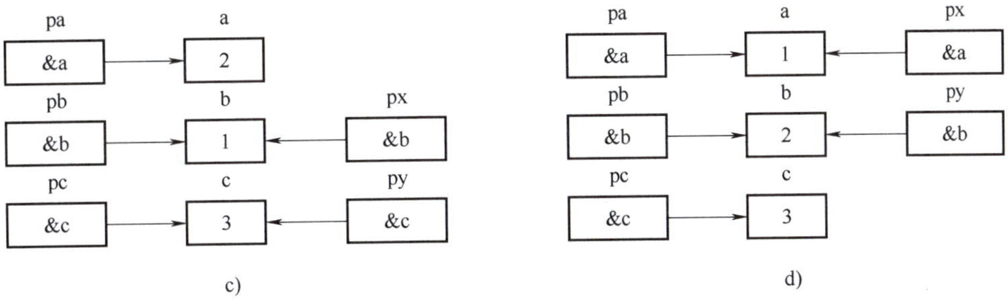

图 5-7　指针及变量值变化情况（续）

将三个数由小到大进行排序，能否编写不用指针的函数来完成呢？阅读以下程序。

```
#include<stdio.h>
void swap(int x,int y)
{
    int m;
    m=x;
    x=y;
    y=m;
}
int main()
{
    int a,b,c;
    scanf("%d,%d,%d",&a,&b,&c);
    if(a>b)
        swap(a,b);
    if(b>c)
        swap(b,c);
    if(a>b)
        swap(a,b);
    printf("%d,%d,%d\n",a,b,c);
    return 0;
}
```

程序运行情况如下：

```
3,2,1↙    (输入)
3,2,1     (输出)
```

为什么没有由小到大排序呢？当条件 a>b 满足时，主函数调用函数 swap(a，b)，将实参 a 的值传给形参 x，b 的值传给 y。执行完 swap( )函数后，实现 swap( )函数内变量 x 和 y

的值的互换，但主函数中变量 a 和 b 并未受到影响，没有实现主函数中变量 a 和 b 值的交换，同理，后面的两个 swap( )函数调用也没有实现实参值的交换。

因此，可以得出如下结论：

1）当用普通变量作参数时，不能将变化后的形参值带回给实参。

2）用指针变量作函数参数，在函数执行过程中使指针变量所指变量的值发生变化，函数调用结束后，这些变量值的变化就能保留下来，这样就可以实现在主调函数中使用这些变化后的值的目的。

3）通过函数调用得到 n 个变化了的值，基本方法如下：

第 1 步：在主调函数中设 n 个变量，用 n 个指针分别指向它们。

第 2 步：将指针变量作实参，将这 n 个变量的地址传给所调函数的对应形参。

第 3 步：通过形参指针变量改变这 n 个变量的值，这样主调函数中就可以引用这些改变了值的变量。

思考在 pswap( )函数中，交换两个形参指针能否达到目的。

例 5-4 分析以下程序的运行结果。

```
#include<stdio.h>
void add(int x,int y,int *z)
{
    *z=x+y;
}
int main()
{
    int a,b,c;
    scanf("%d,%d",&a,&b);
    add(a,b,&c);
    printf("a+b=%d\n",c);
    return 0;
}
```

程序运行情况如下：

```
3,5↙      (输入)
a+b=8     (输出)
```

该程序执行时让 z 指针指向变量 c，执行 *z=x+y 时，z 指针所指变量 c 的值就是 x+y 的值 8，函数中通过指针指向主调实参变量，使实参得到变化了的值。

例 5-5 分析以下程序的运行结果。

```
#include<stdio.h>
void sub1(char a,char b)
{
```

```
    char c;
    c=a;
    a=b;
    b=c;
}
void sub2(char *a,char b)
{
    char c;
    c=*a;
    *a=b;
    b=c;
}
void sub3(char *a,char *b)
{
    char c;
    c=*a;
    *a=*b;
    *b=c;
}
int main()
{
    char a,b;
    a='A';
    b='B';
    sub1(a,b);
    printf("sub1—a=%c,b=%c\n",a,b);
    a='A';
    b='B';
    sub2(&a,b);
    printf("sub2—a=%c,b=%c \n",a,b);
    a='A';
    b='B';
    sub3(&a,&b);
    printf("sub3—a=%c,b=%c \n",a,b);
    return 0;
}
```

程序运行结果如下：

```
sub1—a=A,b=B
sub2—a=B,b=B
sub3—a=B,b=A
```

程序中调用函数 sub1( )时，实参、形参均为一般变量，函数中形参的变化，对实参毫无影响，sub1( )执行完后 a、b 值未变。调用函数 sub2( )时，形参指针 a 指向实参变量 a，实参 b 的值' B '单向传给形参 b，在 sub2( )中，形参 b 的值和 a 指针所指变量值交换，函数结束后指针变量 a 和形参 b 的空间回收，返回主函数后 a 值变为' B '，b 仍保留调用前的' B '值。调用函数 sub3( )时，形参中 a 指针指向实参 a 变量，形参中 b 指针指向实参 b 变量，sub3( )中 a、b 两个指针所指内容发生变化，情况如图 5-8 所示。

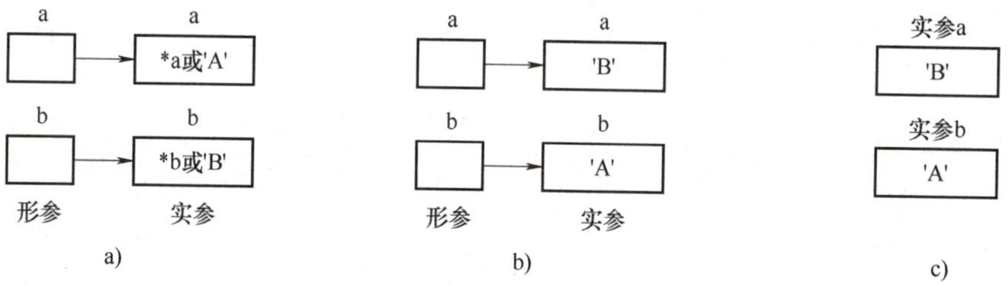

图 5-8　调用函数 sub3( )时指针及变量变化示意

图 5-8a 是调用 sub3( )时指针情况；图 5-8b 是两指针所指变量交换；图 5-8c 是调用结束后指针情况。实参变量 a 和指针变量 a 虽然同名，但不是一个量，同样，实参变量 b 和指针变量 b 也不是一个量，不能混在一起。

第二节　指向数组的指针

程序中一旦给出数组的定义，编译系统就会为其在内存中分配固定的存储单元，确定数组首地址。数组元素在内存中是连续存放的。C 语言中的数组名有特殊的含义，它代表存放数组元素的连续存储空间的首地址，即指向数组中第一个元素的指针常量。因此，数组元素既可用下标法（第三章中所讲）引用，也可用指针法引用。下面介绍指向一维数组的指针作为例子，说明指针运算符的特殊性及其在访问数组元素中的作用。

一、指向一维数组的指针变量的定义及初始化

指向一维数组的指针变量定义方法和前面指针变量的定义相同。初始化赋值方法如下：

1）定义时赋初值，例如：

```
int x[5], *p=x;
```

该语句定义了一个长度为 5 的整型数组 x，和指向 x 数组的指针 p。

2）先定义，后赋值，例如：

```
int x[5], *p;
p=x;
```

数组名是数组的首地址，也即第一个元素 x[0] 的地址，因此，“p = &x[0];” 和 “p=x;” 两个语句等价。语句 “p=x;” 是把 x 数组的首元素的地址赋给指针变量 p，也可以说指向 x[0]，而不是把数组 x 各元素值赋给 p，如图 5-9 所示。

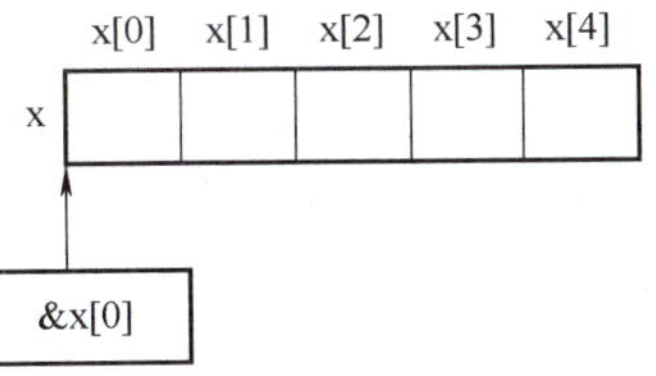

图 5-9　指向一维数组指针示意

二、一维数组元素地址和值的表示方法

一维数组元素地址和值的表示方法见表 5-1，可以通过下标法和指针法访问数组元素。

表 5-1　元素 x[i] 的地址和值的表示

方法	地址	值
下标法	&x[i]	x[i]
指针法（地址法）	x+i	*(x+i)
	p+i	*(p+i)

例 5-6　利用指针法输入、输出数组元素。

程序 1：使用数组首地址访问数组元素。

```
#include<stdio.h>
int main()
{
    int x[5],i;
    for(i=0;i<5;i++)
        scanf("%d",x+i);            /*等价于 scanf("%d",&x[i]);*/
    for(i=0;i<5;i++)
        printf("%d\n",*(x+i));      /*等价于 printf("%d\n",x[i]);*/
    return 0;
}
```

程序 2：使用指针访问数组元素。

```
#include<stdio.h>
int main()
{
    int x[5],i,*p=x;
    for(i=0;i<5;i++)
```

```
        scanf("%d",p+i);            /*等价于scanf("%d",&x[i]);*/
    for(i=0;i<5;i++)
        printf("%d\n",*(p+i));      /*等价于printf("%d\n",x[i]);*/
    return 0;
}
```

程序3：通过移动指针访问数组元素。

```
#include<stdio.h>
int main()
{
    int x[5],*p,i;
    for(p=x;p<x+5;p++)
        scanf("%d",p);              /*等价于scanf("%d",&x[i]);*/
    p=x;                            /*指针p重新指向数组首地址*/
    for(i=0;i<5;i++,p++)
        printf("%d\n",*p);          /*等价于printf("%d\n",x[i]);*/
    return 0;
}
```

注意：

1）p++即p=p+1，并非将指针变量p的值简单地加1，而是加上1*sizeof（基类型）个字节，即它是让p指针下移1个结点（指向下一个数组元素）。例如，数组元素是整型，而sizeof（int）为4的话，那么p++就相当于p加上4个字节。

2）假设p指针开始指向数组第0个元素，p+i和p=p+i虽然都代表数组中第i个元素的地址，但p+i中p指针未动，而p=p+i中p指针指向了第i个元素，即p=&x[i]。

3）p++的写法是正确的，但写x++是错误的。因为数组名x被解释为指向x[0]的整型指针常量，不能给常量赋值。

4）x+i是正确的，它代表x数组中第i号元素的地址，即&x[i]。程序3中指针情况可用图5-10表示。p指针不断后移，只要p指针值小于x+5这个地址，就不断输出p所指下标变量的值。

5）要注意指针变量值的变化。程序3中，输入执行完后，p指针已经指向x数组的末尾（即图5-10中x+5的位置），输出时p的起始值就不是&x[0]，而是元素x[4]后面存储空间的地址，最终得到莫名其妙的结果。所以，在输入循环完后，又为p重新赋值，使p指向x[0]元素。

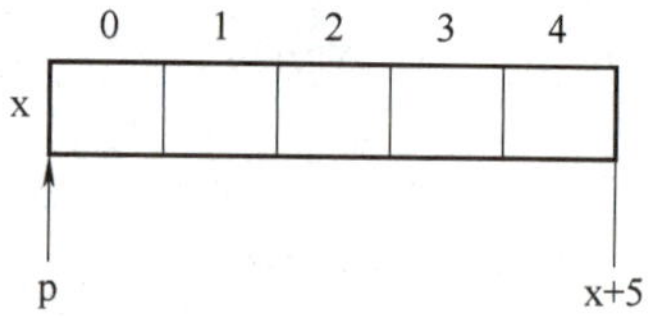

图5-10 指针位置

6）一维数组元素的存储地址是连续的。当多个指针指向同一个一维数组时，指针可以比较大小。注意，指向不同数组的指针比较大小是没有意义的。

7）指向同一数组的指针可以相减，其结果为两指针间相差元素的个数。如定义语句

“int x[5], *p=x, *q=&x[3];”，执行 q-p 的结果为 3。

三、指向数组的指针应用举例

例 5-7 利用指针法，将 *N* 个数逆序排列后输出，每行输出 3 个数。

```
#include<stdio.h>
#define N 6
int main()
{
    int x[N], *p1, *p2,m;
    printf("请输入 N 个数:");
    for(p1=x;p1<x+N;p1++)
        scanf("%d",p1);
    p1=x;                          /*p1 指针指向数组 x 的首地址,即第 1 个元素的
                                     地址*/
    p2=&x[N-1];                    /*p2 指针指向数组 x 的最后 1 个元素的地址*/
    while(p1<p2)
    {
        m=*p1;                     /*从数组两边开始交换数据,交换后分别向中间
                                     移动指针*/
        *p1=*p2;
        *p2=m;
        p1++;
        p2--;
    }
    for(p1=x;p1<x+N;p1++)
    {
        if((p1-x)%3==0)            /*每行输出 3 个元素后换行*/
            printf("\n");
        printf("%d ",*p1);
    }
    return 0;
}
```

程序运行情况如下：

```
请输入N个数:5 3 7 1 6 9↙   (输入)
9 6 1                      (输出)
7 3 5
```

指针初始状态及移动情况如图 5-11 所示。

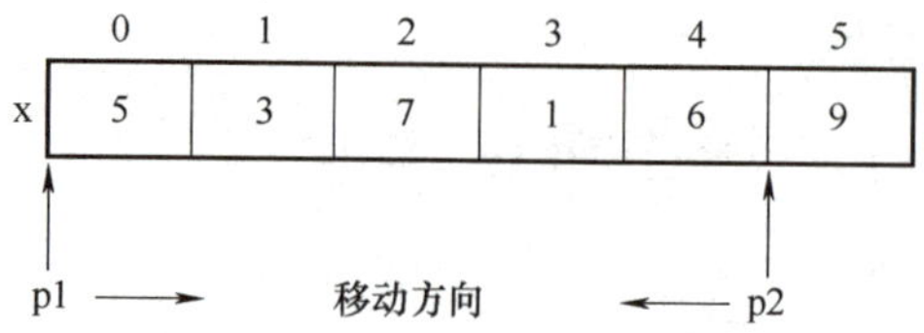

图 5-11 指针变化状态示意

第三节 字 符 指 针

一、字符指针变量的定义和初始化

第三章介绍了字符串可以用字符数组来表示，同样，字符串也可以用指针指向，通过指针引用字符串的元素。字符指针是指向字符型数据的指针变量。C 语言对字符串常量是按字符数组处理的，在内存中占用一段连续的存储空间存放字符串，并有唯一确定的首地址。因此，用指针表示一个字符串分两步：

① 定义一个指向字符型的指针；

② 让该指针指向某一字符串，即将这个串的首地址赋给一个指针变量。例如，定义字符型指针变量 p，指向字符串常量"Changan Road" 的首字符地址：

```
char *p="Changan Road";
```

或

```
char *p;
p="Changan Road";
```

这两种定义方式是等价的。为字符指针 p 初始化，实际上是把字符串常量中第 1 个元素（字符数组的首元素）的地址赋给 p，而不是把上述字符串常量赋给 p。本例指针指向可用图 5-12 表示。

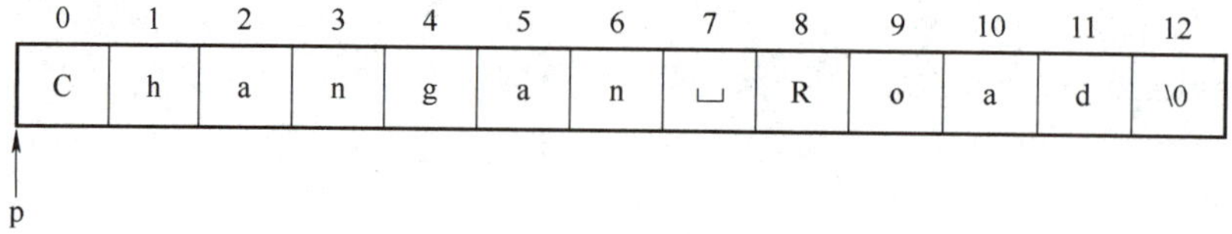

图 5-12 指针指向字符串

二、字符指针应用举例

例 5-8 编写计算字符串长度的程序（注意长度不含'\ 0'）。

```
#include<stdio.h>
int main()
{
    int n=0;              /*定义n记录字符串的长度*/
    char *p="Changan Road";
    while(*p!='\0')
    {                     /*若p指针未指向结束标记,则继续循环,否则循环结束*/
        n++;              /*串字符个数计数*/
        p++;              /*p指向下一个字符*/
    }
    printf("len=%d\n",n);
    return 0;
}
```

程序运行结果如下：

```
len=12        (空格也是1个字符,计算其长度)
```

例 5-9 分析以下程序，写出运行结果。

```
#include<stdio.h>
int main()
{
    char *p="abcd";
    while(*p!='\0')
    {
        printf("%s\n",p);
        p++;
    }
    return 0;
}
```

本题指针 p 指向字符串的指向关系可用图 5-13 表示。

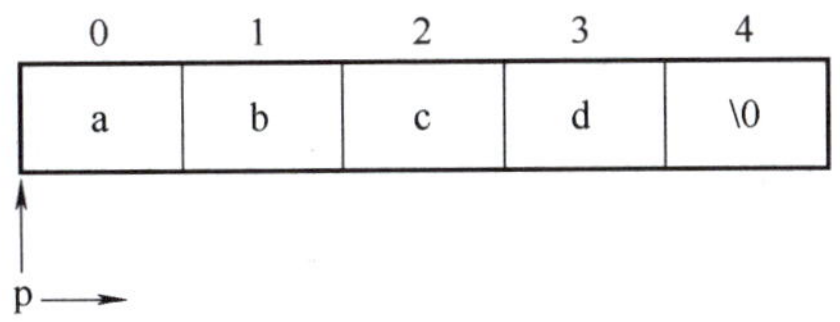

图 5-13 指针移动示意

程序运行结果如下：

```
abcd
bcd
cd
d
```

在该程序中，%s 是字符串输入/输出格式字符。开始输出从 p 指针所指位置到结束符'\0'为止的所有字符。第 1 次执行 p++的结果使 p 指向字符串'bcd'的起始地址，执行%s 输出形式后，从 b 到'\0'的所有字符输出，后面依此类推。

例 5-10 分析以下程序，写出运行结果。

```
#include<stdio.h>
int main()
{
    char s[ ]="abc",*p=s;
    printf("%d\n",*(p+3));
    return 0;
}
```

程序运行结果如下：

```
0
```

字符数组 s 的长度为 4（含 1 个'\0'字符），开始 p=&s[0]，p+3 即 s[3] 的地址，该地址中的内容为'\0'，'\0'的 ASCII 十进制编码值为 0。

例 5-11 从键盘输入 1 个字符串 a，将字符串 a 复制到字符串 b 中，再输出字符串 b，即实现字符串处理函数 strcpy()的功能。

分析：因为字符数组和字符指针都可以存取 C 字符串，因此，向函数传递字符串时，既可使用字符数组作为函数参数，也可使用字符指针作为函数参数。

程序 1：用字符数组作为函数参数，实现字符串复制。

```
#include<stdio.h>
#define N 80
void strcpyarr(char dStr[],char sStr[])
{
    int i=0;
    while(sStr[i]!='\0')          /*若当前取出的字符不是字符串的结束
                                    标志*/
    {
        dStr[i]=sStr[i];          /*复制字符*/
        i++;                      /*移动下标*/
```

```
    }
    dStr[i]='\0';                     /*在字符串 dStr 的末尾添加字符串结束
                                        标志*/
}
int main()
{
    char a[N],b[N];
    gets(a);
    strcpyarr(b,a);                   /*将字符数组 a 中的字符串复制到 b 中*/
    puts(b);
    return 0;
}
```

程序 2：用字符指针作为函数参数，实现字符串复制。

```
#include<stdio.h>
#define N 80
void strcpyp(char *dStr,char *sStr)
{
    int i=0;
    while(*sStr!='\0')           /*若当前 sStr 所指字符不是字符串的结束标
                                   志*/
    {
        *dStr=*sStr;             /*复制字符*/
        sStr++;                  /*使 sStr 指向下一个字符*/
        dStr++;                  /*使 dStr 指向下一个字符*/
    }
        *dStr='\0';              /*在字符串 dStr 的末尾添加字符串结束标
                                   志*/
}
int main()
{
    char a[N],b[N];
    gets(a);
    strcpyp(b,a);                /*将字符数组 a 中的字符串复制到 b 中*/
    puts(b);
    return 0;
}
```

*第四节　指针数组

一、指针数组的概念

由若干基本类型相同的指针所构成的数组，称为指针数组。指针数组中的每个元素都是一个指针，且这些指针是指向相同数据类型的变量。指针数组和指向数组的指针有着本质的区别，指向数组的指针是一个指针变量，指针变量中保存的是一个数组的首地址，而指针数组是一个数组，只不过指针作为数组的元素。

1. 定义形式

```
类型名 *数组名[数组长度];
```

例如：

```
int *p[3];
```

这里 p 为指针数组名，说明 p 有 3 个元素，即 3 个指针，均为指向整型的指针变量，3 个指针变量为 p[0]、p[1]、p[2]。

2. 指针数组的赋值

因指针数组的元素是一个指针，与指针变量一样，在使用之前必须对数组元素进行初始化赋值后再引用。例如：

1）若有定义：int x[3][4]，*p[3]，i;

若想用 p 的 3 个指针分别指向 x 数组各行，可用以下语句赋值：

```
for(i=0;i<3;i++)
    p[i]=x[i];
```

其指针指向如图 5-14 所示。

	0	1	2	3	
p[0] →	x[0][0]	x[0][1]	x[0][2]	x[0][3]	第0行
p[1] →	x[1][0]	x[1][1]	x[1][2]	x[1][3]	第1行
p[2] →	x[2][0]	x[2][1]	x[2][2]	x[2][3]	第2行

图 5-14　指针数组指向示意

注意：

① 对二维数组 x[3][4] 来讲，x[i] 代表第 i 行的首地址，即 p[i]=&x[i][0];

② p[i]+j 和 x[i]+j 是等价的，都代表 x[i][j] 的地址，*(p[i]+j) 和 *(x[i]+j) 是等价的，均代表元素 x[i][j];

③ 若一个二维数组的行数很多，要使多个指针分别指向各行，用指针数组运算更方便。

2）若有定义和赋值如下：

```
int y[8],*p[2];
p[0]=&y[0];
p[1]=&y[5];
```

其指针指向如图 5-15 所示。

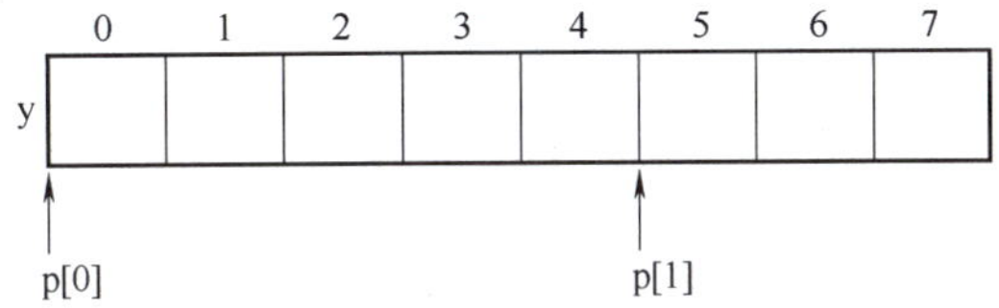

图 5-15 指针指向示意

二、指针数组应用举例

例 5-12 分析以下程序，写出运算结果。

```
#include<stdio.h>
int main()
{
    char *p[3]={"ab","abc","abcd"};    /*定义具有3个元素的指针数
                                         组,让各指针分别指向3个字
                                         符串常量首字符的地址*/
    int i;
    for(i=0;i<3;i++)
        printf("%s\n",p[i]);
    return 0;
}
```

程序运行结果如下：

```
ab
abc
abcd
```

该程序中每个指针数组元素指向 1 个字符串，这 3 个字符串按各自的长度放在常量区。由于各字符串长度不一样，这种方法会比采用二维数组节省空间。

下面用二维数组实现例 5-12。

```
#include<stdio.h>
int main()
{
    char a[3][5]={"ab","abc","abcd"};        /* 为二维字符数组各行赋初
                                                值 */
    int i;
    for(i=0;i<3;i++)
        printf("%s\n",a[i]);                 /* a[i]是二维数组各行的首
                                                地址,输出各个字符串 */
    return 0;
}
```

此处 a 是一个 3 行 5 列的字符数组，每行 1 个字符串，共 3 行，每个字符串含 1 个结束标记，各占 5 个字节，具体如图 5-16 所示。

a	0	1	2	3	4
0	a	b	\0		
1	a	b	c	\0	
2	a	b	c	d	\0

图 5-16　二维字符数组示意

第五节　返回指针值的函数

一个函数的返回值可以是整数、字符数、实数等，也可以是指针，即返回一个地址。这种返回指针值的函数，一般的定义形式为：

```
类型名 *函数名(形参表)
```

例 5-13　返回指针的函数示例。

```
#include<stdio.h>
int *max(int a[ ],int n)
{
    int i,*p=a;                  /* 相当于 int i,*p=&a[0]; */
    for(i=1;i<n;i++)
        if(*p<a[i])              /* 若 p 所指当前值小于 a[i] */
            p=&a[i];             /* 把当前最大值的地址送给 p 指针 */
    return p;                    /* 返回一维数组最大元素的地址 p */
```

```
}
int main()
{
    int x[5]={5,8,2,9,6},*w;
    w=max(x,5);                    /*让w指向最大元素*/
    printf("max=%d\n",*w);         /*输出最大值*/
    return 0;
}
```

程序执行过程为：从主函数开始，执行赋值语句“w=max(x，5);”，这里w为指向整型的指针变量，调用表达式“max(x，5)”，其值为一个整型量的地址。调用max()函数时，a形参数组和x数组共占x数组的存储空间，将5赋给n，函数中求出最大值的地址p，把p返回给主函数中w，输出w所指变量值，即最大值。

程序运行结果如下：

```
max=9
```

上面的例子仅作为说明返回指针值函数的基本概念，使用指针函数主要目的是想在函数结束时把大量的数据从被调函数返回到主调函数中。

本章小结

本章主要讨论了C语言的指针，详细介绍了指针变量的定义、初始化、两个指针运算符（“*”和“&”）、一维数组的指针和字符指针。指针变量是存放一个内存地址的变量，也称为地址变量。在C语言中，允许用指针变量来存放指针，因此，一个指针变量的值就是某个内存单元的地址或称为某内存单元的指针。指针定义后，必须被初始化才能正确使用。初始化有两种方式，一种是定义指针变量的同时给指针变量赋初值，另一种是先定义指针变量，再赋初值。指针变量两个专门的运算符，“*”是用来访问指针变量指向的变量的值，“&”用来表示指针变量的地址。当定义的指针变量指向一维数组时，初始都是指向一维数组的第1个元素的地址，可以通过移动指针或者是通过指针变量的加减运算获取指针所指向的数组元素。当定义一个指向字符型数据的指针变量时，实际上是把字符串中第1个元素（字符数组的首元素）的地址赋给它。对初学者来说，指针数组的内容不做考试要求，仅是希望考生能够了解指针也可以作为数组的元素。指针还可以作为函数的返回值，在函数结束时把大量的数据从被调函数返回到主调函数中。

指针是C语言的重点和难点，也是它使得C语言成为一门强大的、高效的、灵活的编程语言。熟练掌握指针能够更好地理解计算的存储方式，可以进行复杂的内存操作，更好地控制程序的行为，同时也能够实现高效的数据结构和算法。本章要求考生深入理解指针变量的含义，并加强上机实验练习帮助理解，为后续学习数据结构、灵活使用C语言程序解决实际问题打下坚实的基础。

习　　题

一、单项选择题

1. 指针变量是指（　　）。

A. 整型变量　　B. 下标变量

C. 变量的地址　　D. 存放变量地址的变量

2. 已知定义：char ch[ ]="12345"，＊cp=ch;，则 printf（"%s"，cp+1）；的输出结果是（　　）。

A. 2　　B. 345　　C. 1234　　D. 2345

3. 执行以下程序段后，a 的值为（　　）。

```
int *p,a=10,b=1;
p=&a;a=*p+b;
```

A. 10　　B. 11　　C. 12　　D. 编译出错

4. 若已定义：int a[9]，＊p=a;，并在以后的语句中未改变 p 的值，则不能表示 a[1] 地址的表达式是（　　）。

A. p+1　　B. a+1　　C. a++　　D. ++p

5. 已知定义：int a[3]，＊p;，使 p 指向 a[1] 的正确语句是（　　）。

A. p=&a[1];　　B. ＊p=a[1];

C. ＊p=&a[1];　　D. p=a[1];

二、填空题

1. 专门的指针运算符是＿＿＿＿＿和＿＿＿＿＿。

2. 只有先定义一个＿＿＿＿＿型变量，才能将另外一个变量的地址存放在该变量中。

3. 若指针变量 p 指向整型变量 i，则 i 变量又可用＿＿＿＿＿表示。

4. 已知：int a[ ]={1，3，5，7，9}，＊ip=a;，表达式＊ip+2 的值是＿＿＿＿＿。

5. C 语言对字符串常量是按＿＿＿＿＿处理的，在内存中占用一段连续的存储空间存放字符串，并有唯一确定的首地址。

三、简答题

1. 对指针变量做自加 1 操作后，一定增加 1 个字节吗？为什么？

2. 分析“＊”在定义指针和引用指针变量时有什么不同？

3. 请举例说明指针变量可以进行哪些运算。

4. 说明表达式（＊p)++和＊p++的不同含义。

四、程序分析题

1. 补全程序，使得函数的功能是实现把 2 个整型指针所指的存储单元中的内容进行交换。

```
exchange(int *x,int *y)
{
    int t;
```

```
    t=*y;
    *y=_________;
    *x=_________;
}
```

2. 分析以下程序，写出程序的输出结果_________。

```
#include<stdio.h>
int main()
{
    static char a[ ]="ABCDEFGH",b[ ]="abCDefGh";
    char *p1,*p2;
    int k;
    p1=a;p2=b;
    for(k=0;k<=7;k++)
        if(*(p1+k)==*(p2+k))
            printf("%c",*(p1+k));
    printf("\n");
    return 0;
}
```

五、程序设计题

1. 编写程序，计算一个用指针指向的字符串的长度。

2. 编写程序，判断从键盘输入的 1 个字符在一个字符串中出现的次数，如果输入字符没有出现，则返回值 0。

3. 编写程序，用指针指向用户输入的一行字符，以回车结束，分别统计其中的大写字母、小写字母、空格、数字和其他字符的个数。

4. 编写程序，从键盘任意输入一个整型表示的月份值，用指针数组指向该月份的英文表示，若输入的月份值不在 1~12 之间，则输出“illegal month”。

第六章　结构类型

学习目标：

- 掌握结构类型的定义，结构变量的声明、初始化、引用和应用。
- 掌握结构数组的定义、初始化和应用。
- 掌握指向结构变量的指针和指向结构数组的指针的定义、初始化和应用。

结构类型是允许自定义的一种数据结构，它将不同类型的数据按照一定的功能需求进行整体封装，封装的数据类型与大小均可以由用户指定，便于描述复杂个体。本章主要介绍结构类型的定义，结构变量的定义、初始化和引用，结构数组和结构指针。

第一节　结构类型和结构变量

一、结构类型的引入

在高级语言中，为有效组织和处理数据、规范数据的使用、方便用户，引入了整型、实型等基本数据类型。编程时只需要知道如何使用这些类型的变量，而不必了解变量的内部数据表示形式和操作的具体实现。然而，当表示复杂数据对象时，仅使用几种基本数据类型显然是不够的。例如，表示一名学生的基本信息，数据可能包括下列各项：

- 学号（整型）
- 姓名（字符型数组）
- 年龄（整型）
- 性别（字符型）
- 成绩（实型数组）

这些数据虽然分别属于不同的数据类型，但是它们都是用来表示一名学生的信息。如果要表示多名学生呢？首先想到使用数组，但数组要求是有相同数据类型的集合。因此，C 语言允许用户根据实际需要利用已有的基本数据类型来构造所需的数据类型，即结构类型，也称为结构体。

二、结构变量的定义

1. 结构类型的声明

定义结构变量的第一步是声明一个结构类型。结构类型的定义以关键字 struct 开始，后面跟着结构类型的名称和一对大括号，在大括号内部，声明结构类型的各个成员变量，并指定它们的数据类型，其格式如下：

```
struct 结构类型名
{
```

```
    数据类型 1  成员变量 1;
    数据类型 2  成员变量 2;
    …
    数据类型 n  成员变量 n;
};
```

此处，结构类型名和成员变量名均为用户自己定义的标识符，命名方法同变量名。每个成员变量的数据类型可以是基本数据类型，也可以是数组、指针、结构类型等。右大括号后的分号“;”是结构类型声明的结束标志，不能省略。

可按如下方法将学生基本信息定义为一个名为 student 的结构类型，具有 5 个成员变量：

```
struct student              /*学生信息结构,类型名为 student*/
{
    int num;                /*学号*/
    char name[20];          /*姓名*/
    char gender;            /*性别*/
    int age;                /*年龄*/
    double score[3];        /*3 门课成绩为实型数组*/
};
```

2. 结构变量的定义

结构类型定义后，可以定义结构变量来存储具体的数据。允许按下面两种方式定义结构变量。

1）先声明结构类型，再定义结构变量。例如，下面语句定义名为 student 的结构类型的两个结构变量 stu1 和 stu2：

```
struct student stu1,stu2;
```

此处的 struct 不能省略。

2）在声明结构类型的同时定义结构变量。例如，下面语句在声明结构类型的同时定义了两个该类型的结构变量 stu1 和 stu2：

```
struct student
{
    int num;                /*学号*/
    char name[20];          /*姓名*/
    char gender;            /*性别*/
    int age;                /*年龄*/
    double score[3];        /*3 门课成绩为实型数组*/
} stu1,stu2;
```

以上定义可以理解为 stu1 和 stu2 代表两名学生，每名学生都用学号、姓名等信息描述。此处，结构类型名 student 可以省略，即下面定义的结构变量 stu1 和 stu2 与上面定义等价。

```
struct
{
    int num;                    /*学号*/
    char name[20];              /*姓名*/
    char gender;                /*性别*/
    int age;                    /*年龄*/
    double score[3];            /*3门课成绩为实型数组*/
} stu1,stu2;
```

三、关键字 typedef

关键字 typedef 用于为系统固有的或自定义的数据类型定义一个别名。数据类型的别名通常使用大写字母，目的是为了与已有的数据类型相区分。例如，语句：

```
typedef int INTEGER;
```

为 int 定义了一个新的名字 INTEGER，也就是说 INTEGER 与 int 是同义词。

也可以为结构类型定义一个别名。例如，下面语句：

```
typedef struct student STUDENT;
```

与

```
typedef struct student
{
    int num;                /*学号*/
    char name[20];          /*姓名*/
    char gender;            /*性别*/
    int age;                /*年龄*/
    double score[3];        /*3门课成绩为实型数组*/
} STUDENT;
```

是等价的。两者都是为 struct student 结构类型定义了一个新的名字 STUDENT，即 STUDENT 与 struct student 是同义词。因此，利用 STUDENT 与利用 struct student 定义结构变量是一样的。因此，下面两条语句是等价的。

```
STUDENT stu1,stu2;
struct student stu1,stu2;
```

关键字 typedef 只是为一种已存在的类型定义一个新的名字，并未定义一种新的数据类型。

四、结构变量的初始化

和其他类型的变量一样，结构变量在使用前需要赋初值。结构变量的成员可以在定义时通过将成员的初值置于花括号之内来进行初始化。例如：

```
struct student stu1={230701001,"张丽",'F',19,{85.0,77.0,90.0}};
```

结构变量 stu1 的第 1 个成员被初始化为 230701001，第 2 个成员是一个字符型数组，被初始化为字符串"张丽"，第 3 个成员被初始化为'F'，第 4 个成员被初始化为 19，最后一个成员是实型数组，被初始化为 {85.0，77.0，90.0}。

五、结构变量的引用

使用成员运算符“.”来访问结构变量的成员，例如，stu1.age 代表 stu1 变量的 age 成员（理解为 stu1 同学的年龄）；stu1.score[0] 代表 stu1 变量的 score[0] 成员（理解为 stu1 同学第 1 门课的成绩）。“.”前面的结构变量和后面的成员是一个不可分割的整体，即只能通过结构变量引用其各个成员。

结构变量或结构中的成员是不能单独参与运算的。例如，不能直接为成员 age 赋值，会产生错误，因为不知道是哪名学生（变量）的年龄。变量和成员用成员运算符“.”连起来后，该变量的成员就和一般变量一样可以进行各种运算，如“stu1.age=19;”“scanf ("%d", &stu1.age);”“printf ("%d", stu1.age);”等。成员运算符“.”优先级最高，若成员本身又是结构类型，逐层引用最内层的成员。例如，学生年龄也可以用出生年、月、日表示。

```
struct date                         /*结构类型名为 date*/
{
    int year;                       /*年*/
    int month;                      /*月*/
    int day;                        /*日*/
};
struct student1
{
    int num;                        /*学号*/
    char name[20];                  /*姓名*/
    char gender;                    /*性别*/
    struct date birth;              /*表示出生年月日*/
    double score[3];                /*3 门课成绩为实型数组*/
} stu3;
```

若 stu3 变量的出生年份是 2001 年，月份是 10 月，日期是 23 日，具体赋值语句为：

```
stu3.birth.year=2001;
stu3.birth.month=10;
stu3.birth.day=23;
```

因此结构变量定义后，还可通过为其各个成员变量赋值而完成初始化。同理，还可以通过键盘输入实现变量赋值，输入语句为：

```
scanf("%d,%d,%d",&stu3.birth.year,&stu3.birth.month,&stu3.birth.day);
```

可以输入数据如下：

```
2001,10,23↙
```

六、结构类型应用举例

例 6-1 编写求两复数之和的程序。

假设第 1 个复数为 $a=5+4\mathrm{i}$，第 2 个复数为 $b=3+12\mathrm{i}$，则它们之和为 $c=m+ni$，其中 $m=5+3=8$，$n=4+12=16$。复数是由实部系数和虚部系数两部分组成，可用结构类型处理，程序如下：

```
#include<stdio.h>
struct complex
{
    int real;                          /*实部系数*/
    int imaginary;                     /*虚部系数*/
};
int main()
{
    struct complex a,b,c;              /*定义 3 个复数 a,b,c*/
    scanf("%d,%d,%d,%d",&a.real,&a.imaginary,&b.real,&b.imaginary);
    c.real=a.real+b.real;              /*分别求两复数实部、虚部系数和*/
    c.imaginary=a.imaginary+b.imaginary;
    printf("c=%d+%di\n",c.real,c.imaginary);
    return 0;
}
```

运行情况如下：

```
5,4,3,12↙      (输入)
c=8+16i        (输出)
```

结构类型的声明可以放在所有函数体的外部，也可放在函数体内部。在函数体外声明的结构类型可为所有函数使用，称为**全局声明**。在函数体内声明的结构类型只能在本函数体内使用，离开该函数，声明失效，称为**局部声明**。例 6-1 中的结构类型声明属于全局声明。

系统为结构变量分配内存的大小，也就是结构类型所占内存的字节数，并非是所有成员所占内存字节数的总和，它不仅与所定义的结构类型有关，还与计算机系统本身有关。由于结构变量的成员的内存对齐方式和数据类型所占内存的大小都是与机器相关的，因此结构类型在内存中所占的字节数也是与机器相关的。所以，计算结构类型所占内存的字节数时，一定要使用函数 sizeof(struct 类型名）或 sizeof(变量名）求得，不要想当然地直接用对各成员所占内存字节数进行简单求和的方式来计算。例如，输出 stu1 所占字节数语句："printf ("%d\n", sizeof (stu1));"，在 64 位机中，输出结果为 44。引用结构变量成员时，计算机会自动处理这个细节，编程者无须了解计算机内部存放的形式。

第二节　结构数组

一、结构数组的定义

一个结构变量只能表示一名学生的信息，如果要对一个班（假设有 50 名）学生的基本信息进行某些操作，则将其定义为一个结构数组是最简单方便的方法。结构数组的定义方式有两种：

1）在定义结构类型的同时定义结构数组。

```
struct 结构类型名
{
    成员列表;
} 数组名[数组长度];
```

2）先定义结构类型，再定义结构数组。

假定结构类型已定义好，可以用以下语句定义结构数组：

```
struct 结构类型名 数组名[数组长度];
```

例如，前面已经定义好 struct student 类型，则可用下面定义的数组 stu 存放 50 名学生的信息。

```
struct student stu[50];
```

二、结构数组的初始化

和其他类型的数组一样，可以在定义结构类型的同时对结构数组变量初始化。例如：

```
struct student2
{
    int num;                /* 学号 */
    char name[20];          /* 姓名 */
    double score[3];        /* 3 门课程成绩 */
} stu4[2]={{230701002,"Li Fang",{78.0,80.5,64.0}},{230701003,"Gao Dong",{60.5,83.0,92.5}}};
```

也可以在结构类型定义好之后，在定义变量的同时进行初始化。例如：

```
struct student2 stu4[2]={{230701002,"Li Fang",78.0,80.5,64.0},{230701003,"Gao Dong",60.5,83.0,92.5}};
```

上面两句赋值语句中对成绩数组的赋值形式不一样，但结果是一样的。初始化结果见表 6-1。

表 6-1 stu4 结构数组变量的初始化结果

stu4[0]					stu4[1]				
num	name	score[0]	score[1]	score[2]	num	name	score[0]	score[1]	score[2]
230701002	Li Fang	78.0	80.5	64.0	230701003	Gao Dong	60.5	83.0	92.5

三、结构数组应用举例

例 6-2 输入 50 名学生的基本信息，形式见表 6-1，计算各学生的平均分，并输出每名学生的学号、姓名及平均成绩。

本题中可以定义一个具有 50 个元素的实型数组，用以存放学生的平均分，也可以给每个学生的数据项中增加一个平均成绩成员。下面的程序是按后者实现的。

```
#include<stdio.h>
#define M 50                         /* M 代表学生数 */
int main()
{
    int i,j;
    double s;
    struct student3                  /* 定义名为 student3 的结构类型 */
    {
        int num;
        char name[20];
        double score[3];
```

```
        double avg;                      /*平均成绩*/
    } stu5[M];                           /*50名学生,每名学生具有以上信息*/
    for(i=0;i<M;i++)
    {
        scanf("%d,%s",&stu5[i].num,stu5[i].name);
                                         /*输入第i名同学的学号、姓名*/
        for(j=0;j<3;j++)
            scanf("%f",&stu5[i].score[j]);
                                         /*输入第i名同学3门课成绩*/
    }
    for(i=0;i<M;i++)                     /*计算每名同学3门课成绩的平均值*/
    {
        s=0.0;
        for(j=0;j<3;j++)
            s=s+stu5[i].score[j];
                                         /*第i名同学的第j门课成绩累加*/
        stu5[i].avg=s / 3.0;             /*把第i名同学的平均分存入个人avg成
                                           员空间*/
    }
    for(i=0;i<M;i++)                     /*输出50名同学的基本信息*/
        printf("no%2d num: %d name: %s avg: %4.1f \n",i,stu5[i].num,
stu5[i].name,stu5[i].avg);
    return 0;
}
```

因为 name 为数组名，本身就是地址，所以输入第 i 个学生姓名时，不能将输入对象写成 &stu5[i]. name，而应写成 stu5[i]. name。

第三节 结构指针

一、指向结构变量的指针

结构变量的所有成员在内存中占有一段连续的存储空间，所以与指向其他类型数据的指针一样，可以用指针指向变量所占内存的首地址。指向结构变量的指针定义形式为：

```
struct 结构类型名 *指针变量名;
```

也可以在定义结构类型时定义指向结构变量的指针。为使指针变量指向一个确定的存储单元，同样需要对指针变量进行初始化。

例 6-3 指向结构变量指针的实例。

```
#include<stdio.h>
int main()
{
    struct student4
    {
        int num;
        char name[20];
        int age;
        double score;
    } stu6={230701002,"Li Fang",19,80.5}, *p=&stu6;/* (*p)指向结构变量 stu6 */
    printf("num: %d name: %s age: %2d score: %4.1f\n",stu6.num,stu6.name,stu6.age,stu6.score);
    printf("num: %d name: %s age: %2d score: %4.1f\n",p->num,p->name,p->age,p->score);
    printf("num: %d name: %s age: %2d score: %4.1f\n",(*p).num,(*p).name,(*p).age,(*p).score);  /*这种方式不常用*/
    return 0;
}
```

该程序中，在定义名为 student4 的结构类型同时定义了结构变量 stu6，并且对其赋值。同时，定义了指向结构变量的指针变量 p，让其指向变量 stu6，其指向如图 6-1 所示。此处，对指针变量 p 的赋初值也可以在下一行单独用赋值语句实现。结构变量成员的引用有三种等价形式：

① 结构变量．成员名；

② (＊指针变量名)．成员名；

③ 指针变量名->成员名。

stu6			
num	name	age	score
230701002	Li Fang	19	80.5

p

图 6-1 指向结构变量指针示意

所以程序中三个 printf( ) 函数的输出结果是一样的，其运行结果如下：

```
num: 230701002 name: Li Fang age: 19 score: 80.5
num: 230701002 name: Li Fang age: 19 score: 80.5
num: 230701002 name: Li Fang age: 19 score: 80.5
```

二、指向结构数组的指针

和指针变量指向一般数组类似，指针变量也可以指向结构数组，其定义方法和指向一般数组一样。例如：

```
① struct student4
{
    int num;
    char name[20];
    int age;
    double score;
} stu7[3], *p=stu7;
② struct student4
{
    int num;
    char name[20];
    int age;
    double score;
};
struct student4 stu7[3], *p=stu7;
```

此处，①和②的定义是等价的，其指向如图 6-2 所示。

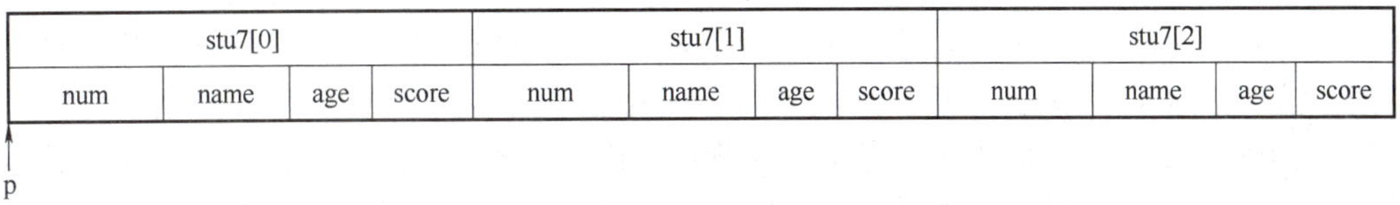

图 6-2　指向结构数组指针示意

上述程序段中 p 指向结构数组 stu7 的首地址，即 p=&stu7[0]。如果执行 p++即 p=p+1，则是让 p 指向 stu7[1] 首地址（p=&stu7[1]）。

三、结构指针应用举例

例 6-4　指向结构数组的指针示例。

```
#include<stdio.h>
int main()
{
    struct test
    {
        int x;
        double y;
        char z;
    } a[3]={{2,1.5,'x'},{3,4.6,'y'},{4,7.8,'z'}};
```

```
    struct test *p;             /*定义指向结构类型指针*/
    int i;                      /*定义变量 i*/
    p=a;                        /*p 指针指向结构数组 a*/
    for(i=0;i<3;i++)
        printf("i=%d,x=%d,y=%f,z=%c\n",i,a[i].x,(*(p+i)).y,(p
+i)->z);
    return 0;
}
```

程序运行结果如下：

```
i=0,x=2,y=1.500000,z=x
i=1,x=3,y=4.600000,z=y
i=2,x=4,y=7.800000,z=z
```

在该程序中，(*(p+i)).y 等价于 a[i].y，(p+i)->z 等价于 a[i].z。

本章小结

本章主要讨论了 C 语言中结构类型，详细介绍了结构变量的定义、初始化、引用，结构数组的定义和使用，结构指针变量的定义和使用。结构类型是一种自定义的数据类型。结构类型将相关数据（称为成员）组合成一个单一的数据结构，以方便管理和操作这些数据。结构成员的定义方式与变量的定义方式相同。结构类型同 C 语言中基础数据类型一样，可以定义该类型的变量。结构变量的定义可以放在结构类型的声明之后，也可以在结构类型声明的同时定义。结构变量定义之后，就可以对其初始化和引用。结构变量使用“.”访问其成员值，形式为：结构变量.成员名。结构类型可以作为数组元素的类型，这样的数组称为结构数组。在实际应用中，结构数组常被用来表示有相同的数据结构的群体。结构类型也可以定义结构类型指针。结构类型指针访问成员的获取和赋值形式为：(*p).成员名或 p->成员名。掌握结构类型和结构变量的定义与使用，为进一步理解更为复杂的数据结构做好准备。

习　题

一、单项选择题

1. 某结构类型说明语句如下：

```
struct ex
{
    int x;
    double y;
    char z;
} example;
```

关于上述结构类型声明语句的描述中，错误的是（　　）。

A. struct 是结构类型的关键字　　B. example 是结构类型名

C. x、y、z 都是结构类型的成员名　　D. struct ex 是结构类型

2. 下列关于结构类型和结构变量的描述中，错误的是（　　）。

A. 结构类型的成员名和结构变量名可以同名

B. 结构类型的成员可以是另一个结构变量

C. 结构成员变量不能具有不同的数据类型

D. 结构类型与结构变量是两个不同的概念

3. 有定义如下：

```
struct person
{
    char name[9];
    int age;
};
struct person group[10] = {{"John",17},{"Paul",19},{"Marry",18},
{"Adam",16}};
```

根据上述定义，能打印出字母 M 的语句是（　　）。

A. printf("%c\n",group[3].name);

B. printf("%c\n",group[3].name[1]);

C. printf("%c\n",group[2].name[1]);

D. printf("%c\n",group[2].name[0]);

4. 下面结构类型的定义语句中，错误的是（　　）。

A.
```
struct test
{
    int x;
    int y;
    int z;
};
struct test a;
```

B.
```
struct test
{
    int x;
    int y;
    int z;
}
struct test a;
```

C.
```
struct
{
    int x;
    int y;
    int z;
} a;
```

D.
```
struct test
{
    int x;
    int y;
    int z;
} a;
```

5. 下面的定义和赋值，不可以输出 q 中 data 值的是（　　）。

```
struct node
```

```
{
    int id;
    int data;
} q, * p;
p=&q;
```

A. p. data B. q. data

C. p->data D. (* p). data

二、填空题

1. 有定义如下：

```
struct test
{
    int x;
    int y;
} s[2]={{1,2},{3,4}}, * p=s;
```

则表达式（ * p). x 的结果是__________；表达式（++p)->x 的结果是__________。

2. 为一种已存在的数据类型定义一个新的名字，使用关键字__________。

3. 在 C 语言中，定义结构类型使用关键字__________。

4. 给定以下结构类型的定义：

```
struct Point
{
    int x;
    int y;
};
```

则下面的语句是创建一个名为 pt 的__________。

```
struct Point pt;
```

三、简答题

1. 试举例说明引用结构变量成员的方法。

2. 在 C 语言中，对结构变量赋初值时，必须对所有的成员赋初值吗？为什么？

四、程序分析题

1. 分析以下程序，写出其运行结果是__________。

```
#include<stdio.h>
struct stru
{
```

```
    int x;
    char ch;
};
void func(struct stru b)
{
    b.x=100;
    b.ch='n';
}
int main()
{
    struct stru a={10,'x'};
    func(a);
    printf("%d,%c\n",a.x,a.ch);
    return 0;
}
```

2. 假设有 3 个人的姓名和年龄存储在结构数组中，以下程序的功能是实现输出 3 个人中年龄居中者的姓名和年龄，请补全空行处。

```
#include<stdio.h>
struct man
{
    char name[20];
    int age;
} person[3]={{"Li_ming",18},{"Wang_hua",19},{"Zhang_Li",20}};
int main()
{
    int i,j,max,min;
    max=min=person[0].age;
    for(i=1;i<3;i++)
        if(person[i].age > max)
            __________;
        else if(person[i].age<min)
                __________;
    printf("\n");
    for(i=0;i<3;i++)
        if((person[i].age<max) && (person[i].age > min))
            printf("\n %s %d",person[i].name,person[i].age,);
```

```
    return 0;
}
```

五、程序设计题

1. 编写一个使用结构类型的程序，实现：输入一名学生的数学课程期中和期末考试成绩，计算并输出其平均成绩。

2. 利用结构指针编写程序，实现：输入 10 名学生的学号、期中和期末成绩，计算并输出成绩表和每名学生的平均成绩。

第二篇　数据结构基础

随着计算机技术的发展，计算机加工处理的对象，从纯粹的数值发展到字符、声音、图形、图像等各种复杂的数据。因此，在进行程序设计时，除了应用一些程序设计的技巧和方法外，还需研究数据的特性和数据之间的内在关系，才能设计出优质的程序，这就会涉及数据结构。数据结构不仅是进入计算机行业的敲门砖，而且是开展计算机业务的技术基础。本篇介绍数据结构的基本概念，常见的几种数据结构的特点、存储及操作，使考生在学习完本篇后，能够在程序开发时运用学过的知识，设计出有效的数据结构，正确高效地编写程序解决实际问题。

第七章　数据结构概述

学习目标：

- 掌握数据结构的一些基本术语，四类基本数据结构的特点。
- 掌握数据的逻辑结构和物理结构的概念与区别，数据的存储方法。
- 掌握算法的时间复杂度和空间复杂度的概念，算法时间复杂度的分析。

本章主要介绍数据结构的基本概念、数据的逻辑结构和物理结构、存储方法、算法的时间复杂度和空间复杂度的概念，这些是学习数据结构需要掌握的基础知识。

第一节　引　　言

一、基本概念

一般来说，用计算机解决一个具体问题时，首先要从具体问题抽象出一个适当的数学模型，然后设计一个解此数学模型的算法，最后编写出程序，进行测试、调整直至得到最终解答。寻求数学模型的实质是分析问题，从中提取操作对象，并找出这些操作对象之间蕴涵的关系，然后用数学的语言加以描述。数据结构是一门研究程序设计中数据元素以及它们之间的关系和操作等相关问题的学科，是实现系统软件和大型应用软件的重要基础，广泛应用于信息科学、应用数学及各种工程技术领域。

下面介绍一些相关基本概念和术语。

数据是对客观事物的符号表示，在计算机科学中是指所有能输入计算机中并被计算机程序识别和处理的符号的集合。数据大致可分为两类：一类是数值型数据，包括整数和浮点数等，主要用于工程和科学计算，以及商业事务处理；另一类是非数值型数据，主要包括字符、字符串、文本、图形、图像和语音等。

数据元素是数据的基本单位。一个数据元素通常由一个或若干个数据项组成，有时简称为元素。数据项是数据的不可分割的最小单位。例如，对于一个学籍管理文件来说，每个学生记录（包含学号、姓名、性别和年龄等）就是它的一个数据元素，而学号、姓名等均为其数据项。

数据对象是性质相同的数据元素的集合，是数据的一个子集。例如，大写字母字符数据对象是集合 $\Omega=\{'A','B',\cdots,'Z'\}$。

被计算机加工的数据元素不是孤立的，它们彼此之间一般存在某种关系，通常把数据元素之间的这种关系称为**结构**。数据结构是相互之间存在一种或多种特定关系的数据元素的集合。因此，数据结构由某一数据元素的集合和该集合中数据元素之间的关系组成，可记为：

$$DS=(D,S)$$

其中，DS 表示一种数据结构，D 是数据元素的有限集合，S 是 D 上关系的有限集合。

图 7-1 描述了一家三代人之间的关系。A、B、C、D、E 和 F 6 个人，可看作 6 个数据元素的集合 D，S 是它们之间的关系，具体为 A 是 B、C、D 的父亲，C 是 E、F 的父亲。

根据数据元素之间关系的不同特性，通常有下列四类基本结构：

1）集合。集合中没有重复的数据元素，数据元素之间除了“同属于一个集合”的关系外，别无其他关系。

2）线性结构。线性结构也称为线性表，在这种结构中所有数据元素都按某种次序排列在一个序列中，如图 7-2 所示，结构中的数据元素之间存在一个对一个的关系。对于线性结构中的每一数据元素，除第一个数据元素外，其他每个数据元素都有且仅有一个直接前驱；除最后一个元素数据外，其他每个数据元素都有且仅有一个直接后继。

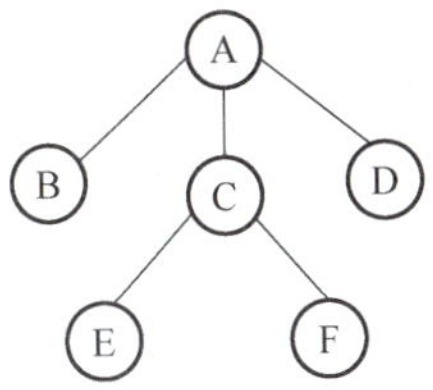

图 7-1　数据关系图

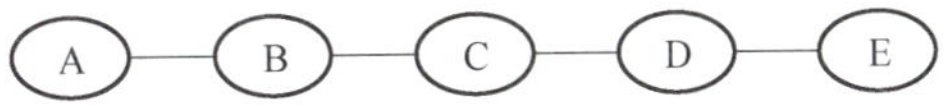

图 7-2　线性结构中各数据元素之间的关系

根据对线性结构中数据元素存取方法的不同，可分为直接存取结构、顺序存取结构和字典结构。直接存取结构，可以直接存取某一指定项而无须先访问其前驱，如数组，可以按给定下标直接存取数组中某一数组元素，即随机存取。对于顺序存取结构，只能从序列中第一个数据元素起，按序逐个访问直到指定的元素，如链表或栈。字典结构与数组有类似之处，但数组是通过整数下标进行索引，而字典结构是通过关键码（key）进行索引。设定数据元素中某一数据项或某一组合数据项为关键码，通过关键码来识别数据元素。例如，对于学生记录，可设定学生的学号为关键码，用它来识别是哪一位学生的记录。

3）树结构。树结构中各数据元素之间有明确的层次关系，每一元素有唯一的直接前驱元素和多个后继元素，即前驱和后继是一个对多个的关系，如图 7-1 所示，树中的元素称为结点。

4）图结构。图结构中，数据元素之间的关系复杂，存在多个对多个的关系。

在树和图结构中，各个数据元素不再保持在一个线性序列中，每个数据元素可能与多个其他数据元素发生联系，均为非线性结构。

二、数据的逻辑结构和物理结构

1. 数据的逻辑结构

数据的逻辑结构，描述的是数据元素之间的逻辑关系，是指从解决问题的需要出发，为实现必要的功能所建立的数据结构，如在教务系统中建立的按学号排列的学生记录的有序表格。

2. 数据的物理结构

数据的物理结构是指数据应该如何在计算机内存放，是数据的逻辑结构的物理存储方式，又称存储结构。它根据问题所要求的响应速度、处理时间、修改时间、存储空间和单位时间的处理量等建立，是逻辑数据的存储映像。

数据的逻辑结构和存储结构是密切相关的两个方面。一个操作算法的设计取决于所选定的逻辑结构，而算法的实现依赖于采用的物理结构。通常在讨论数据结构时，既要讨论数据的逻辑结构，又要讨论这些逻辑结构的存储结构，此外还要讨论对这种数据结构的相关操作（也称为基本运算）及其实现。

3. 存储方法

数据的存储结构可以用以下四种基本的存储方法得到。

1）顺序存储方法。该方法把逻辑上相邻的元素存放到物理位置上相邻的存储单元中，数据元素之间的逻辑关系由存储单元的邻接位置关系来体现。由此得到的存储表示称为顺序存储结构。通常，顺序存储结构可借助高级程序语言中的一维数组来描述。

2）链式存储方法。该方法不要求逻辑上相邻的元素在物理位置上也相邻，数据元素之间的逻辑关系由附加的指针指示。由此得到的存储表示称为链式存储结构。通常，链式存储结构要借助高级程序语言中的指针类型来描述。

3）索引存储方法。该方法在存储数据元素信息的同时，还建立附加的索引表。索引表中的每项称为索引项，索引项的一般形式：（关键码，地址）。若每个数据元素在索引表中都有一个索引项，则该索引表称为稠密索引；若一组相邻的数据元素在索引表中只有一个索引项，则该索引表称为稀疏索引。稠密索引中索引项中的地址指示数据元素所在的物理位置，稀疏索引中索引项中的地址指示一组相邻数据元素的起始存储位置。

4）散列存储方法。该方法根据数据元素的关键码，经过一个函数计算，得到该数据元素的存储地址。

上述四种基本的存储方法既可以单独使用，也可以组合起来对数据结构进行存储映像。同一种逻辑结构采用不同的存储方法，可以得到不同的存储结构。选择何种存储结构来表示相应的逻辑结构，主要考虑算法的时间和空间要求以及算法的简单性。本篇在介绍数据结构存储结构时，讨论前两种存储方法。

第二节　算法的性能度量

数据操作是通过设计具体的算法实现的，性能良好的算法离不开设计良好的数据结构，算法与数据结构相互依赖、相辅相成。对于一个具体问题，可以选择不同的数据结构，选择是否恰当直接影响到算法的执行效率；反之，数据结构是否合适可以通过执行算法来体现。

除了算法的正确性、可读性和健壮性外，具体衡量、比较算法优劣的性能指标主要有两个：算法的时间复杂度和空间复杂度。一个性能良好的算法，希望其执行时间尽可能短，占用的存储空间尽可能少。

一、算法的时间复杂度

算法的时间复杂度可理解为是对求解问题算法所需执行时间的度量。一个用高级程序语言编写的程序在计算机上执行所耗的时间取决于下列因素：

1）问题规模。一般来说，问题的规模从问题的描述中可以找到，例如，求 n 个数的平均值，对 n 个数进行排序，一个零件的加工工序有 n 道，这里的 n 即为问题的规模。当 n 越大时，算法的执行时间就越多，例如，将 500 个随机整数按照升序排列比将 10 个随机整数按照升序排列所需时间多。

2）编程语言。对同一算法，往往实现语言的级别越高，执行效率就越低。例如，一般情况下，汇编语言编写的程序执行效率要高于一般的高级语言，C 语言编写的程序执行效率要高于 Java 语言。

3）硬件配置。不同硬件配置下机器执行指令的速度不同。例如，一般地，64 位计算机上程序的执行速度比 32 位计算机快，处理器频率为 3.6GHz 的计算机上程序的执行速度比 2.3GHz 的计算机快。

4）编译程序。不同的编译程序所生成的目标代码质量不同。往往优化较好的编译程序所生成的目标代码质量较高，程序所需执行时间较短。

显然，同一算法用不同的语言实现，或者用不同的编译程序进行编译，或者在不同的计算机上运行时，其时间复杂度均不相同。这表明使用绝对的时间单位衡量算法的时间复杂度是不合适的。为了更好地衡量算法本身的效率，突出算法的特点，假设算法的时间复杂度只依赖于问题规模 n，即算法的时间复杂度是问题规模 n 的函数，记作 $T(n)$。对于问题规模的选择，应根据具体问题具体分析。

语句重复执行的次数称为语句的频度。一个算法执行所需的时间 $T(n)$，是算法中所有语句执行时间之和。假设每条语句执行一次的时间相同，均为 1 个时间单位，则算法执行时间简记为 $T(n)=\sum c_i$。其中，i 表示第 i 条语句，c_i 表示语句 i 的频度。现实情况中，每条语句执行一次的时间可能不同，例如，递归调用语句执行一次，涉及对系统堆栈的很多处理，比一条自增语句执行一次慢很多。

例 7-1　计算下列程序段的时间复杂度。

```
int sum=1;                  /*1 次*/
for(i=1;i<=n;i++)           /*n+1 次*/
    sum=sum * i;            /*n 次*/
```

根据各语句的频度，该程序段的时间复杂度为 $T(n)=1+n+1+n=2n+2$。

例 7-2　计算下列程序段的时间复杂度。

```
int sum=0;                      /*1 次*/
for(i=1;i<=n;i++)               /*n+1 次*/
    for(j=1;j<=n;j++)           /*n(n+1)次*/
        sum=sum+a[i][j];        /*n*n 次*/
```

根据各语句的频度，该程序段的时间复杂度为 $T(n)=1+n+1+n(n+1)+n^2=2n^2+2n+2$。

例 7-3　计算下列程序段的时间复杂度。

```
for(i=1;i<=n;i++)                               /*n+1 次*/
    for(j=1;j<=n;j++)                           /*n(n+1)次*/
    {
        c[i][j]=0;                              /*n*n 次*/
        for(k=0;k<=n;k++)                       /*n*n*(n+1)次*/
            c[i][j]=c[i][j]+a[i][k]+b[k][j];    /*n*n*n 次*/
    }
```

根据各语句的频度，该程序段的时间复杂度为 $T(n)=n+1+n(n+1)+n^2+n^2(n+1)+n^3=2n^3+3n^2+2n+1$。

上面 3 个程序段的时间复杂度 $T(n)$ 分别是 n 的线性函数、n 的二次函数和 n 的三次函数。当 n 值很小时，它们的差别不是很大；当 n 值很大时，它们的差别越来越大，变化最大的项为 $T(n)$ 中次数最高的项，类似这样的项为主项。例如，例 7-2 的时间复杂度 $T(n)$，当 n 值非常大时，n^2项比 n 项增长快得多，常数项同变化值相比，几乎可以忽略不计。此外，主项的系数对变化趋势没有影响，$2n^2$和 n^2的变化趋势是相同的。

一般情况下，在算法很复杂时精确计算语句的频度是比较困难的，因此，抓住问题主要矛盾，可用时间复杂度的主项来描述算法的时间复杂度。当 n 充分大，如果存在常数 $c>0$，有 $T(n)\leqslant cf(n)$，即$\lim\limits_{n\to\infty}\frac{T(n)}{f(n)}=c$，则称时间复杂度 $T(n)$ 是$O(f(n))$，可写作 $T(n)=O(f(n))$，表示随着问题规模 n 的增大，算法执行时间的增长率和$f(n)$ 的增长率相同。这种采用符号 O 表示的算法时间复杂度，称作算法的渐进时间复杂度，简称时间复杂度。例如，例 7-1 中程序段的时间复杂度可表示为 $O(n)$，例 7-2 中程序段的时间复杂度可表示为 $O(n^2)$，例 7-3 中程序段的时间复杂度可表示为 $O(n^3)$。

按照数量级递增排序，常见的时间复杂度有常数阶 $O(1)$、对数阶 $O(\log_2 n)$、线性阶 $O(n)$、线性对数阶 $O(n\log_2 n)$、平方阶 $O(n^2)$、立方阶 $O(n^3)$、指数阶 $O(2^n)$ 等。随着问题规模 n 的增大，上述复杂度不断增加，算法执行效率不断下降。

此外，算法所消耗的时间还可能与数据的初始状态等因素有关。例如，冒泡排序算法的时间复杂度就与数据初始状态有关，详见第十章。对这类问题，可以从概率的角度去考虑，估算时间复杂度的期望值；也可以根据初始数据出现的最好、最坏和随机状态，分别估算算法在最好、最坏和平均情况下的时间复杂度。

二、算法的空间复杂度

算法的空间复杂度是指算法在计算机内执行时所需存储空间的度量。算法执行期间所需要的存储空间包括三个部分：算法程序所占的存储空间、输入的初始数据所占的存储空间、算法运行时所需要的额外空间。通常情况下，算法程序所占的存储空间与算法书写的长短成正比，输入的初始数据所占的存储空间由要解决的问题决定，而算法运行时所需要的额外空间随算法的不同而异。因此，分析算法空间复杂度往往只考虑运行时所需的额外空间与问题规模 n 之间的关系。

例如，a、b 两变量交换值可用如下两种方法实现：

方法 1：a=a+b；b=a-b；a=a-b;，没有使用额外的存储空间。

方法 2：m=a；a=b；b=m;，m 为额外的存储空间。

一个算法若额外的辅助空间对不同数量的数据来讲是个常量，则该问题算法的空间复杂度为 $O(1)$，即所需辅助空间与问题的规模无关。

一个算法的时间复杂度和空间复杂度往往是相互影响的，算法执行时间上的节省往往需要增加空间存储为代价，反之亦然。因此，通常仅用算法的时间复杂度作为算法优劣的衡量指标。

本章小结

本章主要讨论数据结构的概念，介绍了数据结构的一些基本术语、结构分类、数据的逻辑结构和物理结构、存储方法、算法的时间复杂度和空间复杂度。理解和应用不同的数据结构是本篇的讨论重点。对于一个具体的数据结构，设计一种好的算法是关键。算法与数据结构相互依赖、相辅相成，一个良好的算法离不开一种设计良好的数据结构。

习　题

一、单项选择题

1. 从逻辑上可以把数据结构大致分成（　　）。

A. 动态结构和静态结构　　B. 紧凑结构和非紧凑结构

C. 线性结构和非线性结构　　D. 内部结构和外部结构

2. 下列程序段的时间复杂度为（　　）。

```
for(i=1;i<=n;i++)
    for(j=1;j<=i;j++)
        x=x+1;
```

A. $O(1)$　　B. $O(n)$　　C. $O(n^2)$　　D. $O(n^3)$

3. 某算法仅含程序段 1 和程序段 2，程序段 1 的执行次数为 $3n^2$，程序段 2 的执行次数为 $0.1n^3$，则该算法的时间复杂度为（　　）。

A. $O(1)$　　B. $O(n)$　　C. $O(n^2)$　　D. $O(n^3)$

4. 被计算机加工的数据元素不是孤立的，它们彼此之间一般存在某种关系，通常把数据元素之间的这种关系称为（　　）。

A. 规则　　B. 结构　　C. 集合　　D. 运算

5. 下列关于数据结构的描述中，错误的是（　　）。

A. 相同的逻辑结构对应的存储结构必然也是相同的

B. 数据结构的讨论主要包括数据的逻辑结构、存储结构和基本运算三个方面

C. 数据结构的基本运算的实现与存储结构有关

D. 数据的存储结构是数据的逻辑结构的计算机实现

二、填空题

1. 数据结构是指数据的__________结构和__________结构两种。

2. 数据结构是一门研究程序设计中__________以及它们之间的关系和操作等相关问题的学科。

3. 算法的空间复杂度是指算法在计算机内执行时所需__________的度量。

4. 以下程序段的时间复杂度为__________。

```
i=1;
while(i<=n)
    i=i+1;
```

5. 图结构中的数据元素之间存在__________的关系。

三、简答题

1. 什么是数据的逻辑结构？什么是数据的物理结构？一般情况下，两者之间有什么联系？

2. 什么是数据结构？有关数据结构的讨论涉及哪三个方面？

3. 简述数据结构的四种基本结构。

4. 说明四种基本的存储方法。

第八章　线性数据结构

学习目标：

● 掌握线性表的特点，线性表的顺序存储结构和链式存储结构的描述。

● 掌握线性表在顺序存储和链式存储结构（包括单链表、循环单链表和双向链表）上的建立、查找、插入和删除等操作，了解操作的时间和空间性能比较。

● 掌握栈的特点，栈的顺序存储结构和链式存储结构的描述。

● 掌握栈在顺序存储结构和链式存储结构上的进栈、出栈、判断栈是否为空等操作，应用栈结构解决简单实际应用问题。

● 掌握队列的特点，队列的顺序存储结构和链式存储结构的描述。

● 掌握顺序队列、循环队列上的基本操作，队列是否满的判断。

● 掌握三对角阵、三角阵、对称阵三类特殊矩阵的特点和压缩存储。

线性数据结构是利用程序解决实际问题过程中经常用到的数据组织方式，其特点是第一个元素没有直接前驱，最后一个元素没有直接后继，其他元素都有一个直接前驱和一个直接后继元素。线性结构通常包括线性表、栈、队列、字符串和数组，其中字符串和数组在第一篇中已经介绍，本章介绍线性表、栈和队列的概念、存储结构、操作及应用，几类特殊矩阵的压缩存储。

第一节　线　性　表

一、线性表的概念

线性表是一种简单且常用的数据结构。线性表是由 $n(n\geqslant 0)$ 个类型相同的数据元素 a_1，a_2，a_3，…，a_n 组成的有限序列，其中 n 为线性表的长度，当 $n=0$ 时线性表为空表。对于非空的线性表，每个数据元素都有一个确定的位置，有且仅有一个开始元素（即第一个元素）和一个终端元素（即最后一个元素）；除开始元素外，其他元素有且仅有唯一的直接前驱元素；除终端元素外，其他元素有且仅有唯一的直接后继元素。这也是线性结构的特点。

同一个线性表中的数据元素具有相同的数据类型，至于每个数据元素的具体含义，在不同的情况下各不相同，它可以是一个数或一个符号，也可以是一个结构体，甚至是更复杂的信息。例如，系名=（计算机，英语，自动化，通信）可以看作一个线性表；一个班的学生信息可以组成一个线性表，每名学生（数据元素）都包含学号、姓名等数据项，可定义为一个学生结构类型。

线性表的存储结构常用的有两种：一是顺序存储结构，又称为顺序表结构；二是链式存储结构，又称为链表结构。下面分别介绍两种存储结构。

二、线性表的顺序存储结构

1. 顺序表

线性表的顺序存储是用一组地址连续的存储空间依次（逻辑顺序）存放线性表中的各个数据元素，采用这种存储形式的线性表称为顺序表。

设顺序表有 n 个数据元素，每个数据元素占用 d 个存储单元，并以所占用的第一个单元的存储地址作为数据元素的存储地址。由于顺序表中数据元素在连续空间中存放，所以很容易计算出顺序表的各元素存储地址（起始地址），第 i 个数据元素 a_i 的存储地址计算公式为

$$\mathrm{Loc}(a_i)=\mathrm{Loc}(a_1)+(i-1)\times d\ (1\leqslant i\leqslant n)$$

式中，$\mathrm{Loc}(a_i)$为顺序表中第 i 个元素的起始地址；$\mathrm{Loc}(a_1)$为顺序表的第 1 个数据元素的存储位置，通常称作顺序表的起始地址。

线性表的这种顺序存储结构使得表中逻辑上相邻的数据元素在物理位置上也相邻，即顺序表中相邻的元素 a_i 和 a_{i+1}赋以相邻的存储位置 $\mathrm{Loc}(a_i)$和 $\mathrm{Loc}(a_{i+1})$，如图 8-1 所示。其中，M 为顺序表能容纳的最大数据元素个数，即顺序表的最大长度。每一个数据元素的存储位置都与顺序表的起始位置相差一个与序号成正比的常数。由此，只要确定了存储顺序表的起始位置，表中任一数据元素都可随机存取，所以顺序表是一种随机存取的存储结构。

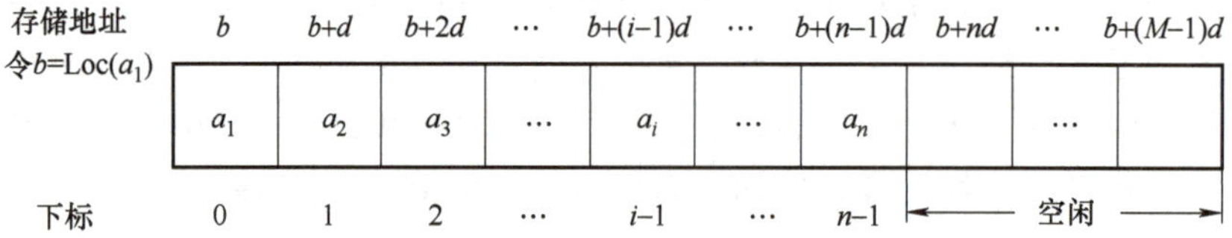

图 8-1 线性表的顺序存储结构示意图

2. 顺序表上的基本操作

线性表中每个数据元素的类型都相同，因此，可以用一维数组来实现顺序存储结构。描述顺序表的存储有静态方式和动态方式两种，顺序表的静态存储表示如下：

```
#define M 100                /* 顺序表最大长度为 M */
typedef int ElemType;        /* 以整型元素为例 */
typedef struct
{
    ElemType data[M];
    int length;              /* length 代表顺序表的当前长度 */
} SqList;                    /* 定义 SqList 顺序表类型 */
```

C 语言中数组的下标从 0 开始，因此顺序表中第 i 个数据元素存放在数组下标为 $i-1$ 的位置上，即数组 data[$i-1$] 位置。

在顺序表的静态存储方式中，由于 M 事先已经固定分配，一旦数据空间占满，再加入新的数据就将产生溢出。但 M 设置太大，又会浪费存储空间。顺序表的动态存储方式是存储数组的空间在程序执行过程中通过动态存储分配的语句分配的，一旦数据空间占满，就可

以另外再分配一块更大的存储空间，提高了结构的灵活性。

对线性表进行操作，常见的有查找线性表中的数据元素、插入和删除数据元素等。下面分别讨论在顺序表的静态存储方式下的查找、插入和删除操作的实现方法。

1）查找操作。顺序表的查找主要是指在表中查找与给定值相等的数据元素，最简单的方法是从第 1 个元素开始（下标为 0），依次与给定值进行比较。

例 8-1 实现在长度为 n 的顺序表 L 中顺序查找值为 x 的数据元素，若找到其值与 x 相等的数据元素，则返回该元素在表中的位置，否则函数返回-1，表明查找失败。最后，计算平均比较次数及时间复杂度 $T(n)$。

C 语言实现完整程序如下：

```
#include<stdio.h>
#define M 100
typedef int ElemType;
typedef struct
{
    ElemType data[M];
    int length;
} SqList;
/*在顺序表 L 中顺序查找值为 x 的数据元素*/
int search_Sq(SqList L,int x)
{
    int i;
    for(i=0;i<L.length;i++)
        if(L.data[i]==x)
            return i;           /*返回找到的第一个值相等元素的下标,从 0
                                  开始*/
    return-1;                   /*没有找到返回-1*/
}
/*主函数中初始化顺序表并调用查找函数*/
int main()
{
    SqList L;
    int i,n,x,result;
    scanf("%d",&n);             /*输入顺序表的长度 n*/
    printf("请输入顺序表的%d 个元素:\n",n);
    for(i=0;i<n;i++)
        scanf("%d",&L.data[i]);
    L.length=n;
    scanf("%d",&x);             /*输入要查找的数据 x*/
```

```
    result=search_Sq(L,x);
    printf("元素 %d 在顺序表中的位置是:%d\n",x,result);
    return 0;
}
```

假设每一个数据元素被查找到的概率相等。若 x 与第 1 个数据元素相等，则 x 与第 1 个数据元素值比较，比较次数为 1；若 x 与第 2 个数据元素相等，则需比较 2 次；依此类推；若 x 与第 n 个元素相等，需比较 n 次，则总的比较次数为 $1+2+\cdots+n=\frac{n(n+1)}{2}$，平均比较次数为$\frac{\frac{n(n+1)}{2}}{n}=\frac{n+1}{2}$。因此，顺序表的表长越大，查找的平均比较次数越多，时间复杂度与 n 线性相关，即 $T(n)=O(n)$。

2）插入操作。 顺序表的插入操作是指在顺序表的指定位置插入一个新的数据元素，使当前长度为 n 的顺序表变为长度为 $n+1$ 的顺序表。在顺序表中，由于逻辑上相邻的数据元素在物理位置上也是相邻的，除非插入到顺序表的最后位置，否则必须移动元素才能反映这个逻辑关系的变化。

例 8-2 实现在长度为 n 的顺序表 L 中下标位置 i（$0\leqslant i\leqslant n-1$）处插入值为 x 的数据元素。然后，计算数据元素平均移动次数及时间复杂度 $T(n)$。

插入操作算法和主函数程序如下：

```
int insert_Sq(SqList *L,int i,int x)
{
    int j;
    if(i<0 || i > L->length || L->length==M)
        return 0;                          /*插入位置非法或顺序表已满,插入
                                             失败*/
    for(j=L->length-1;j>=i;j--)
        L->data[j+1]=L->data[j];          /*将位置 i 及之后的元素都向后移
                                             动一位*/
    L->data[i]=x;                          /*将 x 插入到位置 i 处*/
    L->length++;                           /*顺序表长度加 1*/
    return 1;                              /*插入成功*/
}
int main()
{
    SqList L;
    int n,i,j,x,result;
    scanf("%d",&n);                        /*输入顺序表的长度 n*/
```

```
    printf("请输入顺序表的%d 个元素:\n",n);
    for(i=0;i<n;i++)
        scanf("%d",&L.data[i]);
    L.length=n;
    scanf("%d",&i);                          /*输入要插入的元素位置 i*/
    scanf("%d",&x);                          /*输入要插入的元素值 x*/
    result=insert_Sq(&L,i,x);                /*将 L 的地址作为实参*/
    if(result)
    {
        printf("元素 %d 已成功插入到位置%d 处\n",x,i);
        printf("插入后顺序表的元素为:");
        for(j=0;j<L.length;j++)
            printf("%d ",L.data[j]);
        printf("\n");
    }
    else
        printf("插入失败,位置非法或顺序表已满\n");
    return 0;
}
```

假定从位置 $0\sim n-1$ 上插入元素的概率相等，则顺序表插入位置与数据元素移动次数的关系见表 8-1。

表 8-1 顺序表插入位置与数据元素移动次数

插入位置 i	数据元素移动次数
0	n
1	$n-1$
⋮	⋮
$n-2$	2
$n-1$	1

数据元素共需移动 $1+2+\cdots+n=\dfrac{n(n+1)}{2}$次，平均移动次数为$\dfrac{\frac{n(n+1)}{2}}{n}=\dfrac{n+1}{2}$。可见，在顺序表中插入一个数据元素约平均需移动顺序表中一半的元素，插入操作的时间复杂度与 n 有关，即 $T(n)=O(n)$。

3）删除操作。顺序表的删除操作是使当前长度为 n 的顺序表变为长度为 $n-1$ 的顺序表。被删除元素的前后元素逻辑关系发生变化。为在存储结构上反映这个变化，同样需要移动数据元素。

例 8-3 在表长为 n 的顺序表 L 中删除下标位置 i（$0 \leqslant i \leqslant n-1$）处数据元素。最后，计算元素平均移动次数及时间复杂度 $T(n)$。

删除操作算法如下：

```
int delete_Sq(SqList *L,int i)
{
    int j;
    if(i<0 || i >=L->length)
        return 0;                      /* 删除位置非法,删除失败 */
    for(j=i;j<L->length-1;j++)
        L->data[j]=L->data[j+1];       /* 将位置 i+1 及之后的元素都向前移
                                          动一位 */
    L->length--;                       /* 顺序表长度减 1 */
    return 1;                          /* 删除成功 */
}
```

主函数初始化和调用与例 8-2 类似，此处将其代码省略。

假设从位置 $0 \sim n-1$ 的数据元素被删除的概率相等，则顺序表删除位置与数据元素移动次数的关系见表 8-2。

表 8-2 顺序表删除位置与数据元素移动次数

删除位置 i	数据元素移动次数
0	$n-1$
1	$n-2$
⋮	⋮
$n-3$	2
$n-2$	1
$n-1$	0

数据元素共需移动 $1+2+\cdots+(n-1)=\dfrac{n(n-1)}{2}$ 次，平均移动次数为 $\dfrac{\frac{n(n-1)}{2}}{n}=\dfrac{n-1}{2}$。可见，在顺序表中删除一个数据元素，约平均需移动顺序表中一半的数据元素，删除操作的时间复杂度与 n 有关，$T(n)=O(n)$。

通过在顺序表上进行顺序查找、插入操作和删除操作的分析来看，各操作的时间复杂度均为 $O(n)$。

三、线性表的链式存储结构

线性表的顺序存储结构是逻辑上相邻的两个数据元素在物理位置上也相邻，因此可以随机访问表中任一元素，但在进行插入和删除操作时，需移动大量元素。链式存储结构不要求逻辑上相邻的数据元素在物理位置上也相邻，即它是用一组任意的存储单元存储线性表的数据元素，这些存储单元可以是连续的，也可以是不连续的。链式存储结构为了表示每个数据元素 a_i 与其后继数据元素 a_{i+1} 之间的逻辑关系，除了存储其本身的信息之外，还需存储一个指示其直接后继的地址（即直接后继的存储位置），存储数据元素信息的域称为**数据域**，存储直接后继地址的域称为**指针域**，这两部分组成数据元素的存储映像称为结点。n 个结点链接成一个链表，即为线性表的链式存储结构。常见的链式存储结构有单链表、循环单链表和双向链表。

1. 单链表

单链表是一种最简单的链表表示。单链表的每个结点包含两部分：数据域和指针域，数据域用于存储线性表的一个数据元素，指针域存放一个指针，指示链表中下一个结点的开始存储位置。链表的类型定义如下：

```
typedef char ElemType;                /*以字符型元素为例*/
typedef struct Lnode
{
    ElemType data;                    /*数据域*/
    struct Lnode *next;               /*指针域*/
} SLinkedList;
```

对单链表的操作需从头指针开始进行，头指针指示链表中的第一个结点的存储位置，同时，最后一个数据元素没有直接后续，则线性链表中最后一个结点的指针为空，通常用 NULL 或“∧”表示。一个线性表的单链表结构示意图如图 8-2 所示。

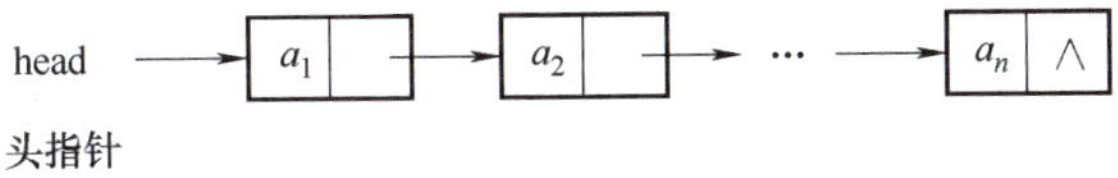

图 8-2　单链表结构示意图

有时为方便操作，常在单链表第一个数据结点之前增加一个头结点，链表的头指针指向头结点，头结点的数据域中不存储任何数据，指针域指向第一个数据元素结点。带头结点的单链表结构示意图如图 8-3 所示。

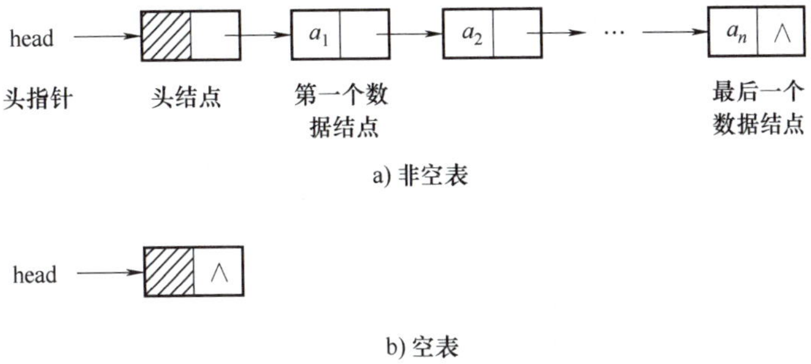

图 8-3　带头结点的单链表结构示意图

下面介绍在带头结点的单链表上求表长、元素查找、插入、删除等操作。

1）求单链表的表长。带头结点的单链表分为非空表和空表两种情况，如图 8-4 所示。表长是单链表中数据元素结点的个数。由于头结点的数据域中不存储任何数据，因此，对带头结点的单链表计算表长时不统计头结点个数。

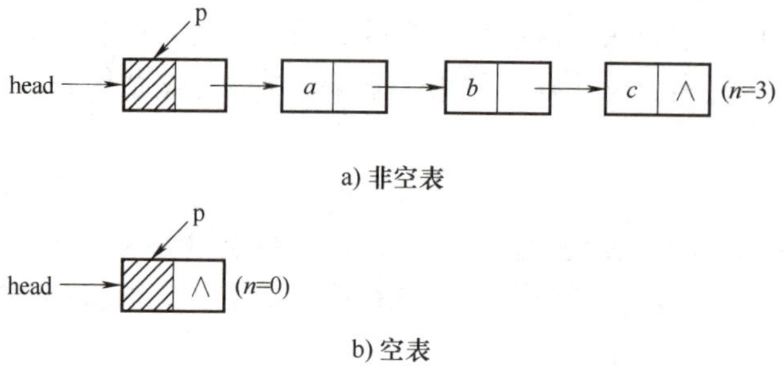

图 8-4　求单链表表长的两种情况

例 8-4　求带头结点单链表的表长。

```
int getlen_SL(SLinkedList *head)        /*head是指向单链表的头指针*/
{
    SLinkedList *p;
    int n=0;                            /*结点个数用n记录,置初值为0*/
    p=head;                             /*p指向头结点*/
    while(p->next !=NULL)               /*p所指不是最后一个结点则进行循
                                          环*/
    {
        p=p->next;                      /*p指针后移*/
        n++;                            /*结点个数加1*/
    }
    return n;                           /*返回链表表长n*/
}
```

本算法的时间复杂度为 $T(n)=O(n)$。

2）单链表上的查找操作。如图 8-5 所示，在单链表上查找值为 x 数据元素的操作有两种可能情况：一是能找到 x；二是找不到 x。

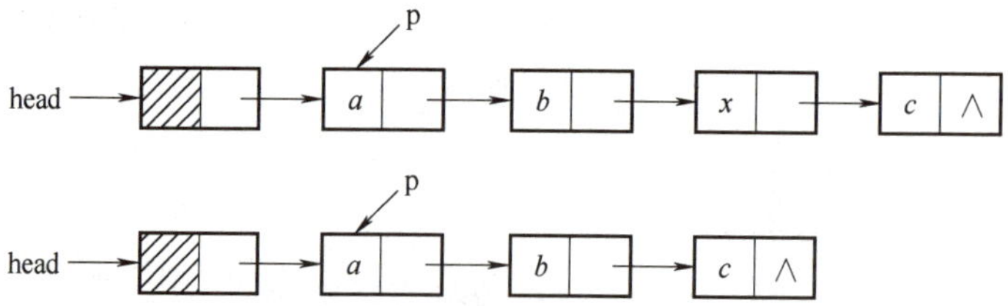

图 8-5　单链表上查找 x 的两种情况

例 8-5　在单链表中查找元素值为 x 的结点，若找到，返回该点地址；否则返回 NULL。

```
SLinkedList *search_SL(SLinkedList *head,ElemType x)
{
    SLinkedList *p;
    p=head->next;                    /*置初态,p指向单链表的第一个数
                                      据元素结点*/
    while(p !=NULL && p->data !=x)   /*当没有找到值为x的结点时*/
        p=p->next;                   /*指针p后移*/
    if(p->data==x)
        return p;                    /*找到x则返回指向该结点的指针
                                      p*/
    else
        return NULL;                 /*没找到返回NULL*/
}
```

单链表上的查找只能从头指针开始沿链表顺序查找，和顺序表上的顺序查找一样，时间复杂度为 $T(n)=O(n)$。

3）单链表上的插入操作。如图 8-6 所示，在指针 p 所指结点后面插入指针 s 指向的结点，只需两步操作：①让 s 所指结点的 next 指向 p 的下一个结点，即 s->next=p->next；②让 p 的 next 指向 s 所指结点，即 p->next=s。要特别注意，这两步操作顺序不能颠倒。

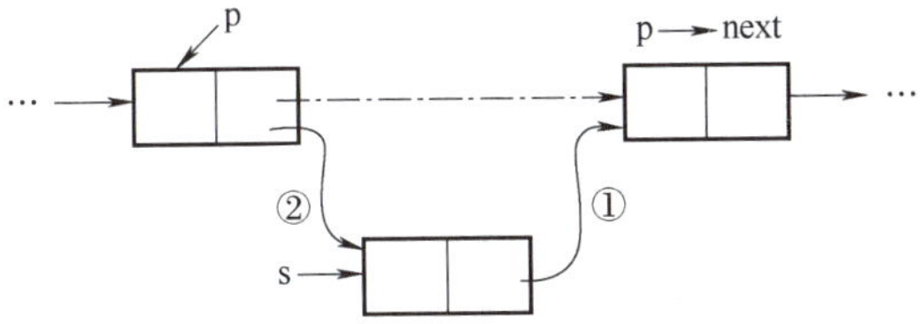

图 8-6　单链表上结点插入操作示意

例 8-6　在指针 p 指向的单链表结点后插入值为 x 的结点。

链表是一种动态数据结构。在进行动态存储分配的操作中，C 语言提供了函数：malloc( ) 和 free( )，例如，本例中需要创建由 s 指向的被插入结点，则需在图 8-6 所示两步操作前面增加下列两条语句：

```
s=(SLinkedList *)malloc(sizeof(SLinkedList));
s->data=x;
```

该语句的功能是申请大小为 SLinkedList 结构的动态存储空间，若申请成功，则 s 指向被分配内存空间的起始地址；若未申请到内存空间，则 s 的值为 NULL。若 s 不为空，则把 x 存入 s 所指结点的数据域。

4）单链表上的删除操作。在单链表上删除 p 指向结点的直接后继结点，删除操作示意

如图 8-7 所示。

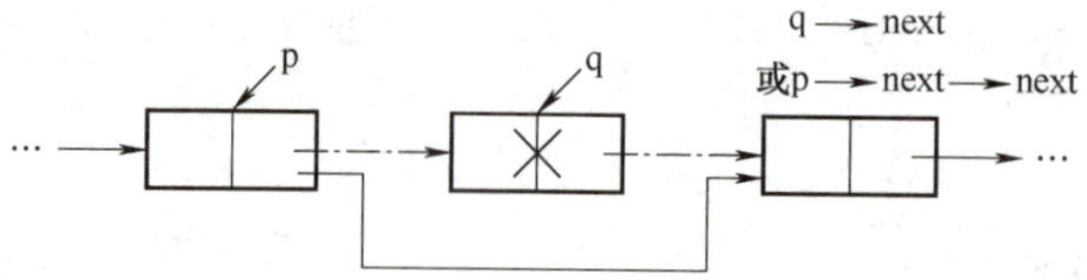

图 8-7 单链表上结点删除操作示意

该删除操作首先将 p 指向结点的直接后继结点地址保存到 q 中，即令 q=p->next；其次，p->next 指向 q 指向结点的后继结点，即令 p->next=q->next，完成从链表中删除 q 所指向结点；最后，回收被删除的 q 所指结点的空间，即 free(q)。

单链表上的插入和删除操作均是对单链表中已知结点直接后继结点的操作，是一组直接访问操作，与链表长度 n 无关，所以它们的时间复杂度均为 $O(1)$。

5）单链表的建立。链表的存储结构是动态的，表中每个结点占用的存储空间是在运行时由系统根据需求即时生成的。因此，建立链表需要开辟新结点空间，将各个结点按照某种方法依次连接起来，有头插法和尾插法两种方法。下面以建立单链表为例分别说明两种方法。

① 头插法。头插法的特点是每次总是将新结点插在单链表 head 所指头结点的后面。

例 8-7 依次输入一串字符“abc”，以“*”为结束标记，采用头插法建立如图 8-8 所示的单链表。

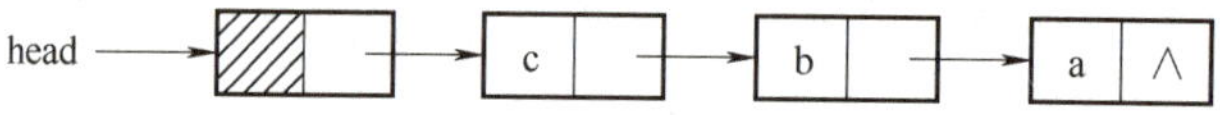

图 8-8 头插法建立单链表

下面用 C 语言描述头插法建立单链表的算法。

```
#define LEN sizeof(SLinkedList)
SLinkedList *head_createSL()
{
    SLinkedList *p,*head;
    char ch;
    head=(SLinkedList *)malloc(LEN);     /*申请头结点空间*/
    head->next=NULL;                     /*头结点的指针域置空*/
    while((ch=getchar())!='*')           /*遇到"*"结束输入*/
    {
        p=(SLinkedList *)malloc(LEN);    /*p指向新插入的结点*/
        p->data=ch;
        p->next=head->next;              /*将p所指结点插入到头结点后*/
        head->next=p;
```

```
    }
    return head;              /*返回单链表头指针 head*/
}
```

② **尾插法**。尾插法的特点是每次总是将新结点插在当前链表的尾部。

例 8-8　依次输入一串字符“abc”，以“*”作为结束标记，采用尾插法建立如图 8-9 所示单链表。

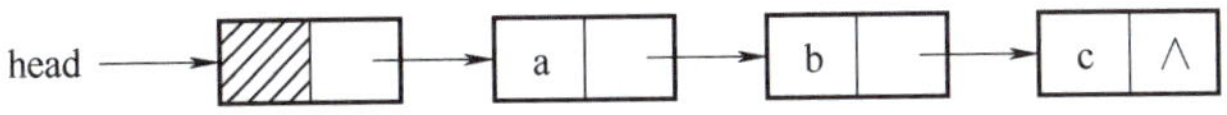

图 8-9　尾插法建立单链表

```
SLinkedList *tail_createSL()
{
    SLinkedList *r,*head,*p;
    char ch;
    head=(SLinkedList *)malloc(LEN);   /*申请头结点空间*/
    r=head;                             /*开始时,r 指向 head 所指结
                                          点*/
    while((ch=getchar())!='*')          /*输入字符*/
    {
        p=(SLinkedList *)malloc(LEN);   /*p 指向一个新开辟的结点空间*/
        p->data=ch;                     /*把 ch 存入 data 域*/
        p->next=NULL;                   /*将 p 所指结点的指针域置空*/
        r->next=p;                      /* r->next 指向 p 所指结点*/
        r=p;                            /*r 下移,指向 p 所指结点*/
    }
    return head;
}
```

其中，r 是一个跟踪指针，指示当前链表的最后一个结点，这样新结点就直接插在 r 的后面，没有必要反复查找当前链表的最后一个结点。

2. 循环单链表

循环单链表是表示线性表的另一种链表形式，它的结点结构与单链表相同，与单链表不同的是链表中最后一个结点的指针域中不是 NULL，而是存放了一个指向链表第一个结点的指针，如图 8-10 所示为带头结点的循环单链表，**从表中任一结点出发均可找到表中其他结点**。

循环单链表的操作和单链表的操作基本一致，差别仅在于算法中的循环条件不是 p 或 p->next 是否为空，而是判断它们是否等于头指针。有时，在循环链表中设立一个尾指针 r 而不设头指针，如图 8-10a 中所示 r 指针，可以很方便地通过 r->next 找到链表的头结点。

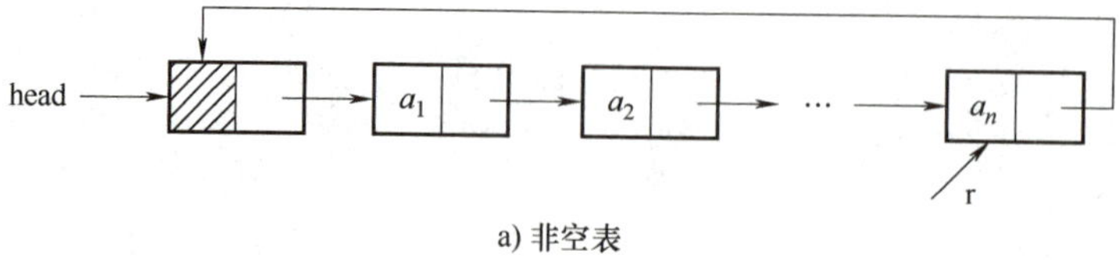

图 8-10　循环单链表的逻辑形态示意

例 8-9　一个带头结点循环单链表，假设它只设有尾指针 r，且最少具有两个数据域有值的结点，试写出删除 r 指向结点的直接前驱结点操作的算法。

删除 r 指向结点的直接前驱结点的指针变化如图 8-11 所示，具体步骤是，首先找出 r 指向结点的间接前驱结点（即 p 所指向结点）；然后，把 p 所指结点的直接后继结点（即 r 的直接前驱结点，被删除结点）地址保存到 q 中；最后，将 p->next 指向 r 所指结点，即从链表中删除 q 所指结点，回收 q 所指结点空间。算法描述如下：

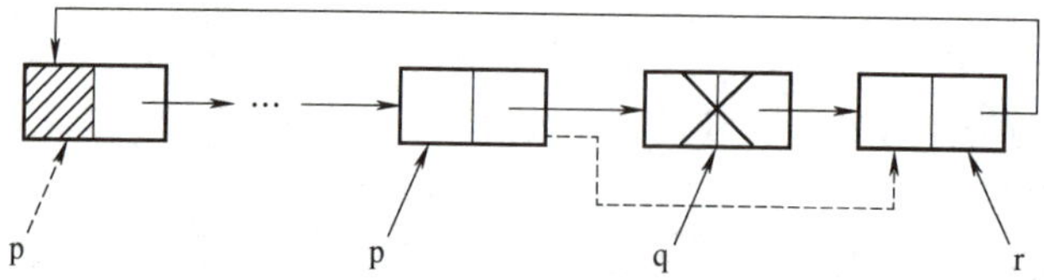

图 8-11　循环单链表上删除结点时指针的变化

```
void delete_CSL(SLinkedList *r)
{
    SLinkedList *p,*q;
    p=r->next;                       /*初始化,让 p 指向头结点/
    while(p->next->next !=r)         /*不断后移 p,使其指向 r 指向结点的间
                                      接前驱结点*/
        p=p->next;
    q=p->next;                       /*q 指向 r 的直接前驱结点,即被删除结
                                      点*/
    p->next=r;                       /*从链表中删除 q*/
    free(q);                         /*回收被删结点空间*/
}
```

该算法要沿着链表指针寻找被删除结点，所耗时间与结点个数 n 有关，故 $T(n)=O(n)$。

3. 双向链表

上面讨论的循环单链表中每个结点只含一个指向其直接后继的指针域，若要访问其前驱结点需要遍历所有结点，则时间复杂度为 $O(n)$。为了克服循环单链表的缺点，可以使用双向链表。双向链表中每个结点有三个成员（三个域），两个指针域和一个数据域，如图 8-12 所示。

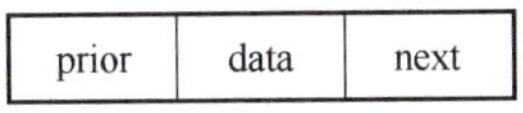

图 8-12　双向链表中结点结构示意

其中：prior 称为左指针域，存放其直接前驱结点（左边）的地址。

data 称为数据域，存放该结点的信息内容。

next 称为右指针域，存放其直接后继结点（右边）的地址。

在 C 语言中，双向链表中结点的类型定义可描述如下：

```
struct douLnode
{
    datatype data;
    struct douLnode *prior, *next;
};
```

双向链表有两条不同方向的链，若每条链构成一个环，就成为循环双链表，如图 8-13a 所示为一个带头结点的循环双链表，图 8-13b 为空的循环双链表。

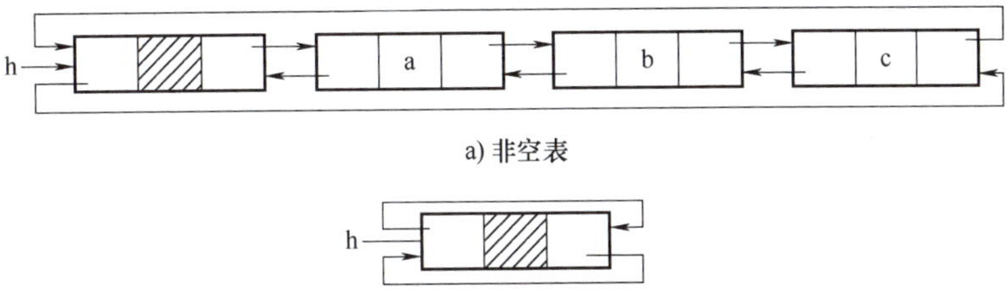

a) 非空表

b) 空表

图 8-13　循环双链表的逻辑状态示意

若 p 为指向循环双链表任一结点的指针，则循环双链表的特性为：

```
p->prior->next=p->next->prior=p
```

即结点的直接前驱结点的右指针域与它的直接后继结点的左指针域均指向结点自身。

在双向链表中，有些操作如求链表长度、查找元素等仅需涉及一个方向的指针，和单链表的操作相同，但在插入和删除结点不同，需要同时修改两个方向上的指针。下面分别介绍这两种操作。

1）插入操作。 在 p 所指向结点的前面插入 s 结点，过程如图 8-14 所示。

插入操作过程如下：

① 把数据域为 m 的结点地址 p->prior 送入 s 的左指针域：s->prior=p->prior;

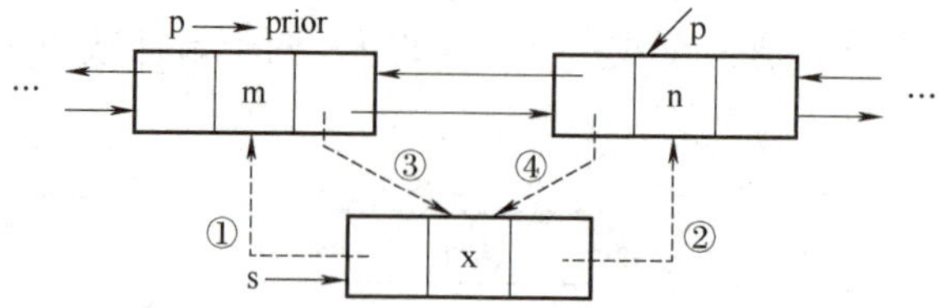

图 8-14　双向链表中插入结点示意图

② 把数据域为 n 的结点地址 p 送入 s 的右指针域：s->next=p；

③ 把数据域为 x 的结点地址 s 送入 p 的直接前驱 p->prior 的右指针域：p->prior->next=s；

④ 把数据域为 x 的结点地址 s 送入 p 的左指针域：p->prior=s。

2）删除操作。删除 p 指向结点的操作过程示意图如图 8-15 所示。

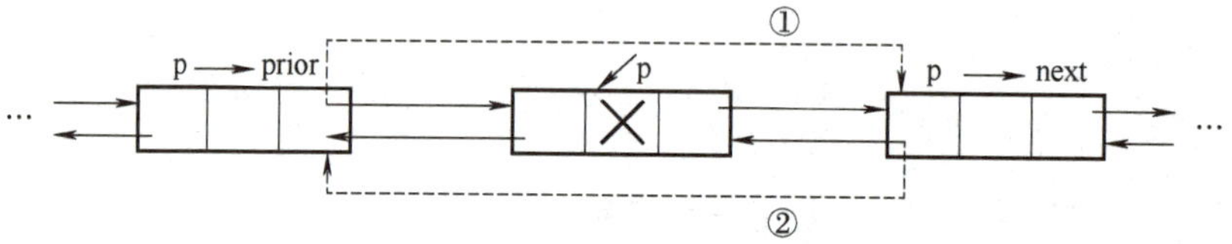

图 8-15　双向链表中删除结点示意图

删除操作过程如下：

① p 的直接后继结点的地址送入 p 的前驱的右指针域：p->prior->next=p->next；

② p 的直接前驱的地址送入 p 的后继的左指针域：p->next->prior=p->prior；

③ 回收被删除结点空间：free(p)。

以上两种操作算法的时间复杂度均为 $O(1)$。

四、顺序和链式存储结构的比较

线性表的顺序存储结构和链式存储结构是两种不同的实现方式，它们在时间性能和空间性能方面有所区别。

1. 时间性能

1）顺序存储结构。顺序存储结构基于数组实现，元素在内存中连续存储。对于随机访问操作（根据数组下标查找元素），顺序存储结构具有良好的性能，时间复杂度为 $O(1)$。但对于插入和删除操作，需要移动后续元素来保持顺序，平均情况下的时间复杂度为 $O(n)$。

2）链式存储结构。链式存储结构基于指针实现，在内存中可以不用连续存储，每个结点包含一个数据项和一个指向下一个结点的指针。对于插入和删除操作，链式存储结构具有良好的性能，时间复杂度为 $O(1)$，仅需调整指针即可。但对于随机访问操作，链式存储结构需要遍历结点来查找特定位置的元素，时间复杂度为 $O(n)$。

因此，如果需要频繁进行随机访问操作而较少进行插入和删除操作，顺序存储结构可能更适合；如果需要频繁进行插入和删除操作而较少进行随机访问操作，链式存储结构可能更适合。

2. 空间性能

1）顺序存储结构。顺序存储结构的元素在内存中连续存储，每个元素占用固定大小的内存空间。

2）链式存储结构。链式存储结构的元素在内存中可以不用连续存储，每个结点包含数据项和指针，需要额外的空间来存储指针。

总体而言，与顺序存储结构相比，链式存储结构需要更多的额外空间存储各结点指针，但它在插入和删除操作上具有更好的灵活性。在实际中，需要根据具体的应用场景和需求来选择合适的存储结构，权衡时间和空间性能的优劣。

第二节　栈

一、栈的概念

栈（Stack）是一种特殊的线性表，具有线性表的特点，但在操作上又与一般线性表有区别。栈只允许在一端进行插入（进栈、入栈）和删除（出栈）操作，允许操作的一端叫栈顶，另一端叫栈底。栈的工作原理是后进先出（Last In First Out，LIFO），在日常生活中类似栈的例子很多。例如，当我们在厨房中堆叠盘子时，通常会将新的盘子放在已经堆叠好的盘子上方，当需要取走或清理盘子时，也是从最顶层开始逐个取下；在使用 Web 浏览器时，单击“后退”按钮可以回到上一个访问的网页，浏览器使用栈来记录访问历史，每次访问新网页时将其添加到栈顶，当用户单击“后退”按钮时，浏览器从栈顶弹出最近访问的网页并显示。

由于栈是线性表，因而栈的存储结构可采用顺序和链式两种方式。采用顺序存储结构的栈称为顺序栈，采用链式存储结构的栈称为链栈。

二、栈的顺序存储结构

1. 顺序栈的类型定义

栈的顺序存储结构通常由一个一维数组和一个记录栈顶元素位置的变量组成。栈的容量记为 M，即栈最多能容纳元素的个数。习惯上，将栈底放在数组下标小的那端，栈顶位置用一个整型变量 top 记录当前栈顶元素的下标值。顺序栈类型定义如下：

```
#define M 100
typedef char ElemType;
typedef struct Snode
{
    ElemType data[M];
    int top;              /*栈顶位置变量*/
} SeqStack;
```

当 top=M-1 时表示栈满。栈满后再进行进栈运算，则发生上溢。当 top=-1 时表示栈空，即不包含元素，称为空栈。栈空后再进行出栈运算，则发生下溢。元素进栈、出栈时，栈顶指针会跟着变化，基本形态示意如图 8-16 所示。

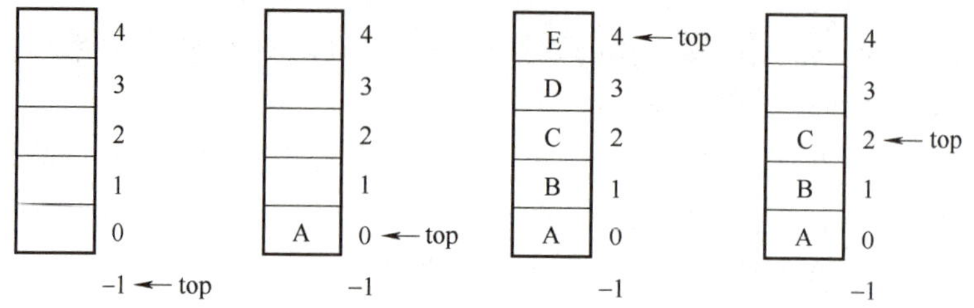

图 8-16 顺序栈的形态示意

2. 顺序栈的基本操作

顺序栈上可进行进栈、出栈、读取栈顶元素和求栈中元素个数等操作，其中最频繁使用的是进栈和出栈操作。

1）进栈。在向 s 栈中加入值为 *x* 的新元素时，首先判断栈是否已满；若满，则进行上溢处理，返回；不满则 top 加 1，并将 *x* 放入 data 数组的 top 位置。进栈操作算法描述如下：

```
void push(SeqStack *s,ElemType x)
{
    if(s->top==M-1)
    {
        printf("栈满\n ");
        return;
    }
    s->top++;
    s->data[s->top]=x;
}
```

2）出栈。执行出栈操作时，首先判断栈是否为空；若栈为空，则进行下溢处理（此处返回一个 ElemType 类型的特殊错误标志'\0'）；若不空，返回栈顶元素，同时将栈顶指针 top 减 1。出栈操作算法描述如下：

```
ElemType pop(SeqStack *s)
{
    ElemType item;
    if(s->top==-1)
    {
        printf("栈空\n");
        return '\0';
```

```
    }
    item=s->data[s->top];
    s->top--;
    return item;
}
```

三、栈的链式存储结构

1. 链栈的类型定义

链栈与单链表类似，不同的是链栈的进栈和出栈操作只能在链表的一端（栈顶）进行。栈顶指针就是链表的头指针。若链栈是一个不带头结点的单链表，则栈顶元素就是单链表的第一个元素结点，形态示意如图 8-17 所示，其中 Ls 为栈顶指针。若链栈是一个带头结点的单链表，则栈顶元素就是单链表的头结点后面的第一个元素结点。

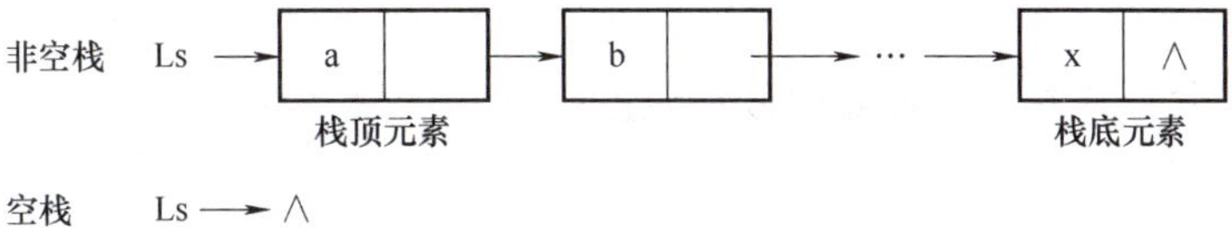

图 8-17　链栈的形态示意图

链栈类型定义如下：

```
typedef char ElemType;
typedef struct Lsnode
{
    ElemType data;
    struct Lsnode *next;
} LinkStack;
```

2. 链栈的基本操作

链栈和顺序栈上的操作类型一致，下面介绍在一个不带头结点的链栈上实现进栈和出栈操作。

1）进栈。链栈的进栈操作是在栈顶插入数据元素 x，过程如图 8-18 所示。首先开辟一个由 s 指向的结点空间，若成功，则将 x 值放入 s 指向结点的数据域，将 s 指向结点的指针域指向原链栈的栈顶位置，移动新的栈顶指针指向 s 所指结点。

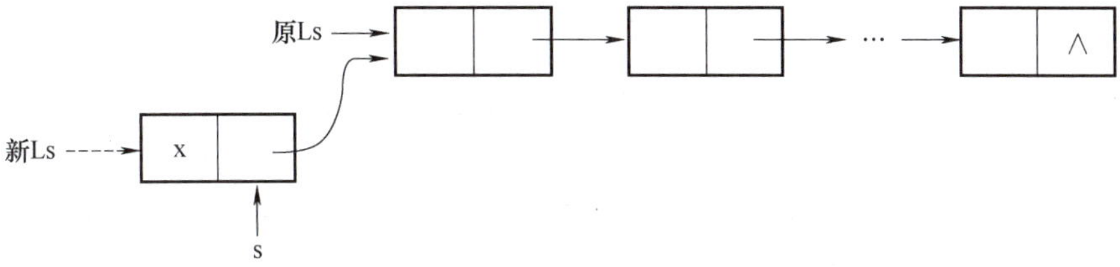

图 8-18　链栈的进栈操作过程示意图

算法实现如下：

```
LinkStack *push(LinkStack *Ls,ElemType x)
{
    LinkStack *s=(LinkStack*)malloc(sizeof(LinkStack));
    if(s==NULL) {
        printf("内存分配失败.\n");
        return Ls;
    }
    s->data=x;
    s->next=Ls;
    Ls=s;
    return Ls;
}
```

2）**出栈**。链栈的出栈操作即删除栈顶元素，返回栈顶指针，元素值放在 x 中。算法实现如下：

```
LinkStack *pop(LinkStack *Ls,ElemType *x) {
    if(Ls==NULL) {
        printf("栈空.\n");
        return Ls;
    }
    *x=top->data;
    LinkStack *temp=Ls;
    Ls=Ls->next;
    free(temp);
    return Ls;
}
```

四、栈的应用

后进先出的特性使栈成为程序设计中的有用工具，下面介绍几个栈应用的例子。

1. 出栈顺序判断

例 8-10 若将 a、b 和 c 三个字符元素**依次**进栈，试问可能有多少种出栈序列，它们分别是什么？

三个字符元素的全排列有六种序列：分别是 abc、acb、bac、bca、cab 和 cba。下面逐一进行分析：

1）abc 的进、出栈过程为 a 进→a 出→b 进→b 出→c 进→c 出。

2）acb 的进、出栈过程为 a 进→a 出→b 进→c 进→c 出→b 出。

3）bac 的进、出栈过程为 a 进→b 进→b 出→a 出→c 进→c 出。

4）bca 的进、出栈过程为 a 进→b 进→b 出→c 进→c 出→a 出。

5）cba 的进、出栈过程为 a 进→b 进→c 进→c 出→b 出→a 出。

6）若想得到 cab，则 a、b 和 c 先全部进栈：a 进→b 进→c 进，接着让栈顶元素 c 出栈，当前栈顶元素为 b，若 a 要出栈，b 必须先出栈，因此无法得到出栈序列 cab。

本题结果是有五种出栈序列，分别为 abc、acb、bac、bca 和 cba。

2. 数值转换

十进制数 N 和其他 d 进制数的转换是计算机实现计算的基本问题，其解决方法很多，其中一个简单算法如下：

$$N=(N/d)*d+N\%d$$

其中，/为整除运算，%为求余运算。

例如，$(1348)_{10}=(2504)_8$，其运算过程见表 8-3，结果就是反向输出各余数 2504。

表 8-3 十进制 1348 转换为八进制过程

N	N/8	N%8
1348	168	4
168	21	0
21	2	5
2	0	2

例 8-11 编写程序实现，对于输入的任意一个十进制正整数，输出与其等值的八进制数。

由于上述计算过程是从低位到高位顺序产生八进制数的各个数位，而打印输出，应从高位到低位进行，恰好和计算过程相反。因此，若将计算过程中得到的八进制数的各位顺序进栈，再出栈打印输出即得到与输入十进制数对应的八进制数。本题使用顺序栈实现，其程序如下，其中顺序栈的类型定义、进栈和出栈操作均使用前面的定义。

```
#include<stdio.h>
typedef int ElemType;
void initStack(SeqStack * stack)          /*初始化栈*/
{
    stack->top=-1;
}
int isEmpty(SeqStack * stack)             /*判断栈是否为空*/
{
    return stack->top==-1;
}
int main()                                /*对于输入的任意一个十进制正整
                                            数,输出与其等值的八进制数*/
```

```
{
    SeqStack stack;
    int N;
    ElemType e;
    initStack(&stack);
    scanf("%d",&N);
    while(N)
    {
        push(&stack,N % 8);
        N=N / 8;
    }
    while(!isEmpty(&stack))
    {
        e=pop(&stack);
        printf("%d",e);
    }
    return 0;
}
```

3. 表达式求值

表达式求值是程序设计语言编译中的一个最基本问题，它的实现是栈的典型应用。这里介绍一种简单、直观且广为使用的表达式求值方法——算符优先法。算符优先法是根据运算优先级的规定来实现对表达式的编译或解释执行的。任何一个表达式都是由操作数、运算符和界限符组成的，运算符和界限符统称为算符。为求解表达式，首先要了解算术四则运算的规则，即先乘除后加减、从左算到右、先括号内后括号外。

假设一个表达式仅涉及部分算符，需做如下准备：

1）确定算符的优先级。表达式涉及的几个算符有 *、/、+、-、#（#设定为表达式结束符），优先级依次由高到低。

2）建立两个栈。s1 栈专门用于存放操作数或运算结果，初始置为空栈；s2 栈专门用于存放算符，初始将“#”进栈。

表达式计算过程如下：

1）从左向右逐个扫描表达式的各个成分。

2）遇操作数进 s1 栈。

3）遇算符做如下判断：若算符优先级大于 s2 栈栈顶元素优先级，则进 s2 栈；若小于或等于 s2 栈栈顶元素优先级，则不进 s2 栈，而进行下列运算：①依次从 s1 栈栈顶取出两操作数；②从 s2 栈栈顶取出一个算符，进行计算，结果进 s1 栈。

重复 2）、3），直至表达式扫描结束且 s2 栈顶的“#”和表达式结束符“#”比较相等时，表示整个表达式求值完毕，此时表达式结果在 s1 栈中。

例 8-12 试写出表达式 9+4 * 6/8-5 求值时栈的变化过程。

表达式求值过程栈的变化如图 8-19 所示。

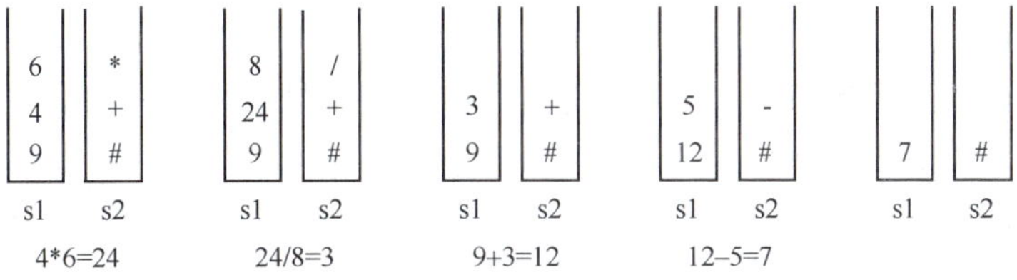

图 8-19　表达式求值过程栈的变化

自左到右扫描表达式 9+4＊6/8-5#，其求解过程操作步骤描述如下：

先扫描 9 进 s1 栈；再扫描算符“+”进 s2 栈（“+”优先级大于 s2 当前栈顶元素“#”），4 进 s1 栈；“＊”进 s2 栈（“＊”优先级大于“+”）；6 进 s1 栈；“/”号暂不进栈（“/”优先级等于“＊”优先级）。

第 1 次运算：从 s1 栈顶依次取出 6 和 4，从 s2 栈顶取出“＊”，计算 4＊6=24，24 进 s1 栈。继续“/”进 s2 栈（“/”优先级大于 s2 栈顶“+”优先级），8 进 s1 栈，“-”暂不进栈（“-”优先级小于“/”优先级）。

第 2 次运算：从 s1 栈顶依次取出 8 和 24，从 s2 栈顶取出“/”号，计算 24/8=3，3 进 s1 栈。“-”号仍不能进栈（“-”优先级和 s2 栈顶元素“+”优先级相等，从左到右计算）。

第 3 次运算：从 s1 栈顶依次取出 3 和 9，从 s2 栈顶取出“+”号，计算 9+3=12，12 进 s1 栈。此时“-”优先级大于 s2 栈顶元素“#”的优先级，“-”号进 s2 栈，5 进 s1 栈；结束符“#”暂不能进 s2 栈（“#”的优先级小于“-”优先级）。

第 4 次运算：从 s1 栈顶依次取出 5 和 12，从 s2 栈顶取出“-”号，计算 12−5=7，7 进 s1 栈；表达式结束符“#”号不用进栈（结束符“#”优先级和 s2 栈顶元素“#”优先级相等），整个计算结束，表达式结果在 s1 栈顶，且 s1 栈中仅有这一个元素。

4. 括号匹配的检验

假设表达式中允许包含两种括号：圆括号和方括号，其嵌套的顺序随意，即“([ ]())”或“[([ ][ ])]”均为正确的格式，“[( ])”或“([())”或“(()])”均为不正确的格式。检验括号是否匹配的方法可用“期待的急迫程度”这个概念来描述。例如，考虑下列括号序列：

[	(	[	]	[	]	)	]
1	2	3	4	5	6	7	8

当接收了第 1 个括号后，它期待着与其匹配的第 8 个括号的出现，然而等来的却是第 2 个括号，此时第 1 个括号“[”暂时等待，而迫切期待与第 2 个括号相匹配的、第 7 个括号“)”的出现。类似地，因等来的是第 3 个括号“[”，其期待匹配的程度较第 2 个括号更急迫，则第 2 个括号也只能等待，让位于第 3 个括号，显然第 2 个括号的期待急迫性高于第 1 个括号；在接收了第 4 个括号之后，第 3 个括号的期待得到满足，消解之后，第 2 个括号的期待匹配就成为当前最急迫的任务了，…，依次类推。可见，这个处理过程恰与栈的特点相吻合。由此，在算法中设置一个栈，每读入一个括号，若是右括号，则或者使置于栈顶的最急迫的期待得以消解，或者是不合法的情况；若是左括号，则作为一个新的更急迫的期待压

入栈中，自然使原有的在栈中所有未消解的期待的急迫性都降了一级。若表达式中括号格式均是正确的，则在算法的开始和结束时，栈都应该是空的。

5. 逆置操作

例 8-13 利用栈逆置单链表，基本思路是将单链表中数据元素从头依次进栈，然后栈内元素再依次出栈，从头依次放入单链表各结点数据域。

假设带头结点的单链表已创建完成，head 是头指针，逆置操作核心算法实现如下：

```
void transLink(SLinkedList *head)
{
    SeqStack stack;
    SLinkedList *p;
    initStack(&stack);            /*创建一个空栈 stack*/
    p=head->next;                 /*p 指向单链表的第一个数据结点*/
    while(p!=NULL)                /*链表中元素尚未全部进栈时*/
    {
        push(&stack,p->data);     /*将 p 指向结点的数据进栈*/
        p=p->next;                /*p 指针下移*/
    }
    p=head->next;                 /*再将 p 指向单链表的第一个数据结点*/
    while(! isEmpty(&stack))      /*若栈非空*/
    {
        p->data=pop(&stack);      /*栈顶元素出栈放入 p 指向结点的数据域*/
        p=p->next;                /*p 指针下移*/
    }
}
```

综上可知，栈易于解决各种具有“先进后出”特性的问题。

第三节 队　列

一、队列的概念

与栈相反，队列是一种先进先出（First In First Out，FIFO）的线性表，它只允许在表的一端进行插入操作（入队），而在另一端删除操作（出队），允许插入的一端叫作队尾，允许删除的一端称为队头。例如，生活中买东西排的队就是队列，来晚的人只能排在队尾，买完东西从队头离开；医院病人看病也需要排队，先来先服务。

队列也有顺序存储结构和链式存储结构两种，分别称为顺序队列和链队列。

二、队列的顺序存储结构

顺序队列最简单的存储方法是使用数组。用数组存储队列有许多种具体的方法，一般选择将队头放在数组下标小的位置，而将队尾放在数组下标大的位置，并用两个变量 front 和 rear 分别指示队列的头和尾，如图 8-20 所示。一般 front 和 rear 先初始化为-1。当有元素入队，rear 向右移动一个位置（加 1），放入队尾元素；当有元素出队时，先将 front 向右移动一个位置（加 1），再删除队头元素。

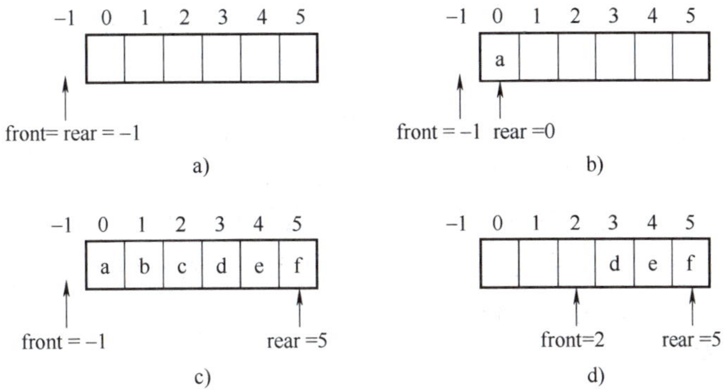

图 8-20　顺序队列各种状态示意

图 8-20a 表示队列空的状态；图 8-20b 表示 a 入列后的状态；图 8-20c 表示 b、c、d、e、f 依次入队列后，队列满的状态；图 8-20d 表示 a、b、c 依次出队后的状态。

1. 顺序队列的类型定义

```
#define M 100        /*假设队列最多容纳 100 个元素,即队列的容量*/
typedef char ElemType;
typedef struct qnode
{
    ElemType data[M];
    int front;
    int rear;
} seqQueue;
```

2. 顺序队列的基本操作

和栈一样，队列的操作也有入队、出队、读取队头元素、设置队为空和判断队是否为空等。下面介绍入队和出队操作的实现。

1）入队。入队操作是指在顺序队列队尾插入一个数据元素 x，仅与 rear 有关。入队操作首先判断队列是否满，若满则退出，否则 rear 右移一个位置，并且在 rear 指向的位置插入 x，入队操作的实现如下：

```
void enqueue(seqQueue *queue,ElemType x)
{
    if(queue->rear==M-1)
    {
```

```
        printf("队列已满,无法插入元素\n");
        return;
    }
    queue->rear++;
    queue->data[queue->rear]=x;
}
```

2）**出队**。出队操作是从顺序队列的队头删除一个数据元素，仅与 front 有关。出队时要考虑队列是否为空，若队列为空则退出，否则 front 右移 1 个位置，返回队头元素。值得注意的是，队列空的条件是 front 等于 rear，如当队列是图 8-21 所示状态时，若 c 和 d 相继出队后，front 和 rear 均为 3，队列为空。

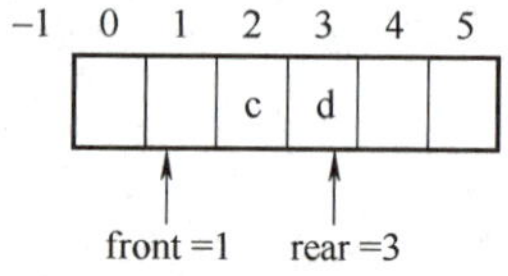

图 8-21 队列中元素 c 和 d 的某种状态

出队操作的实现如下：

```
ElemType dequeue(seqQueue *queue)
{
    ElemType x;
    if(queue->front==queue->rear)
    {
        printf("队列为空,无法删除元素\n");
        return '\0';         /*返回一个特殊值表示错误或空元素*/
    }
    queue->front++;
    x=queue->data[queue->front];
    return x;
}
```

3. 循环队列

随着入队、出队的进行，会使整个队列整体向后移动，这样就出现了图 8-22 所示的状态，rear 已经移到了最后，即 rear 值为 $M-1$，再有元素入队就会出现溢出。此时，front 不等于-1，整个队列空间还有剩余，并未真的“满”，这种现象称为“假溢出”。

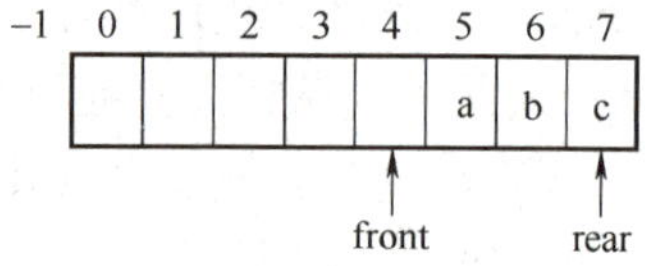

图 8-22 rear 指向队尾的顺序队列

为解决“假溢出”问题，一般在队列的顺序存储结构中采用循环队列的方式。所谓循环队列就是把顺序队列头尾相接形成一个环形队列，如图 8-23 所示。在循环队列中进行出队、入队操作时，front 和 rear 仍要加 1。如图 8-23 所示，队列的容积是 $M=8$，当前 rear 值为 $M-1$，即指向队尾元素的位置时，再入队一个元素，rear 加 1 的操作结果应是指向 0，而不是溢出。

由于出队时，front 顺时针逼近 rear，如当图 8-23 所示队列的元素 a、b 和 c 依次出队，队列为空，状态如图 8-24a 所示；入队时，rear 顺时针增加逼近 front；如当图 8-23 所示队列再依次将元素 d、e、f、g 和 h 入队后，则队列满，状态如图 8-24b 所示。按照目前的操作方式，当 front 和 rear 值相等时，队列可能为空或是为满，无法判别。

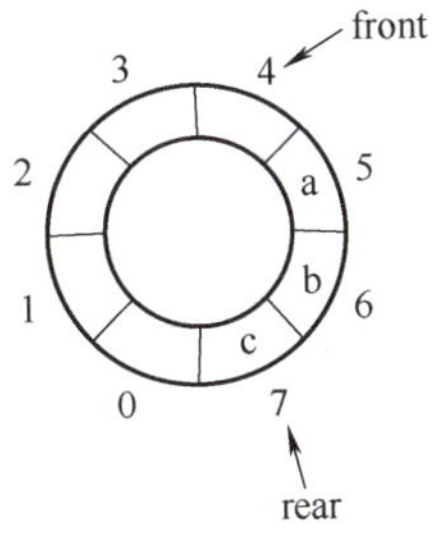

图 8-23　循环队列示意图

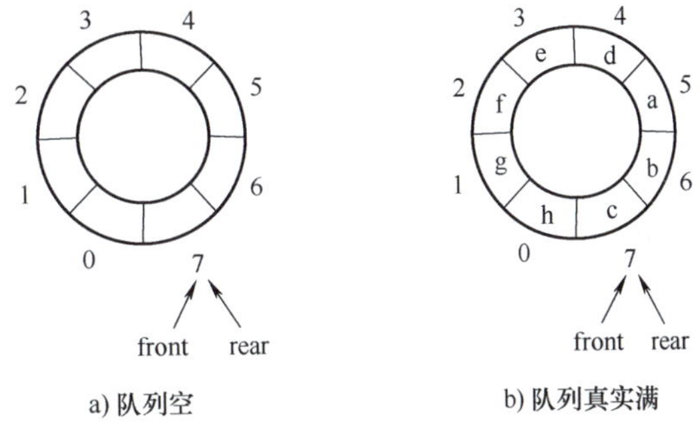

图 8-24　循环队列为空和真实满的状态

因此，可以使用牺牲一个数据元素空间（即 front 所指空间）的办法来解决循环队列中存在的上述矛盾。如图 8-25 所示的情况就视为队列满，阴影部分为牺牲的一个元素空间，此时的状态是 rear 加 1 就会从后面赶上 front，因此循环队列满的条件是 front 等于（rear+1）%M，其中，取余运算“%”主要用于边界处理上（由 $M-1$ 加 1 变成 0 时用）。循环队列空的条件仍然是 rear 等于 front。

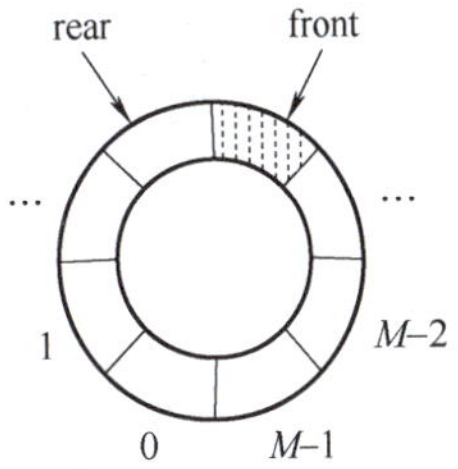

图 8-25　牺牲一个数据元素空间的循环队列满状态

循环队列满时，队列中数据元素个数为 $M-1$。若已知循环队列的容量 M、front 和 rear，则循环中数据元素的个数为（rear−front+M）%M。

循环队列的入队、出队操作和顺序队列的操作相似，下面分别给出入队和出队操作实现。

```
void enqueue(seqQueue *queue,ElemType x)      /*循环队列入队操作*/
{
    if((queue->rear+1) % M==queue->front)     /*循环队列队满判断*/
    {
        printf("队列已满,无法插入元素\n");
        return;
    }
    queue->rear=(queue->rear+1) % M;          /*rear 后移*/
    queue->data[queue->rear]=x;               /*元素 x 入队*/
}

ElemType dequeue(seqQueue *queue)             /*循环队列出队操作*/
```

```
{
    if(queue->front==queue->rear)                    /*循环队列队空判断*/
    {
        printf("队列为空,无法删除元素\n");
        return'\0';
    }
    queue->front=(queue->front+1) % M;               /*front 后移*/
    ElemType x=queue->data[queue->front];            /*取队头元素*/
    return x;
}
```

三、队列的链式存储结构

与栈一样，队列也可以采用链式存储结构，队列的头指针(front)指向单链表的第一个结点，队列的尾指针(rear)指向单链表的最后一个结点，其形态如图 8-26 所示。入队操作时，新元素插入在 rear 所指结点的后面，出队操作时，删除头结点后面的元素结点。链队列的操作和单链表一样，特殊性就在于入队、出队操作位置受限制。

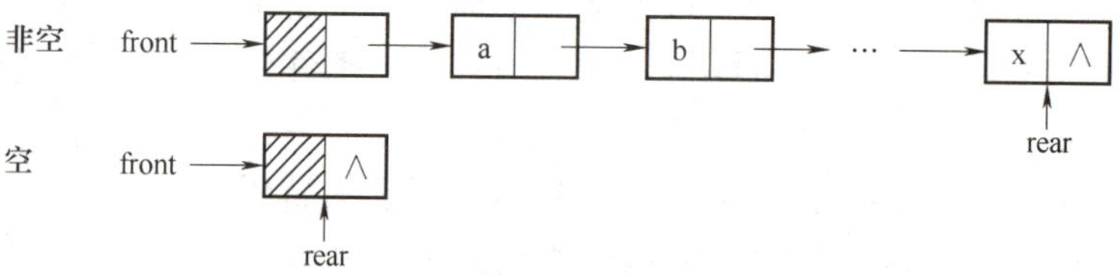

图 8-26　链队列形态示意

四、队列的应用

在日常生活中，经常会遇到需要排队的情景，如到医院排队看病、银行排队办理业务等。在计算机系统中，如操作系统中的多个进程竞争各种资源、硬件设备之间通信进行数据缓冲，都会用到队列。CPU 分时系统在一个带有多个终端的计算机系统中，同时有多个用户需要使用 CPU 运行各自的应用程序，它们分别通过各自的终端向操作系统提出使用 CPU 的请求，操作系统通常按照每个请求在时间上的先后顺序，将它们排成一个队列，每次把 CPU 分配给当前队首的请求用户，即将该用户的应用程序投入运行，当该程序运行完毕或用完规定的时间片后，操作系统再将 CPU 分配给新的队首请求用户，这样既可以满足每个用户的请求，又可以使 CPU 正常工作。模拟打印机缓冲区在主机将数据输出到打印机时，会出现主机速度与打印机的打印速度不匹配的问题，这时主机就要停下来等待打印机。显然，这样会降低主机的使用效率。为此人们为打印机设置一个打印数据缓冲区，当主机需要打印数据时，先将数据依次写入缓冲区，主机转去做其他的事情，而打印机就从缓冲区中按照先进先出的原则依次读取数据并打印，这样做既保证了打印数据的正确性，又提高了主机的使用效率。由此可见，打印机缓冲区就是一个队列结构。

总之，只要满足“先来先服务”特性的应用均可采用队列作为其数据组织方式。

第四节　特殊矩阵的压缩存储

一、基本概念

前面介绍的线性结构中的数据元素都是非结构的原子类型，而数组可以看成是线性表的扩展，即表中的数据元素本身也是一种数据结构，例如，可以把二维数组看成是这样一个定长的线性表，它的每个数据元素也是一个定长线性表。

当使用计算机进行矩阵运算时，高级程序设计语言通常使用二维数组来存储矩阵元素。零元素或非零元素的分布有规律的矩阵称为特殊矩阵。常见的特殊矩阵有对角阵、三对角阵、五对角阵、三角阵和对称阵等。在矩阵阶数较高的情况下，用二维数组存储特殊矩阵会造成空间浪费，为节省空间，可以采用压缩存储的方法。所谓压缩存储是指对零元素不分配空间，多个值相同的元素只为其分配一个空间。

设 $\boldsymbol{A}$ 为 n 阶特殊矩阵，将其非零元素按行依次存放在一维数组 B 中，若 $\boldsymbol{A}_{i,j}=\mathrm{B}_k$，需要解决的问题如下：

1）已知 i、j，求 k，即求矩阵元素 $\boldsymbol{A}_{i,j}$ 在 B 数组中的下标位置 k。

2）已知 k，求 i、j，即已知 $\boldsymbol{A}_{i,j}$ 在数组 B 中的下标位置 k，求 i、j 下标值。

下面讨论几类特殊矩阵的压缩存储。

二、三对角阵

对角阵是非零元素分布在主对角线及其两侧呈带状区域的矩阵。三对角阵 $\boldsymbol{A}$ 是一个对角阵，当且仅当 $|i-j|>1$ 时，有 $\boldsymbol{A}_{i,j}=0$。为便于考生理解，以六阶方阵为例，说明三对角阵及其压缩存储。图 8-27 所示的六阶三对角阵，元素位置上的数字表示该矩阵中非零元素在一维数组 B 中的下标序号，其余元素为 0。

逐行把非零元素依次存放到 B［0］~B［15］中，例如，$\boldsymbol{A}_{3,4}$ 放在 B［10］中。下面分两种情况讨论三对角阵的压缩存储。

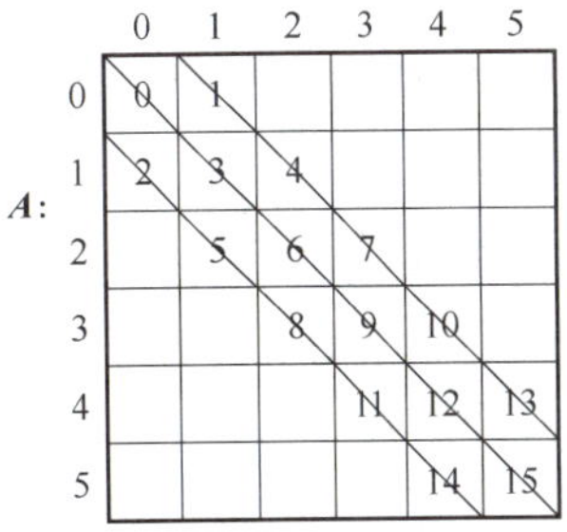

图 8-27　六阶三对角阵示意

1）已知 i 和 j，求 k。

① 第 $i(i>0)$ 行上面（之前）有 i 行、共 $3i-1$ 个非零元素。三对角阵的特点是除第 0 行和最后一行只有两个非零元素外，其余各行有 3 个非零元素，这里减 1 即第 i 行上面已存入了 $3i-1$ 个非零元素，第 0 行少一个。

② $\boldsymbol{A}_{i,j}$ 是第 i 行上的第 $j-i+1$ 个非零元素（$i>0$），注意，每行是从第 0 个算起。所以，$k=3i-1+j-i+1$，即 $k=2i+j$。

2）已知 k，求 i 和 j。

① 求 i。从图 8-27 可看出每行的 k 值加 1 后除以 3 的值刚好等于行号 $i(i>0)$，即 $i=\lfloor(k+1)/3\rfloor$（$\lfloor\ \rfloor$ 为向下取整运算符号，即取整数部分）。

② 由上面 $k=2i+j$ 得 $j=k-2i$，即 $j=k-2\times\lfloor(k+1)/3\rfloor$。

例如，$k=14$ 时，$i=5$，$j=4$，即 $\boldsymbol{A}_{5,4}=B[14]$；$k=0$ 时，$i=0$，$j=0$，即 $\boldsymbol{A}_{0,0}=B[0]$。

可以得出：n 阶三对角阵压缩存储至少需要 $3n-2$ 个存储空间。

例 8-14 若已知 B[0] 的存储地址为 1000，每个元素占 3 个字节，试问三对角阵 $\boldsymbol{A}$ 压缩存储时元素 $\boldsymbol{A}_{5,4}$ 在 B 中的地址是多少？

第 1 步：求 $\boldsymbol{A}_{5,4}$ 在 B 中的下标位置 k。

$k=2i+j$，即 $k=14$。

第 2 步：求一维数组中下标为 $k=14$ 的元素地址。

Loc(B[14]) = Loc(B[0]) + 14×3 = 1000+42 = 1042。

三、三角阵

三角阵是对角线以上或对角线以下的元素均为零的矩阵。根据零元素的位置不同，三角阵可以分为下三角阵和上三角阵。以六阶方阵为例说明三角阵的压缩存储，下面仅讨论已知 i、j，求 k 值。

1）下三角阵如图 8-28 所示。

	0	1	2	3	4	5
0	0					
1	1	2				
2	3	4	5			
3	6	7	8	9		
4	10	11	12	13	14	
5	15	16	17	18	19	20

图 8-28 六阶下三角阵示意

① 第 $i(i>0)$ 行上面有 i 行，共有 $\frac{i(i+1)}{2}$ 个非零元素 $(1+2+\cdots+i)$，即第 i 行上面已存储了 $\frac{i(i+1)}{2}$ 个元素。

② $\boldsymbol{A}_{i,j}$ 是第 i 行上的第 j 个非零元素（从第 0 个开始，如 $\boldsymbol{A}_{4,0}$ 是第 4 行上的第 0 个非零元素），所以 $k=\frac{i(i+1)}{2}+j(i\geqslant j)$，如 $\boldsymbol{A}_{3,2}=B[8]$、$\boldsymbol{A}_{5,4}=B[19]$。

2）上三角阵如图 8-29 所示。

	0	1	2	3	4	5
0	0	1	2	3	4	5
1		6	7	8	9	10
2			11	12	13	14
3				15	16	17
4					18	19
5						20

图 8-29 六阶上三角阵示意

① 第 $i(i>0)$ 行上面有 i 行，共有 $\frac{i(2n-i+1)}{2}$ 个非零元素（第 0 行 n 个，第 1 行 $n-1$ 个，…，第 $i-1$ 行 $n-i+1$ 个，共 $n+(n-1)+(n-2)+\cdots+n-(i-1)=\frac{i(2n-i+1)}{2}$ 个，这里 $n=6$）。

② $\boldsymbol{A}_{i,j}$ 是第 i 行上的第 $j-i$ 个非零元素（注意，每行的第 1 个非零元素实为第 0 个非零元素，因为矩阵的下标均从 0 开始）。

所以，$k=\frac{i(2n-i+1)}{2}+j-i(i\leqslant j)$，如 $\boldsymbol{A}_{3,4}=B[16]$。

四、对称阵

对称阵是指以主对角线为对称轴，各元素对应相等的矩阵，因此，可以把对称阵按下三角阵或上三角阵存储。

例 8-15 一个对称阵 $\boldsymbol{A}$ 按下三角阵压缩存储到 B[0] 开始的一维数组中，已知 B[0]

的首地址为 1000，每个元素占 4 个字节，试问矩阵元素 $\boldsymbol{A}_{4,5}$的存储地址是多少？

这里 $\boldsymbol{A}_{4,5}$为上三角元素（因为 $i<j$），所以此题实为求下三角元素 $\boldsymbol{A}_{5,4}$的存储地址。

第 1 步：求 $\boldsymbol{A}_{5,4}$在 B 数组中的下标序号 k。

由 $k=\dfrac{i(i+1)}{2}+j$，得 $k=19$。

第 2 步：求一维数组中元素 B[19] 的地址。

Loc(B[19]) = 1000+19×4 = 1076。

本章小结

本章讨论了线性数据结构，详细介绍了线性表、栈、队列三种常用数据结构的顺序和链式存储结构，在不同结构上的常用操作，栈的典型应用，特殊矩阵的压缩存储。

线性表是一种数据元素有序的逻辑结构，可采用顺序存储或链式存储。线性表采用顺序存储结构时，数据元素的物理结构直接反映了数据元素之间的逻辑结构，有利于计算线性表的长度、随机存取数据元素以及数据元素的遍历，但在插入和删除操作时要进行大量数据元素的移动，增加了算法的时间复杂度；线性表采用链式存储结构时，克服了插入和删除操作时需要大量移动数据元素的缺点，但不利于计算线性表的长度。链式存储的线性表常见形式有：带头结点的单链表、不带头结点的单链表、循环链表、双向链表等。在实际应用中，还可根据操作特点为链表增设尾指针，从而达到方便数据存取操作的目的。

栈和队列都是操作受限的线性表，栈限定仅在表尾插入和删除操作，队列限定在表尾插入、表头删除。栈和队列均可以采用顺序和链式存储结构。栈的特点是后进先出，在程序设计、编译处理中得到有效应用，例如，数制转换、括号匹配、表达式求值等问题都是利用栈解决的。队列的特点是先进先出。顺序队列存在“假溢出”的问题，这个问题不是因为存储空间不足，而是因为经过多次的出队、入队操作之后，存储单元不能有效再利用造成的。解决“假溢出”的问题，可通过将顺序队列构造成循环队列实现。

特殊矩阵的压缩存储是一种用于紧凑表示矩阵中大部分元素为零的存储方法，其实现方法有多种。压缩存储三对角阵、三角阵和对称阵时，可根据矩阵的不同特点，将其非零元素存放在一维数组的相应位置，对零元素不分配存储空间，多个值相同的元素只为其分配一个存储空间，避免存储空间的浪费。

线性数据结构的逻辑结构简单、应用广泛，是数据结构部分需重点掌握的内容。考生需理解各种线性结构的特点及其操作算法，并将其应用于解决实际问题。

习　　题

一、单项选择题

1. 线性表是（　　）。

A. 一个有限序列，可以为空　　B. 一个有限序列，不能为空

C. 一个无限序列，可以为空　　D. 一个无限序列，不能为空

2. 在一个长度为 n 的顺序存储的线性表中，向第 i 个元素（$1 \leqslant i \leqslant n+1$）位置插入一个新元素时，需要从后向前依次向后移动元素的个数为（　　）。

A. $n-i$　　B. $n-i+1$　　C. $n-i-1$　　D. i

3. 一个栈的进栈序列是 a、b、c、d、e，则栈的出栈序列不可能是（　　）。

A. edcba　　B. decba

C. dceab　　D. abcde

4. 判定一个循环队列 Q（最多元素为 M）为队满的条件是（　　）。

A. Q->front = =Q->rear　　B. Q->front ! =Q->rear

C. Q->front = =(Q->rear+1)%M　　D. Q->front ! =(Q->rear+1)%M

5. 在一个单链表中，若要在 p 所指向的结点之前插入一个新结点，则此算法的时间复杂度为（　　）。

A. $O(n)$　　B. $O(n/2)$　　C. $O(1)$　　D. $O(\sqrt{n})$

6. 设单链表中指针 p 指向结点 a_i，若要删除 a_i之后的结点（若存在），则需修改指针的操作为（　　）。

A. p->next=p->next->next　　B. p=p->next

C. p=p->next->next　　D. p->next=p

7. 在一个带头结点的双向循环链表中，若要在 p 所指向的结点之前插入一个新结点，则需要相继修改指针域的值的个数为（　　）。

A. 2　　B. 3　　C. 4　　D. 6

8. 当利用大小为 N 的数组顺序存储一个栈时，假定用 top = =N 表示栈空，则向这个栈插入一个元素时，首先应执行修改 top 指针的语句为（　　）。

A. top++;　　B. top--;

C. top=0;　　D. top=1;

二、填空题

1. 线性表的两种存储结构分别为__________和__________。

2. 对于一个长度为 n 的顺序存储的线性表，在表头插入元素的时间复杂度为__________，在表尾插入元素的时间复杂度为__________。

3. 在一个单链表中的 p 所指结点之前插入一个 s 所指结点时，可执行如下操作：

① s->next=__________;

② p->next=s;

③ t=p->data;

④ p->data=__________;

⑤ s->data=__________;

4. 一个顺序栈存储于一维数组 a[M] 中，栈顶指针用 top 表示，一般情况下，当栈顶指针等于__________时，则为空栈；栈顶指针等于__________时，则为满栈。

5. 在具有 N 个单元的循环队列中，队满时共有__________数据元素。

三、简答题

1. 简述栈和队列的相同点和不同点。

2. 简述单链表、循环单链表、循环双链表的结构及特点。

3. 如果进栈的数据元素序列依次为 1、2、3、4、5、6，能否得到出栈序列 4、3、5、6、1、2 和 1、3、5、4、2、6？说明原因。

4. 若频繁地对线性表进行插入与删除操作，该线性表应该采取什么存储结构？为什么？

5. 在单链表和循环单链表中，若仅知道指针 p 指向的某结点，不知道头指针，如果限定不移动数据，能否将结点 * p 从相应的链表中删去？

四、程序分析题

1. 分析下面算法的功能是什么？

```
SLinkedList ListListDemo(SLinkedList *L)  /*L指向一个无头结点的单
                                            链表*/
{
    SLinkedList *q,*p;
    if(L && L->next)
    {
        q=L;
        L=L->next;
        p=L;
        while(p->next)
            p=p->next;
        p->next=q;
        q->next=NULL;
    }
    return L;
}
```

2. 下列函数的功能是求链表长度，请在函数中横线处补全程序。

```
struct node
{
    char ch;
    struct node *link;
};
str(struct node *p)
{
    int _________;
    while(p!=NULL)
    {
        _________;
        count++;
    }
    return count;
}
```

五、程序设计题

1. 已知长度为 n 的线性表 A 采用顺序存储结构，编程实现查找该线性表中值最小的数据元素。

2. 已知非空线性链表第一个链结点的指针为 list，编程实现删除线性链表的第 i 个链结点。

3. 编程实现对顺序栈赋初值，再将顺序栈中的元素依次取出，并输出元素值。

4. 设有不带头结点的循环链表第一个结点的指针为 list，编程实现该循环链表的逆置。

5. 回文是指正读和反读均相同的字符序列，如“abba”和“abdba”均是回文，但“good”不是回文。试设计一个算法判断给定的字符串是否为回文，若是回文，则输出“是回文”，否则输出“不是回文”（提示：将一半字符进栈）。

第九章　非线性数据结构

学习目标：

- 掌握树的概念和基本术语，二叉树的特点和基本形态，二叉树的性质，完全二叉树和满二叉树的概念。
- 掌握二叉树的顺序和链式存储结构，二叉树的先序、中序和后序遍历方法并灵活运用。
- 掌握树的多种存储表示方法，树和二叉树的相互转换，森林的概念，森林转换为二叉树，森林的遍历。
- 掌握哈夫曼树的概念、性质，哈夫曼树应用，哈夫曼编码。
- 掌握有向图、无向图、完全图、邻接、度、路径和简单路径的概念。
- 掌握图的邻接矩阵和邻接表两种存储结构，图的深度优先遍历和广度优先遍历。
- 掌握图的连通分量、生成树、最小生成树和拓扑序列的概念，构造最小生成树和拓扑序列的算法。

本章主要介绍树和图的基本概念、存储方法、遍历方法和简单应用，包括哈夫曼树、最小生成树和拓扑序列。非线性数据结构是利用程序解决复杂数据关系问题中经常用到的数据组织方式，是数据结构的重要内容。

第一节　树和二叉树

一、树的概念

树是一种重要的非线性数据结构。树结构在客观世界中广泛存在，如行政组织机构和人类社会的家谱及图书馆的藏书、工厂产品的结构等，都可以用树结构形象地表示，在计算机应用领域中也广泛地应用树结构。

树是 $n(n \geqslant 0)$ 个结点的有限集合。当 $n=0$ 时，称为空树；对于任一棵非空树（$n>0$），它满足下列两个条件：

1）仅有一个特定的根结点。

2）其余结点可分为 $m(m \geqslant 0)$ 个互不相交的子集 T_1，T_2，…，T_m，每个子集都是一棵树，称为根的子树。

树的定义中用到了树的概念，是一个递归定义，显示了树的固有特性，即一棵树由若干棵子树构成，而子树又由下层的若干棵子树构成。

树结构的表示形式多样，常见表示形式如图 9-1 所示，其中图 9-1a 是本书采用的自然表示法，即树形表示法；图 9-1b 是集合表示法；图 9-1c 是层次表示法。

下面介绍树结构中涉及的一些基本术语。

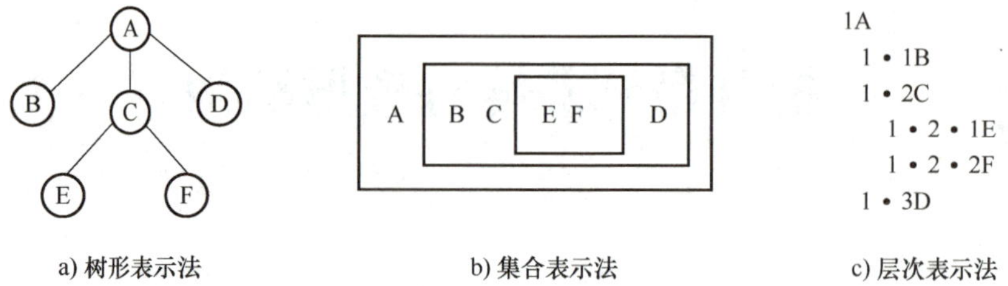

图 9-1　树常见的表示形式

1）**结点的度**：结点拥有的子树数。图 9-1 中，结点 A 的度为 3，B、E、F、D 的度为 0，C 的度为 2。

2）**树的度**：树中各结点的度的最大值。图 9-1 中树的度为 3，该树也称为三叉树。

3）**叶子结点（终端结点）**：度为 0 的结点。图 9-1 中 B、E、F、D 均为叶子结点。

4）**孩子和双亲结点**：结点的子树的根称为该结点的孩子，相应地，该结点称为孩子的双亲。图 9-1 中 B、C、D 的双亲结点是 A，相应地，B、C、D 是 A 结点的孩子结点。

5）**兄弟结点**：同一双亲结点的孩子结点互称为兄弟。图 9-1 中 B、C、D 互为兄弟，结点 E 和 F 也互为兄弟。

6）**结点的层数**：规定根结点的层数为 1，其他任意结点的层数是其父结点的层数加 1。图 9-1 中结点 B 的层数为 2。

7）**树的高度（深度）**：树中所有结点的层数的最大值。图 9-1 中树中结点 E 和 F 的层数最大，所以树的高度为 3。

二、二叉树

二叉树是一种特殊的树结构，它的特点是树中每个结点至多只有两棵子树（即二叉树中不存在度大于 2 的结点），并且二叉树的子树有左、右之分，其次序不能任意颠倒。

二叉树可以是空树。因此，二叉树有五种基本形态，如图 9-2 所示，其中图 9-2a 是空二叉树；图 9-2b 是只有根的二叉树；图 9-2c 是只有左子树的二叉树；图 9-2d 是只有右子树的二叉树；图 9-2e 是左、右子树都有的二叉树。

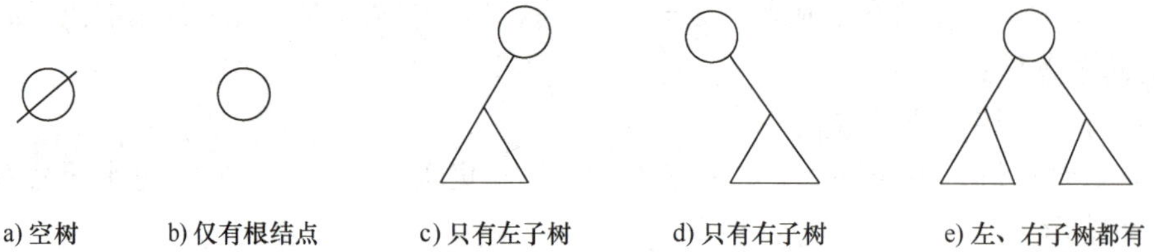

图 9-2　二叉树的五种基本形态

1. 树和二叉树的区别

树和二叉树的区别见表 9-1。

表 9-1　树和二叉树的区别

树	二叉树
① 树的度大于或等于 0 ② 树不要求子树顺序	① 二叉树的度大于或等于 0 且小于或等于 2 ② 二叉树是有序树，有左、右子树之分

例如，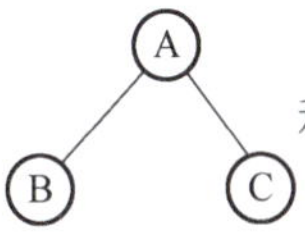

和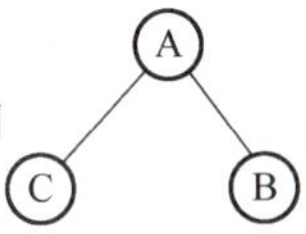

，从树的角度来看它们是同一棵树，从二叉树的角度来看它们是两棵不同的二叉树。

例 9-1　试写出具有三个结点的所有不同形态的树和二叉树。

树有两种形态：和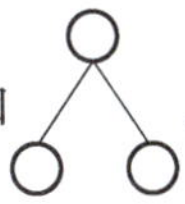，即度为 1 的结点作为树根和度为 2 的结点作为树根。

二叉树有五种形态：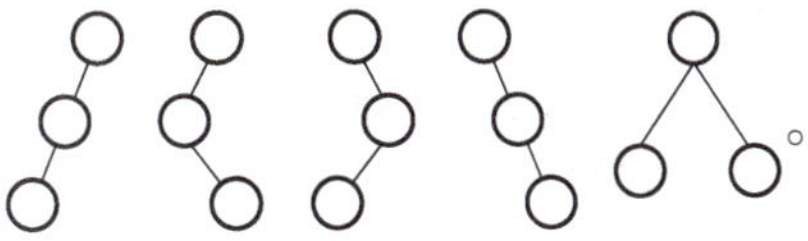。

2. 二叉树的性质

二叉树具有下列重要的性质。

性质 1　二叉树第 $i(i \geqslant 1)$ 层上最多有 2^{i-1} 个结点。

利用数学归纳法容易得此性质。$i=1$ 时，只有一个根结点，$2^{i-1}=2^0=1$ 是正确的。假设第 $i-1$ 层上至多有 2^{i-2} 个结点，由于二叉树的每个结点的度至多为 2，故在第 i 层上最大结点数为 $i-1$ 层上的最大结点数的 2 倍，即 $2 \times 2^{i-2}=2^{i-1}$。

性质 2　深度为 k 的二叉树最多有 2^k-1 个结点，$k \geqslant 1$。

根据性质 1 可知，深度为 k 的二叉树最多结点数目为各层最多结点数目之和，即 $2^0+2^1+2^2+\cdots+2^{k-1}=2^k-1$。

性质 3　任意一棵二叉树中，若叶子结点个数为 n_0，度为 2 的结点个数为 n_2，则 $n_0=n_2+1$。

设 n_1 为二叉树中度为 1 的结点个数，则二叉树结点总数 $n=n_0+n_1+n_2$，若将二叉树各结点看作孩子结点，则有 $n=1 \times n_1+2 \times n_2+1$（这里加 1 就是加上根结点）。

故有
$$\begin{cases} n=n_0+n_1+n_2 \\ n=1 \times n_1+2 \times n_2+1 \end{cases}$$

可得到
$$n_0=n_2+1$$

满二叉树和完全二叉树是两种特殊的二叉树。满二叉树是一棵深度为 k 且有 2^k-1 个结点的二叉树。满二叉树的叶子结点在同一层，如图 9-3a 所示。完全二叉树是一棵满二叉树的最下层从右向左连续缺少 $n(n \geqslant 0)$ 个结点的二叉树。图 9-3b、c 为完全二叉树，图 9-3d 为非完全二叉树。

可以看出，满二叉树一定是完全二叉树，它是完全二叉树的特例；完全二叉树不一定是满二叉树；满二叉树中 $n_1=0$；完全二叉树中 $n_1=0$ 或 1。

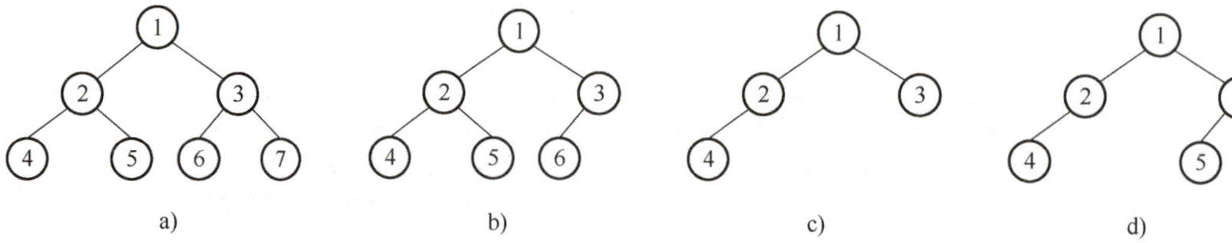

图 9-3 满二叉树、完全二叉树和非完全二叉树示例

性质 4 具有 $n(n>0)$ 个结点的完全二叉树的深度为$\lfloor \log_2 n \rfloor+1$。

根据完全二叉树的定义和性质 1 可以证明性质 4。

性质 5 如果将一棵有 n 个结点的完全二叉树自顶向下，同一层自左向右连续给结点编号 1，2，3，…，n，然后按此结点编号将树中各结点顺序地存放于一个一维数组中，并将编号为 i 的结点简称为结点 $i(1\leqslant i\leqslant n)$，如图 9-3b 所示。则有以下关系：

1）若 $i=1$，则结点 i 为根，无双亲结点；若 $i>1$，则结点 i 的双亲结点为结点$\lfloor i/2 \rfloor$。

2）若 $2\times i\leqslant n$，则结点 i 的左孩子为结点 $2\times i$。

3）若 $2\times i+1\leqslant n$，则结点 i 的右孩子为结点 $2\times i+1$。

4）若结点编号 i 为奇数，且 $i\neq 1$，它处于右兄弟位置，则它的左兄弟为结点 $i-1$。

5）若结点编号 i 为偶数，且 $i\neq n$，它处于左兄弟位置，则它的右兄弟为结点 $i+1$。

6）结点 i 所在层数为$\lfloor \log_2 i \rfloor+1$。

在图 9-3b 中，结点 2 的左孩子为结点 4，右孩子为结点 5，右兄弟为结点 3，所在层数为 2。

三、二叉树的存储结构

二叉树的存储结构有顺序和链式两种方式。

1. 顺序存储结构

顺序存储结构，是用一组连续的存储单元存储二叉树结点的数据，结点在这个序列中的相对位置能反映出结点之间的逻辑关系。二叉树中结点之间的关系就是双亲结点与左右孩子结点间的关系。**二叉树的顺序存储方法是先将二叉树变成完全二叉树**（给有关结点补够两个孩子结点，所补结点为虚拟结点，仅占空间）；然后用一组地址连续的存储单元依次从上到下，逐层从左向右存储完全二叉树上的数据元素。

例 9-2 写出图 9-4a 所示二叉树的顺序存储结构，并说明最少需要多少个存储空间。

1）上述完全二叉树，按编号依次存储在一维数组 S[0..n] 中，其中 S[1..n] 用来存放各结点。为符合人们的计数习惯，S[0] 可以不用，或者用来存放二叉树结点个数。

2）计算二叉树结点顺序存储最少需要多少个空间，不含 S[0]，本题最少需 13 个存储空间，如图 9-4c 所示。

3）图 9-4b 中的□代表空结点（虚拟结点），仅占位置，目的是补全为完全二叉树。由此可见，这种顺序存储结构适用于完全二叉树。因为，在最坏的情况下，一个深度为 h 且只有 h 个结点的单支树（树中不存在度为 2 的结点）却需要长度为 2^h-1 的一维数组，如图 9-5 所示。

根据性质 5 的编号方法对二叉树中结点进行编号，如图 9-6 所示。编号的意义是在顺序存储结构下根据一个结点的位置可以方便地计算出它的双亲及孩子结点编号和地址。

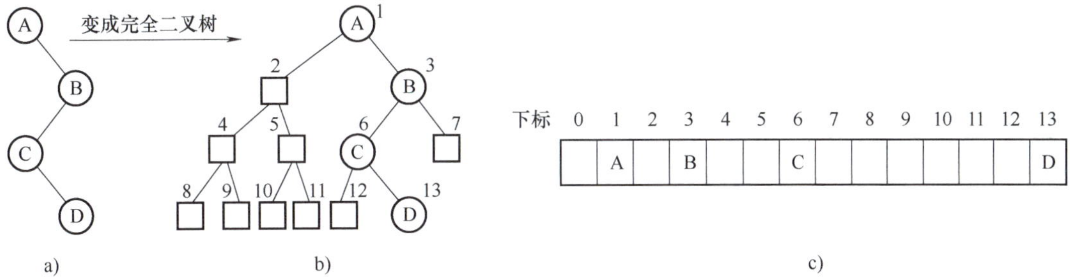

图 9-4 二叉树顺序存储过程示意

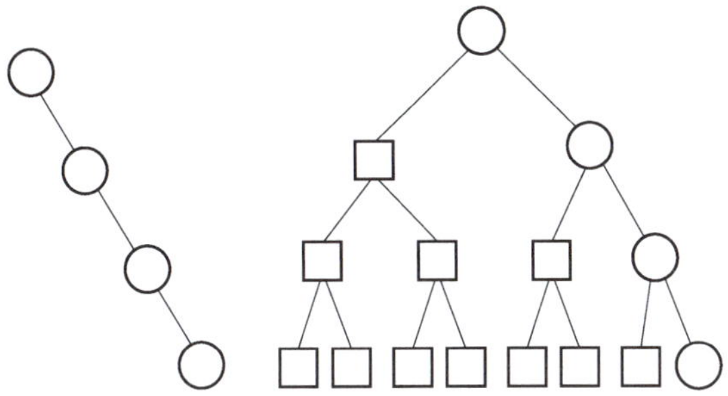

图 9-5 完全二叉树

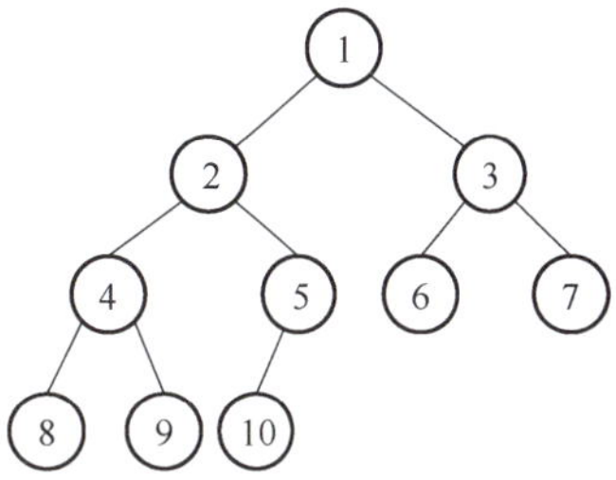

图 9-6 完全二叉树结点顺序编号

若结点编号为 i，则该结点的地址 = 编号为 1 的结点地址 +$(i-1)*d$，d 为一个结点所占字节数。根据性质 5，当 $i>1$ 时，该结点的双亲结点编号为$\lfloor i/2 \rfloor$，如编号为 8 和 9 的结点，其双亲编号为 4。

例 9-3 一个完全二叉树结点个数为 1000，则 n_0、n_1、n_2和高度 h 各为多少？

涉及完全二叉树的部分问题，应首先尝试能否用完全二叉树结点顺序编号来解决。由性质 5 可知，编号为 1000 的结点的双亲结点编号为$\lfloor 1000/2 \rfloor=500$，即编号为 1000 的结点是编号为 500 的左孩子结点。根据完全二叉树结点顺序编号的意义可知 $n_1=1$，即 500 号结点只有 1 个孩子。编号为 500 的结点前面的所有结点都有两个孩子，所以 $n_2=499$。编号为 500 的结点后面的结点都没有孩子，所以 $n_0=500$。$h=\lfloor \log_2 1000 \rfloor+1=10$。

这里，$2^9=512$、$2^{10}=1024$ 是计算机中特殊的数，考生应该记住。

2. 链式存储结构

链式存储结构是指用链表存储表示二叉树，即用指针链来指示结点的逻辑关系，通常有二叉链表和三叉链表两种存储结构，此处介绍二叉链表。二叉链表中每个结点由三个成员（域）组成，如图 9-7 所示，数据域 data 存放结点的数据信息；指针域 lchild 与 rchild 分别存放指向左孩子和右孩子的指针。当左孩子或右孩子不存在时，相应指针域为空（用符号 NULL 或 ∧ 表示）。

lchild	data	rchild

图 9-7 二叉链表结点结构

二叉链表存储结构的类型定义如下：

```
typedef char ElemType;
struct btlnode
{
    ElemType data;
    struct btlnode *lchild, *rchild;
};
```

图 9-8a 所示二叉树的二叉链表存储表示如图 9-8b 所示。

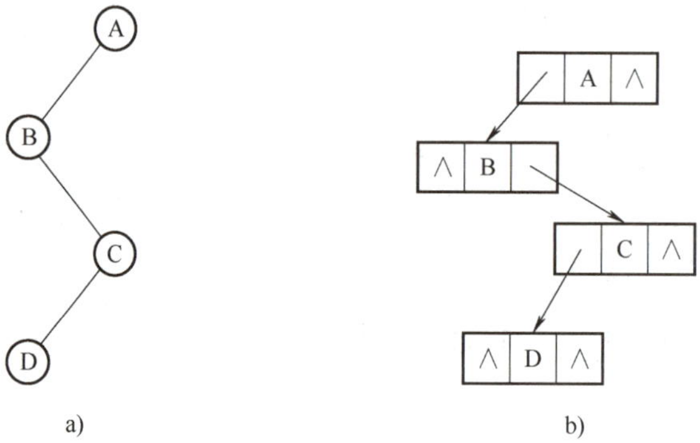

图 9-8　二叉树的二叉链表示例

具有 n 个结点的二叉链表存储结构共有 $2n$ 个指针域，其中只有 $n-1$ 个用来存放该结点的左、右孩子，其余的 $n+1$ 个指针域为空。

四、二叉树的遍历

二叉树的遍历是指按照某种顺序访问二叉树中各个结点，使得每个结点被访问且仅被访问一次。“访问”的含义很广泛，可以是对结点做各种处理，如查找、修改结点元素的值等。遍历一个线性结构很简单，只需要顺序访问每个结点即可，而二叉树是一种非线性结构，每个结点都可能有两棵子树，因而需要寻找一种规律，以便使二叉树上的结点能排列在一个线性结构上，从而便于遍历。**二叉树遍历的算法是二叉树乃至树操作的基础。**

1. 遍历方法

二叉树由根结点、左子树和右子树三个部分构成，如图 9-9 所示，且其定义是递归的，因此，遍历这三个部分，就完成遍历整个二叉树的操作。将根结点分别放在左、右子树的前、中、后遍历，得到三种遍历次序，分别称为先序（根）遍历、中序（根）遍历和后序（根）遍历。

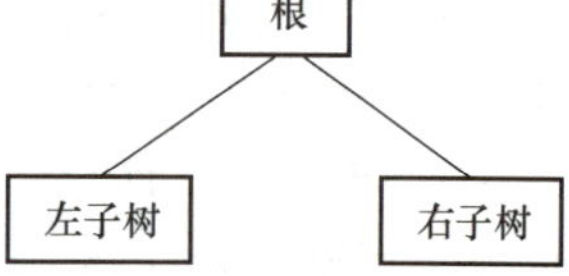

图 9-9　二叉树的基本结构示意

1）先序遍历。先序遍历二叉树的操作定义为：

若二叉树为空，则空操作（即遍历结束）；否则：

① **访问**根结点；

② 先序遍历根结点的左子树；

③ 先序遍历根结点的右子树。

2）中序遍历。中序遍历二叉树的操作定义为：

若二叉树为空，则空操作；否则：

① 中序遍历根结点的左子树；

② **访问**根结点；

③ 中序遍历根结点的右子树。

3）后序遍历。后序遍历二叉树的操作定义为：

若二叉树为空，则空操作；否则：

① 后序遍历根结点的左子树；

② 后序遍历根结点的右子树；

③ **访问**根结点。

例 9-4　写出图 9-10 所示二叉树的中序、先序和后序遍历结果。

中序遍历：二叉树的遍历路线是从根结点出发，如图 9-11 所示，图中虚线为遍历路线，旁边的数字为中序遍历不断按左子树、根、右子树规律地访问结点的顺序。

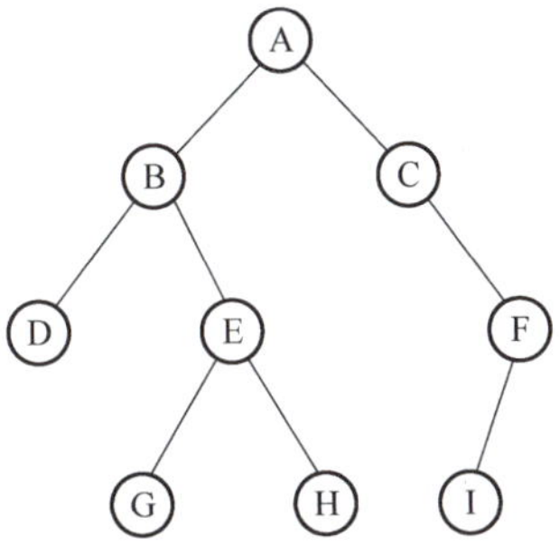

图 9-10　例 9-4 二叉树

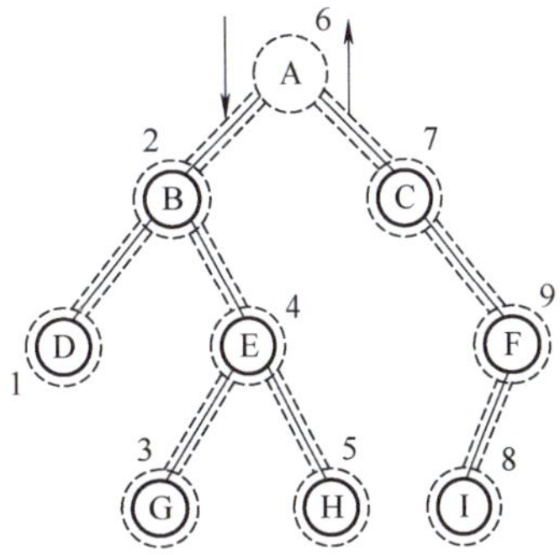

图 9-11　二叉树中序遍历路线

可以看出，图 9-10 所示二叉树的中序遍历结果序列为 DBGEHACIF。

先序遍历：图 9-10 所示二叉树的先序遍历路线和结点访问顺序如图 9-12 所示。

图 9-10 所示二叉树的先序遍历结果序列为 ABDEGHCFI。

后序遍历：图 9-10 所示二叉树的后序遍历路线和结点访问顺序如图 9-13 所示。

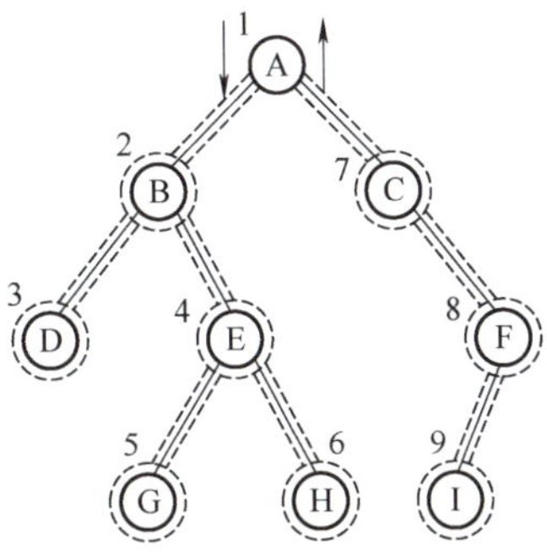

图 9-12　二叉树先序遍历路线

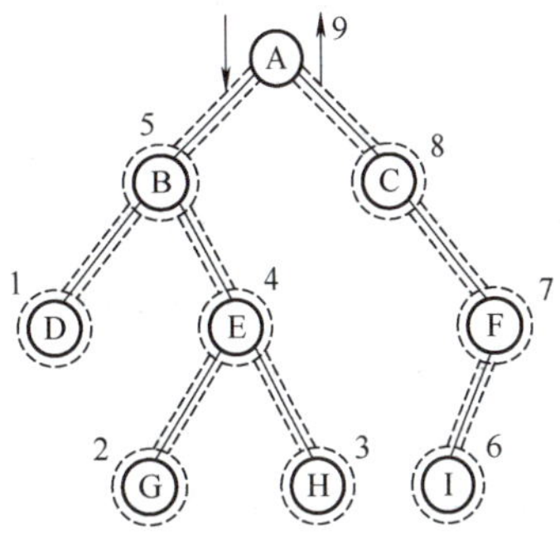

图 9-13　二叉树后序遍历路线

图 9-10 所示二叉树的后序遍历结果序列为 DGHEBIFCA。

通过例 9-4 可以看出，三种遍历的路线完全相同，只是根结点访问的顺序不同。

4）层序遍历。有时，还用到二叉树的层序遍历，也叫层次遍历。层序遍历是按照树的层次，从第 1 层根结点开始自上而下逐层访问每个结点，对每一层中的结点是按自左向右的顺序，直到所有结点都访问完，图 9-10 所示二叉树的层序遍历结果序列为 ABCDEFGHI。

2. 遍历算法实现

二叉树遍历算法可以通过递归和非递归两种方法实现，此处以中序遍历为例，介绍二叉树的递归算法实现，如下所示：

```
void inOrder(struct btlnode *p)        /*p为指向二叉树根结点的指针*/
{
    if(p!=NULL)
    {
        inOrder(p->lchild);            /*中序遍历左子树*/
        printf("%c",p->data);          /*访问根结点*/
        inOrder(p->rchild);            /*中序遍历右子树*/
    }
}
```

3. 举例

例 9-5 已知一个二叉树的中序遍历结果为 abc，试画出不同的二叉树形态。

根据中序遍历结果，共有五种二叉树，如图 9-14 所示。

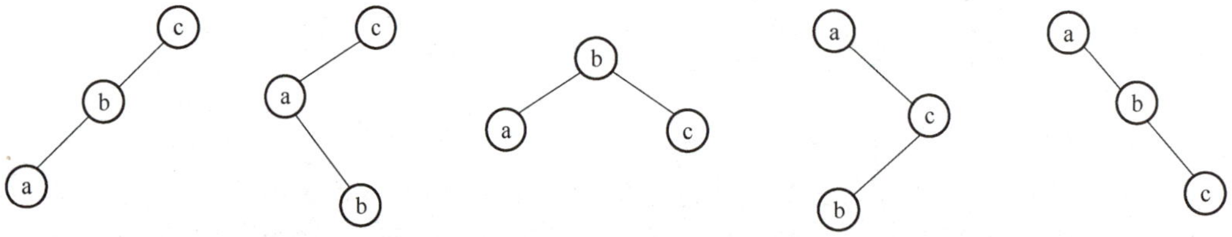

图 9-14 中序遍历结果为 abc 的二叉树

例 9-5 说明仅给出中序遍历结果不能唯一地确定一棵二叉树。**但是，已知一棵二叉树的先序和中序或后序和中序遍历结果可以唯一地确定一棵二叉树**，具体方法如下：

1）根据先序或后序遍历结果确定二叉树各层的根，先序根在前面，后序根在后面。

2）根据中序遍历结果确定各层根的左、右子树（位置是左子树、根、右子树）。

不断反复 1）和 2）即可确定唯一的一棵二叉树。

例 9-6 已知一棵二叉树的后序遍历和中序遍历结果分别为 DGHEBIFCA 和 DBGEHACIF，试确定该二叉树。

第 1 步：由后序遍历结果确定整个二叉树的根为 A，由中序结果确定 A 的左、右子树中序遍历结果分别为 DBGEH 和 CIF。

第 2 步：确定 A 的左子树。

1）A 的左子树后序遍历顺序为 DGHEB，则左子树的根为 B。A 的左子树的中序遍历结果为 DBGEH，则 B 的左子树只有一个 D 结点，右子树的中序遍历结点顺序为 GEH。

2）确定 B 的右子树。B 的右子树后序遍历结果为 GHE，则 E 为 B 的右子树根；再由其中序遍历顺序为 GEH，可知其 E 的左子树为 G 结点，右子树为 H 结点，遍历结束。

第 3 步：确定 A 的右子树。

1）A 的右子树后序遍历结果为 IFC，则 C 为右子树的根；再由其中序遍历结果 CIF，可知 C 无左子树，右子树为 IF 两个结点。

2）C 的右子树后序遍历结果为 IF 可知 C 的右子树根为 F，再由中序遍历结果 IF 可知 I 为 F 的左子树，无右子树。

按以上方法可得所求二叉树为图 9-10。

例 9-7　编写求二叉树结点个数的算法。

一种思路是可在遍历算法实现中对遍历到的结点直接进行计数统计，另一种思路是将一棵二叉树看成由树根、左子树和右子树三部分组成，所以总的结点数是这三部分结点数之和，树根的结点数是 1 或者 0（为空时），而求左、右子树结点数和求整棵二叉树结点数的方法相同，可用递归方法实现如下：

```
int count(struct btlnode *p)
{
    int lcount,rcount;
    if(p==NULL)
        return 0;
    lcount=count(p->lchild);
    rcount=count(p->rchild);
    return lcount+rcount+1;
}
```

五、树和森林

1. 树的存储表示

对于一般的多叉树，由于每个结点的分支数可能不等，其存储表示要复杂一些。树有多种存储表示，下面介绍常用的三种。

（1）双亲表示法

树的双亲表示法是用一组连续的存储单元存放树中的结点，每个结点有两个域：一个是 data 域，用来存放数据元素；另一个是 parent 域，用来存放指示其双亲结点位置的指针，结点结构如图 9-15a 所示。设一棵如图 9-15b 所示的树，它的双亲表示法如图 9-15c 所示。

从图 9-15c 可以看出，A 结点无双亲，parent 域存放-1 表示；B、C 和 D 的双亲就是位置为 0 的结点即 A，E 和 F 的双亲就是位置为 2 的结点即 C。一般来说，树中结点的存放顺序不做特殊要求，有时为了操作实现方便，也会规定结点的存放顺序，如按照树的某种遍历序列存放。

data	parent

a)

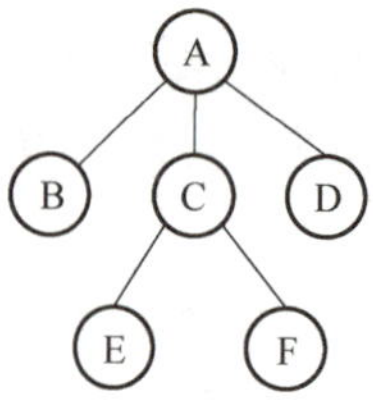

b)

	data	parent
0	A	−1
1	B	0
2	C	0
3	D	0
4	E	2
5	F	2

c)

图 9-15　树的双亲表示法

双亲表示法利用了每个结点（除根以外）只有唯一双亲的性质，求双亲操作很方便。但如果树中结点的存放顺序不做要求，求结点的孩子时可能需要遍历所有结点。此外，这种存储方式不能反映各兄弟结点之间的关系，所以求兄弟结点操作也比较困难。

（2）孩子表示法

树的孩子表示法是把树中每个结点的孩子排列起来，以单链表做其存储结构，树中有 n 个结点则对应 n 个孩子链表，叶子结点没有孩子结点则此单链表为空，再将这 n 个孩子链表的头指针和相应的结点数据作为一个结构组成一个线性表，采用顺序存储结构，存放在一个一维数组中，图 9-15b 所示树的孩子表示法可用图 9-16 表示。

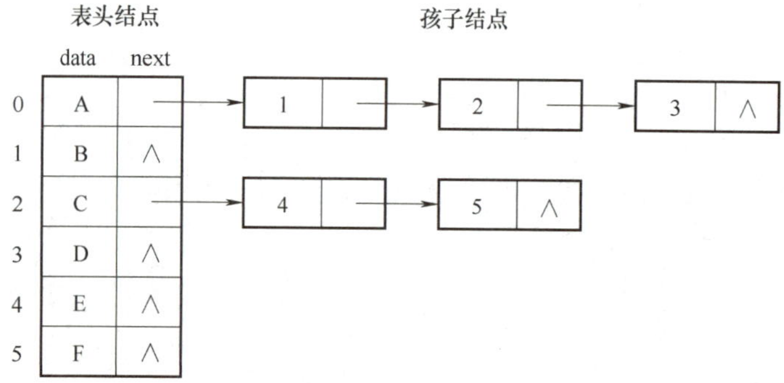

图 9-16　树的孩子表示法

孩子表示法的特点是沿着链可以很快找到各个结点的孩子，但查找双亲结点不方便。为此，可以将双亲表示法与孩子表示法结合起来使用。

（3）孩子兄弟表示法

孩子兄弟表示法是以二叉链表作为树的存储结构，是一种二叉树表示法。它的每个结点的度为 2，是最节省存储空间的树的存储表示。如图 9-17 所示，该表示法的每个结点由三个域组成，两个指针域分别指向该结点的第一个（最左）孩子和下一个兄弟，一个 data 数据域存放数据元素。

指向第一个孩子的指针	data	指向下一个兄弟的指针

图 9-17　孩子兄弟表示法中结点结构示意

图 9-15b 所示树的孩子兄弟表示法可用图 9-18 表示。

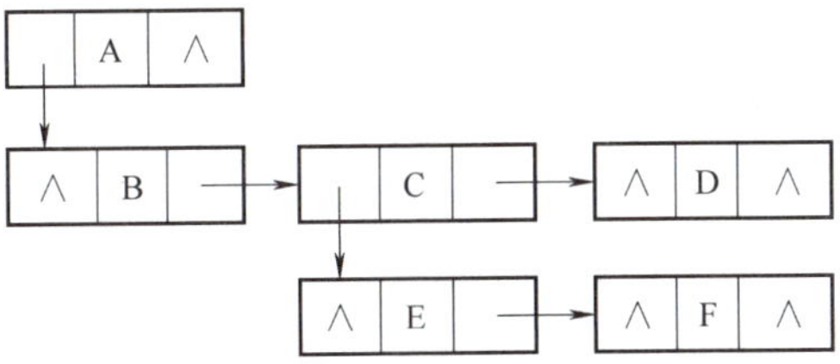

图 9-18　树的孩子兄弟表示法

这种存储表示方法的特点是既可以通过指针链找到各结点的孩子，也可以找到孩子的兄弟，便于实现树的各种操作。

2. 树与二叉树

从树的孩子兄弟表示法可以看出，若设定一个规则，就可以用二叉链表结构表示树。

（1）树转换为二叉树

为避免混淆，规定树中每个结点的孩子结点按从左到右的次序编号。将一棵树转换成二叉树的方法是：

1）加线。在兄弟之间加一连线。

2）抹线。对每个结点，除了其左孩子外，去除其与其余孩子之间的关系。

3）旋转。以树根为轴心，把孩子兄弟表示顺时针旋转 45°。

图 9-19 是由 9-15b 所示的树转换的二叉树。注意：**由树转换的二叉树其根结点没有右子树**。

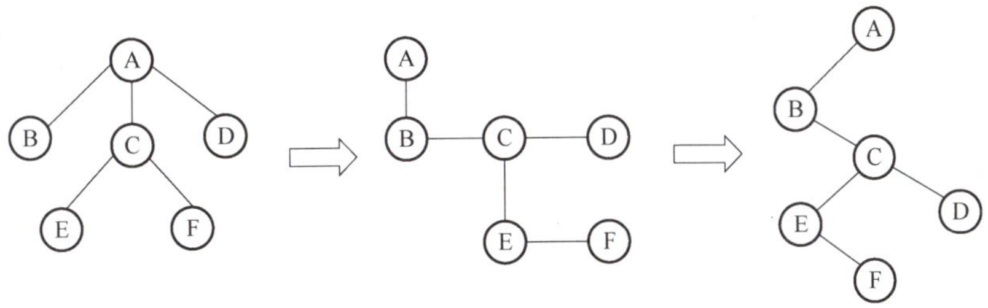

图 9-19　树转换为二叉树

树的遍历方法有两种，即深度优先遍历和广度优先遍历。树的深度优先遍历通常有两种遍历次序：先根（先序）遍历和后根（后序）遍历，和二叉树的遍历类似。图 9-19 中，树的先根遍历结果和对应二叉树的先序遍历结果一样，均为 ABCEFD；树的后根遍历结果和对应二叉树的中序遍历结果一样，均为 BEFCDA。树的广度优先遍历，即前面所说的层序遍历，是分层访问树中各结点的，图 9-15b 所示树的广度优先遍历结果为 ABCDEF。

（2）二叉树转换为树

将一棵二叉树转换为树，就是将树转换为二叉树的逆过程，方法如下：

1）加线。若 p 结点是双亲结点的左孩子，则将 p 的右孩子，右孩子的右孩子，…，沿分支找到的所有右孩子，都与 p 的双亲用线连起来。

2）抹线。抹掉原二叉树中双亲与右孩子之间的连线。

3）调整。将结点按层次排列，形成树结构。

一棵没有右子树的二叉树经过这种方法转换后，对应的树也是唯一的。

3. 森林

森林是 $n(n\geqslant 0)$ 棵互不相交的树的集合。在日常生产活动中，涉及的层状数据可归为森林。例如，一个学校由若干个学院组成，每个学院可看作一棵树，一个学校就是一个森林；一个工厂有好多产品，每种产品可看成一棵树（一个产品又由好多组件构成，而一个组件又由若干个零件组成），这样一个工厂的生产相当于一个森林。由此看来，研究森林是实际应用的需求。森林是树的集合，所以森林可以按树存储，可采用二叉链表的形式。

4. 森林与二叉树

由森林的概念可知，森林由若干树组成，树可以转换为二叉树，那么森林也可以转换为二叉树。将森林转换为二叉树的步骤如下：

1）将森林中每棵树转换成相应的二叉树。

2）依次把后一个二叉树连在前一棵二叉树根的右子树上。

森林转换为二叉树的过程如图 9-20 所示。

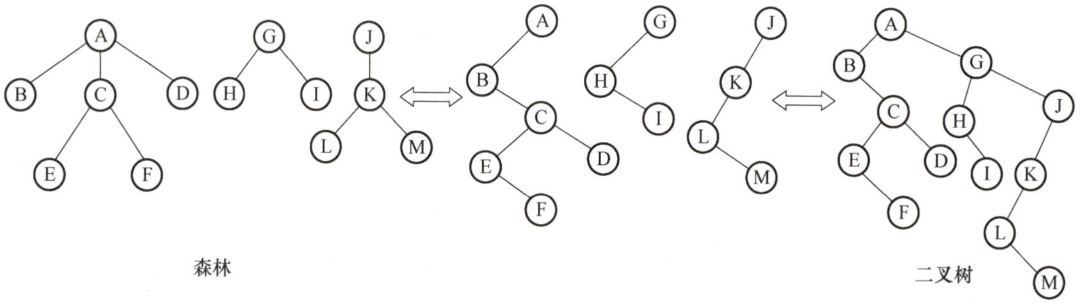

图 9-20 森林转换为二叉树的过程

森林和树一样有先根、后根和层序三种遍历，其中先根和后根遍历方法具体如下：

1）先写出每棵树的遍历结果。

2）从前向后依次连接各遍历结果。

同样可以得出，在图 9-20 中，左侧森林的先根遍历结果和转换后二叉树的先序遍历结果相同，均为 ABCEFDGHIJKLM；森林的后根遍历结果和转换后二叉树的中序遍历结果相同，均为 BEFCDAHIGLMKJ。

森林的层序遍历则要求从第一层起，自顶向下，同一层自左向右，依次访问每棵树的结点，不要求一棵一棵树地解决，图 9-20 中左侧森林的层序遍历结果序列为 AGJBCDHIKEFLM。

综上，孩子兄弟存储表示和二叉树的链表存储表示是完全一样的，而树、森林和它们对应的二叉树的遍历结果又有上述关系。因此，可以充分利用二叉树的有关操作来实现对树和森林的各种操作。

第二节　哈夫曼树

树有着广泛的应用，本节以哈夫曼树（Huffman）为例介绍树的应用。

一、哈夫曼树的概念

哈夫曼树是带权路径长度最小的二叉树，也称为最优二叉树。

首先给出路径和路径长度的概念。从树中一个结点到另一个结点之间的分支构成这两个结点之间的**路径**。路径上的分支条数称为**路径长度**。**树的路径长度**是从树的根结点到每一结点的路径长度之和。

若将树中结点赋予一个具有某种含义的数值，则这个数值称为该结点的权。**结点的带权路径长度**是从根结点到该结点之间的路径长度与该结点的权的乘积。

树的带权路径长度（Weighted Path Length of tree，WPL）为树中所有叶子结点的带权路径长度之和，即

$$WPL = \sum_{i=1}^{n} w_i l_i \tag{9-1}$$

式中，w_i为第 i 个叶子结点的权值；l_i是第 i 个叶子结点的路径长度；n 为叶子结点个数。

图 9-21 所示是四棵二叉树，给定叶子的权值分别为 9、5、2、4。它们的带权路径长度分别为

a）$WPL=2\times1+4\times2+(5+9)\times3=52$；

b）$WPL=2\times1+9\times2+(4+5)\times3=47$；

c）$WPL=9\times1+2\times2+(4+5)\times3=40$；

d）$WPL=4\times1+5\times2+(2+9)\times3=47$。

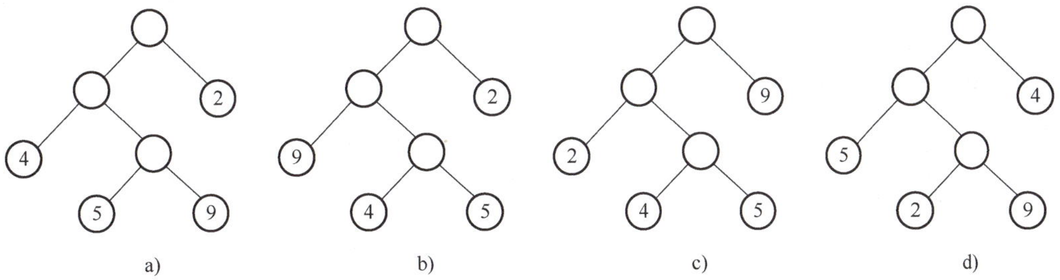

图 9-21　带权的二叉树

可见权值位置不同，*WPL* 就可能不同，如何求得最小的 *WPL* 呢？这就是求哈夫曼树问题。

二、哈夫曼树的构造

由哈夫曼树和带权路径长度的定义可知，一棵二叉树要使其 *WPL* 值最小，必须使权值越大的叶结点越靠近根结点，而权值越小的叶结点越远离根结点。为了构造权值集合为 $\{w_1, w_2, \cdots, w_n\}$ 的哈夫曼树，哈夫曼提出了一个构造算法，其基本思路如下：

1）由给定的 n 个权值 $\{w_1, w_2, \cdots, w_n\}$ 构造 n 棵只有一个叶结点的二叉树，从而得到一个二叉树的集合 $F=\{T_1, T_2, \cdots, T_n\}$。

2）在 F 中选取根结点权值最小和次小的两棵二叉树作为左、右子树构造一棵新的二叉树，这棵新的二叉树根结点的权值为其左、右子树根结点权值之和。

3）在集合 F 中删除 2）中作为左、右子树的两棵二叉树，并将新构造的二叉树加入到集合 F 中。

4）重复 2）3），当 F 中只剩下一棵二叉树时，这棵二叉树就是所要建立的哈夫曼树。

例 9-8 求图 9-22 给出的四个权值 9、5、2、4 的哈夫曼树及带权路径长度 *WPL*。

哈夫曼树构造过程如图 9-22 所示。首先，根据四个权值，构造四棵只有一个叶结点的二叉树，如图 9-22a 所示；然后，每次选择两个根结点权值最小和次小的两棵二叉树作为左、右子树构造一棵新的二叉树，根结点为 6，加入 F 中，删除 {2} 和 {4}，如图 9-22b 所示；重复这一过程，如图 9-22c、d 所示，最后得到一棵二叉树，即为构造的哈夫曼树。

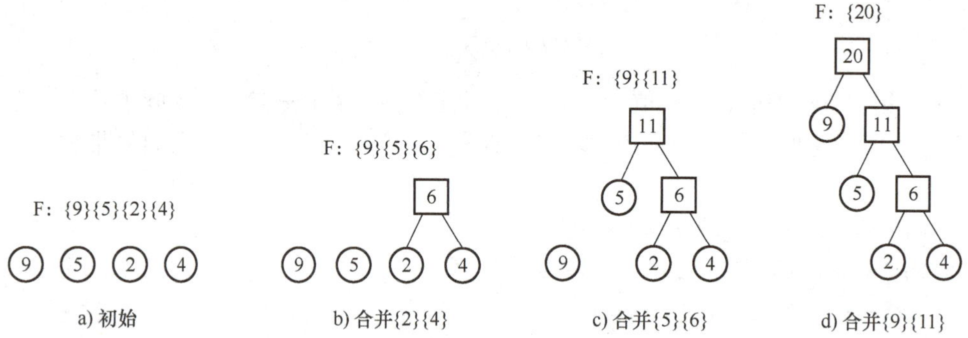

图 9-22 哈夫曼树构造过程

此时，$WPL=9\times1+5\times2+(2+4)\times3=37$。

在构造过程中，为区分权值结点和生成结点，将生成结点用方框括起来，圆圈表示权值结点。

三、哈夫曼树的性质

由以上哈夫曼树的生成过程可看出哈夫曼树具有如下性质：

1）在构造过程中，并不要求子树的顺序，因此，使用同一组权值构造的哈夫曼树并不是唯一的，但 *WPL* 是相同的。

2）权值越大的结点离根结点越近。

3）哈夫曼树中没有度为 1 的结点，即 $n_1=0$。

4）哈夫曼树结点总数 $n=2\times$叶子结点个数$-1=2\times$权值个数$-1=2n_0-1$。

证明：因为

$$n=n_0+n_1+n_2$$

$$n_2=n_0-1 \text{（二叉树性质）}$$

$$n_1=0 \text{（哈夫曼树性质 3）}$$

所以 $n=2n_0-1$。

四、哈夫曼树的应用

例 9-9　某工厂对其产品质量进行自动检测，并根据检测结果划分产品的质量等级。等级标准见表 9-2。试设计一个分类算法，根据产品的检测结果 d 值能快速确定其质量等级。

表 9-2　等级标准

等级	E	D	C	B	A
检测值 d	$d<5$	$5\leqslant d<6$	$6\leqslant d<7$	$7\leqslant d<8$	$8\leqslant d$
百分比	0. 1	0. 2	0. 35	0. 25	0. 1

这是一个产品分类问题。当产品的件数很多时，不同的分类方法其时间性能存在一定差异。因此，可以利用最优二叉树的思想，以产品检测结果各等级出现的百分比为权值，构造一棵哈夫曼树来设计分类算法，如图 9-23 所示，内部结点是判定过程，叶结点是判定结果。

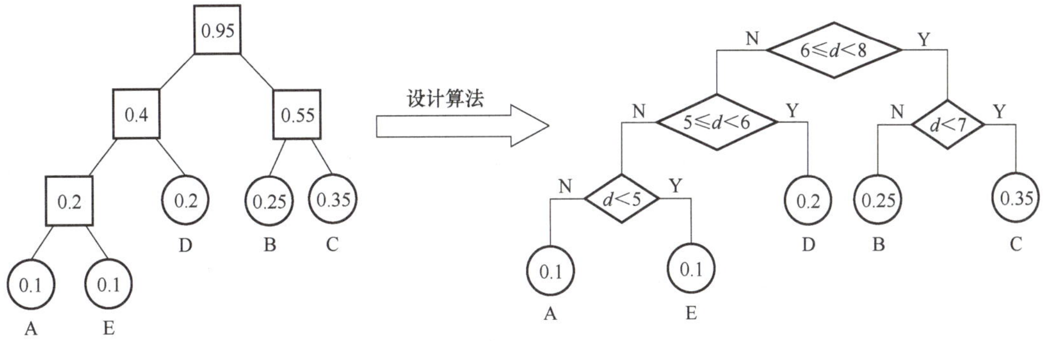

图 9-23　形成分类算法过程示意

分类算法描述如下：

```
char classify(float d)
{
    if(d >=6 && d<8)
        if(d<7)
            return('C');
        else
            return('B');
    else if(d >=5 && d<6)
            return('D');
        else if(d<5)
                return('E');
```

```
            else
                return('A');
    }
```

例 9-10 已知一串电文内容如下：AACBDADACBAADCADCADA，试为电文中各字符设计最优的二进制电文编码，即哈夫曼编码。

在通信业务中，用 0 和 1 组成的二进制编码串表示电文中的一个字符，二进制串的长短直接影响电文传输速度和对方译码速度。最小长度的二进制串电文编码称为哈夫曼编码。

求哈夫曼编码的方法是：

1）以电文中各字符出现的次数为权值，构造哈夫曼树，该树的叶子结点表示电文中的一个字符。上述电文中 A、B、C、D 四个字符出现的次数依次为 9、2、4、5，所构造的哈夫曼树如图 9-24a 所示。

2）将哈夫曼树左子树边上置 0，右子树边上置 1，电文中各字符的哈夫曼编码为从根到叶子（字符）结点路径上的二进制序列。带有哈夫曼编码的二叉树称为哈夫曼编码树，也称为哈夫曼编码译码树，如图 9-24b 所示。可以看出，上述四个字符的哈夫曼编码为：

A——1、B——010、C——011、D——00。

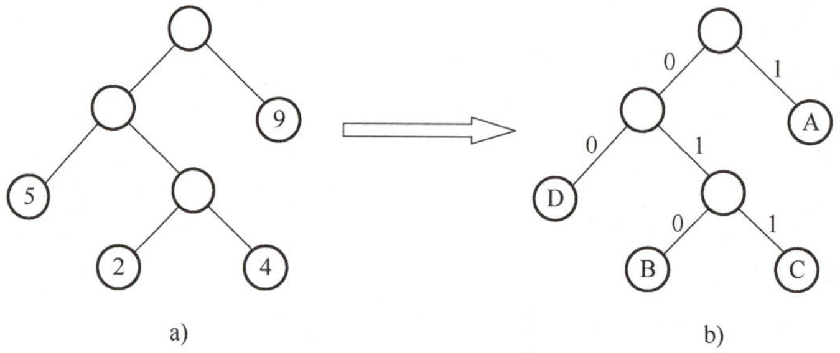

图 9-24 哈夫曼编码树生成示意

用哈夫曼编码组成的电文译码过程是：从前向后逐个扫描每一个二进制电文编码，每译一个字符均从编码树根开始，遇编码 0 向左子树往下走，遇 1 向右子树往下走，遇到叶子结点，则译出一个字符，然后再从树根开始译下一个字符，直至整个电文翻译完毕。

第三节 图

一、图的概念

图是一种比线性表和树更为复杂的非线性数据结构。在图结构中，元素之间是多对多的关系，即一个数据元素对应多个直接前驱元素和多个直接后继元素。图广泛应用在工程、数学、物理、化学和计算机科学等领域。下面介绍图的一些基本概念。

1. 图

图 G 由 V 和 E 两个集合组成，记作 $G=(V,E)$，其中 V 是顶点的有穷非空集合，E 是边

（也称为弧）的有穷集合。

图分为无向图和有向图两种。无向图中顶点之间的边没有方向，无向边用圆括号“( )”表示，即 (v_i, v_j) 等同于 (v_j, v_i)。例如，图 9-25a 所示为无向图，记作 $G_1=(V,E)$，其顶点集合 $V=\{v_1,v_2,v_3,v_4,v_5\}$，边的集合 $E=\{(v_1,v_2),(v_1,v_4),(v_2,v_3),(v_3,v_4),(v_2,v_5),(v_3,v_5)\}$。

有向图中顶点之间的所有边都有方向，有向边用尖括号“<>”表示，即 $<v_i, v_j>$ 不同于 $<v_j, v_i>$。有向边 $<v_i, v_j>$ 中的 v_i 称为起点，v_j 称为终点。例如，图 9-25b 所示为有向图，记作 $G_2=(V,E)$，其顶点集合 $V=\{v_1,v_2,v_3,v_4,v_5\}$，边的集合 $E=\{<v_1,v_2>,<v_2,v_3>,<v_4,v_1>,<v_4,v_3>,<v_2,v_5>,<v_3,v_5>\}$。

a) 无向图 G_1　　b) 有向图 G_2

图 9-25　无向图和有向图示例

2. 完全无向图

从任一顶点到其余各顶点都有边存在的无向图称为完全无向图，图 9-26a 就是一个完全无向图。对具有 n 个顶点、e 条边的完全无向图来讲，$e=\frac{1}{2}n(n-1)$，可以说完全无向图是边数最多的无向图。

3. 完全有向图

从任一顶点到其余各顶点都有边存在的有向图称为完全有向图，图 9-26b 就是一个完全有向图。对具有 n 个顶点、e 条边的完全有向图来讲，$e=n(n-1)$。

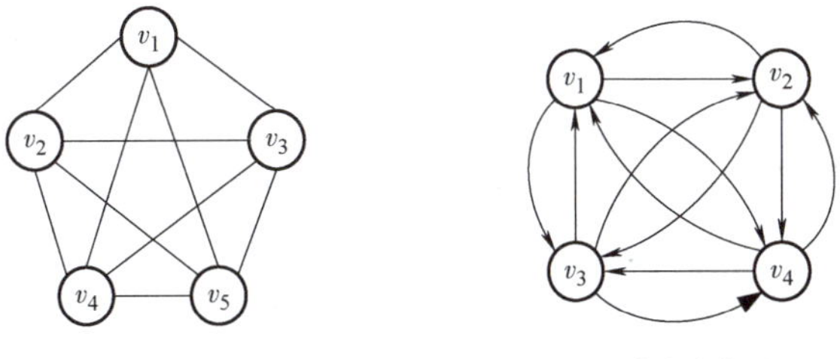

a) 完全无向图　　b) 完全有向图

图 9-26　完全无向图和完全有向图示例

4. 邻接点

如果 (v_i, v_j) 是无向图中任意一条边，则称顶点 v_i 和 v_j 互为邻接点。如果 $<v_i, v_j>$ 是有向图中任意一条边，那么称起点 v_i 邻接到终点 v_j，也称终点 v_j 邻接自起点 v_i，例如，图 9-25b 有向图中顶点 v_1 邻接到顶点 v_2。

5. 顶点的度

对无向图来讲，顶点的度是与该顶点邻接的边的数目。对有向图来讲，顶点 v 的度是 v

的入度和出度之和。顶点 v 的入度是指以顶点 v 为终点，即进入 v 点的边的数目；顶点 v 的出度是指以顶点 v 为起点，即离开 v 点的边的数目。

例如，图 9-25a 无向图中各顶点的度为：v_1度=2，v_2度=3，v_3度=3，v_4度=2，v_5度=2。图 9-25b 有向图中各顶点的度为：v_1度=v_1入+v_1出=1+1=2，v_2度=v_2入+v_2出=1+2=3，v_3度=v_3入+v_3出=2+1=3，v_4度=v_4入+v_4出=0+2=2，v_5度=v_5入+v_5出=2+0=2。无论是有向图还是无向图，边数均是所有顶点的度之和的一半，即

$$e=\frac{1}{2}\sum_{i=1}^{n} v_i \text{ 度} \tag{9-2}$$

6. 路径和简单路径

对无向图来说，从 v_i到 v_j的顶点序列称为路径，序列中任何相邻的两顶点都能在图中找到对应的边。例如，图 9-25a 中，$v_1 \to v_4 \to v_3 \to v_5$是一条路径。

如果是有向图，则路径也是有向的，从 v_i点到 v_j点的有向边顶点序列称为路径。例如，图 9-25b 中，$v_1 \to v_2 \to v_3 \to v_5$是一条路径。

一条路径的长度是这条路径上边的数目。**简单路径是没有重复顶点的路径。**

7. 回路（环）

从某顶点出发又回到该顶点的路径称为回路或环。图 9-25a 中，$v_1 \to v_2 \to v_3 \to v_5 \to v_2 \to v_1$是回路；$v_2 \to v_5 \to v_3 \to v_2$也是**回路**。只有起点、终点重复的回路称为简单回路，例如，图 9-25a 中 $v_2 \to v_5 \to v_3 \to v_2$是**简单回路，也称为简单环**。

二、图的存储结构

图的结构比较复杂，任意两个顶点之间都可能存在联系，因此无法用数据元素的物理位置来直接表示元素之间的关系。下面介绍常用的两种存储方法：邻接矩阵和邻接表。

1. 邻接矩阵

邻接矩阵是图的一种顺序存储结构，是用矩阵表示图中各顶点之间的邻接关系和权值。假设图 $G=(V,E)$ 有 n 个确定的顶点，则表示 G 中各顶点邻接关系为一个 $n\times n$ 阶矩阵 $\boldsymbol{A}$，它的每一行或每一列都对应图中的一个顶点，如第 i 行就对应第 i 个顶点，第 j 列就对应第 j 个顶点，元素 $\boldsymbol{A}_{ij}$的值为

$$\boldsymbol{A}_{ij}=\begin{cases}1, v_i \text{到 } v_j \text{有边} \\ 0, v_i \text{到 } v_j \text{无边}\end{cases}$$

若图中边上有权值，则矩阵中的 1 用相应权值代替，因为 0 可能被误认为是权值，所以有时用∞表示无边。∞表示一个计算机允许的、大于所有边上权值的数。

例 9-11　写出图 9-25 所示的无向图 G_1 和有向图 G_2 的邻接矩阵。

无向图 G_1 和有向图 G_2 均有五个顶点，因此可分别用 5×5 的矩阵 $\boldsymbol{A}_1$ 和 $\boldsymbol{A}_2$ 表示，如图 9-27 所示。

从图的邻接矩阵存储方法容易看出：

1）无向图的邻接矩阵一定是一个对称阵。

2）对于无向图，邻接矩阵各行的非零元素的个数为该行对应顶点的度，各列的非零元素的个数为该列对应顶点的度。

3）对有向图，邻接矩阵中各行的非零元素的个数为该行对应顶点的出度，各列的非零

	①	②	③	④	⑤
①	0	1	0	1	0
②	1	0	1	0	1
③	0	1	0	1	1
④	1	0	1	0	0
⑤	0	1	1	0	0

$\boldsymbol{A}_1$矩阵

	①	②	③	④	⑤
①	0	1	0	0	0
②	0	0	1	0	1
③	0	0	0	0	1
④	1	0	1	0	0
⑤	0	0	0	0	0

$\boldsymbol{A}_2$矩阵

图 9-27　图的邻接矩阵

元素的个数为该列对应顶点的入度。

4）用邻接矩阵方法存储图，很容易确定图中任意两个顶点之间是否有边相邻，只需考察邻接矩阵对应的元素即可；确定一个顶点的所有邻接点，也只需要邻接矩阵对应的一行（或一列）；但是，要确定图中有多少边，则必须按行（或按列）对每个元素进行检测。

2. 邻接表

邻接表是图的一种顺序与链式存储结合的存储结构。在邻接表中，对图中每个顶点建立一个单链表，每个单链表又由表头结点和表结点两部分构成。表头结点是对应图中的一个顶点；表结点则存放表头结点的所有邻接点。在具有 n 个顶点、e 条边的无向图的邻接表中，有 $2e$ 个表结点，$n+2e$ 个结点（表头结点和表结点之和）。在具有 n 个顶点、e 条边的有向图的邻接表中，有 e 个表结点，$n+e$ 个结点。

例 9-12　试用邻接表表示图 9-25 中的 G_1 图和 G_2 图。

G_1 和 G_2 均由 5 个顶点，即 5 个单链表组成，其邻接表分别如图 9-28a、b 所示。

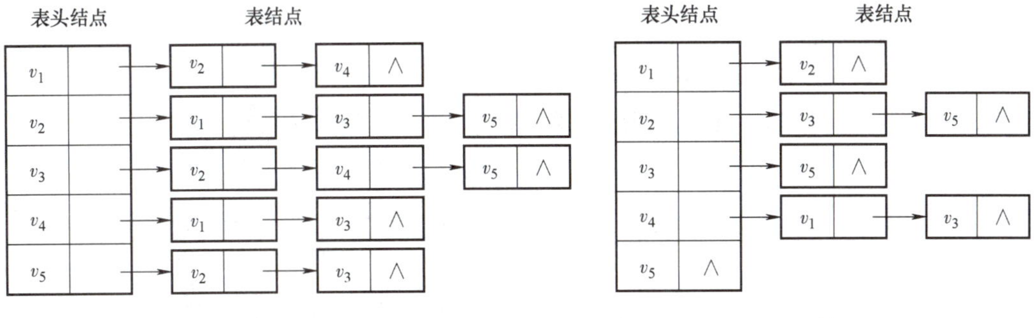

a)　　b)

图 9-28　图的邻接表

表结点中各结点的链接顺序可以任意，因此，一个图的邻接表是不唯一的。无向图的邻接表中，各单链表中表结点的个数为对应表头结点的度；有向图表结点的个数为对应表头结点的出度，入度可通过遍历所有单链表求得，此处不赘述。

在图的运算中，若要判定 v_i和 v_j两个顶点间是否有边，则用邻接矩阵存储容易实现（判断 $\boldsymbol{A}[i][j]$ 是否等于 0 即可），而用邻接表存储时要扫描第 i 个链表，效率较低；若要计算图中边的数目，则用邻接表存储易于实现（只要计算各个单链表中表结点的个数即可），若用邻接矩阵存储则必须检查整个矩阵，效率低；若要加入、删除图中的顶点或边，则用邻接表存储很方便，而用邻接矩阵十分麻烦。

三、图的遍历

图的遍历是希望从图中某一顶点出发访遍图中其余顶点，且使每一个顶点仅被访问一次。对图进行各种操作必先找到各个顶点，所以图的遍历是图操作的基础。本节简要介绍图的两种基本遍历方法：深度优先遍历和广度优先遍历，它们对无向图和有向图均适用。

1. 深度优先遍历

深度优先遍历类似于树的先根遍历。假定从 A 顶点出发，先访问 A 点，再访问 A 的第 1 个尚未访问的邻接点 B；再访问 B 的第 1 个尚未访问的邻接点 C；再访问 C 的第 1 个尚未访问的邻接点 D；…；到头后沿原路返回，再访问返回路径上其他顶点的第 1 个尚未访问的邻接点，直至所有顶点访问完毕。

例 9-13　以图 9-29a 的无向图为例，进行图的深度优先遍历。

假设图采用邻接矩阵存储，从最小序号顶点开始遍历，即图 9-29a 从 v_0开始访问。在遍历过程中当邻接点有多个时，总是先访问尚未访问的小标号顶点。图中 v_1有两个尚未访问的邻接点 v_2和 v_4，先访问 v_2；v_6有两个尚未访问的邻接点 v_3和 v_7，先访问 v_3。图 9-29b 中各顶点圆圈外面的数字为顶点访问的顺序，虚线为到头后返回的路线，边（弧）上圆圈内的数字为遍历的整个路线顺序（含返回顺序）。

图 9-29a 邻接矩阵存储结构下的深度优先遍历过程如下：

1）访问：$v_0 \to v_1 \to v_2 \to v_5$到头。

2）返回：$v_5 \to v_2 \to v_1$。

3）访问：$v_4 \to v_6 \to v_3$到头。

4）返回：$v_3 \to v_6$。

5）访问：v_7到头。

6）返回：$v_7 \to v_6 \to v_4 \to v_1 \to v_0$结束。

显然，这是一个递归的过程，遍历结果为：v_0、v_1、v_2、v_5、v_4、v_6、v_3、v_7。

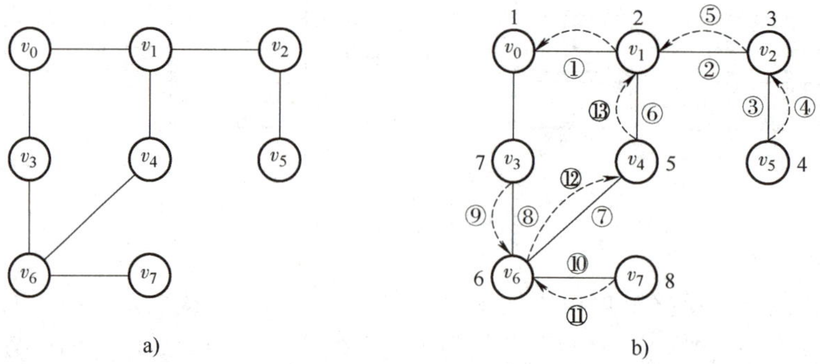

图 9-29　深度优先遍历路线顺序示例

2. 广度优先遍历

图的广度优先遍历类似于树的层序遍历。假设从图中某顶点 A 出发，在访问了 A 之后依次访问 A 的所有尚未访问过的邻接点，然后分别从这些邻接点出发依次访问它们的邻接点，先被访问的顶点其邻接点也先被访问，直至图中所有顶点都被访问到为止。一个图的广度优先遍历结果不是唯一的，它与算法、图的存储结构和初始访问结点有关。

图 9-29a 所示无向图在邻接矩阵存储结构下的广度优先遍历的过程，如图 9-30 所示，从 v_0开始，先访问 v_0，再访问 v_0所有尚未访问的邻接点，由小标号到大标号，结果为 v_0、v_1、v_3；从 v_1开始顺次找各个顶点尚未访问的所有邻接点，依此类推，最终遍历结果为 v_0、v_1、v_3、v_2、v_4、v_6、v_5、v_7。

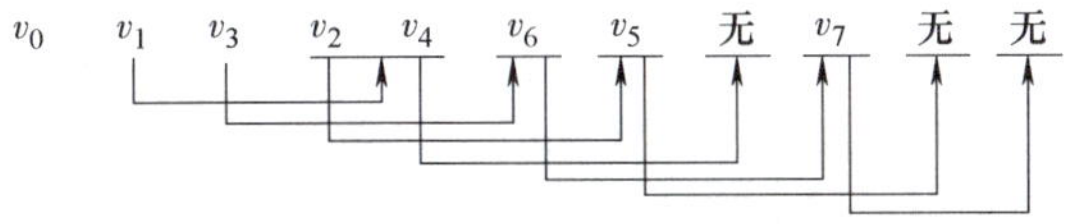

图 9-30 广度优先遍历过程示意

第四节 最小生成树和拓扑排序

本节介绍无向图的典型应用生成树和最小生成树，以及有向图的典型应用拓扑排序。

一、生成树和最小生成树

1. 图的连通分量

对于图 $G=(V,E)$ 和 $G'=(V',E')$，若满足 V'是 V 的子集，并且 E'是 E 的子集，则称图 G'是 G 的一个子图。如图 9-31a 所示的图 G 的若干个子图如图 9-31b 所示。

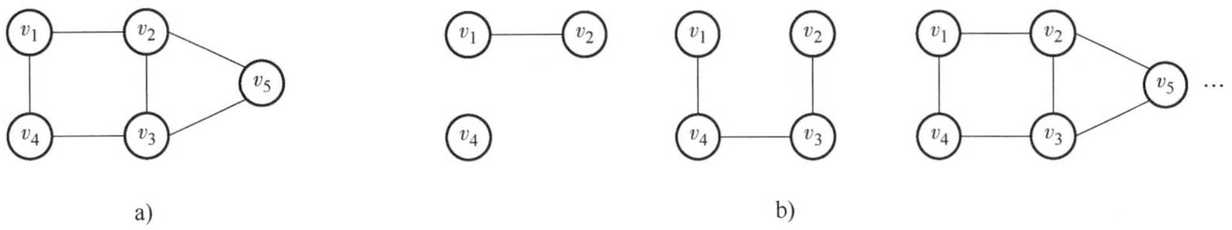

图 9-31 图及其子图示例

在无向图中，如果从一个顶点到另一个不同的顶点有路径，则称两顶点是连通的。如果图中任意两顶点都是连通的，则称该图是连通图，否则该图是非连通图。例如，图 9-32a、b 所示图分别是连通图，而把图 9-32a、b 所示图作为一个整体看成一个图则是一个非连通图。

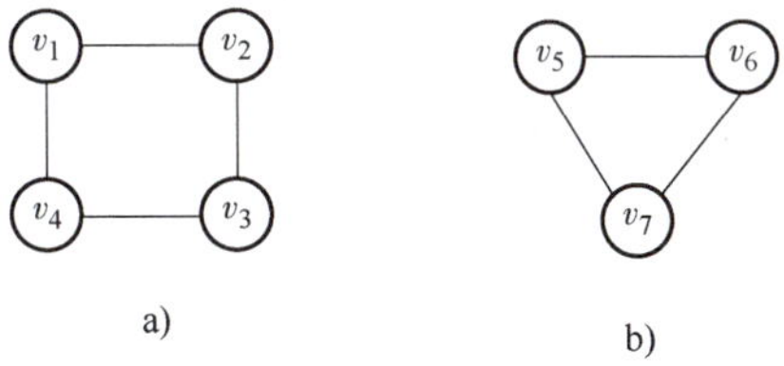

图 9-32 连通图和非连通图示例

无向图的极大连通子图称为**连通分量**。连通分量的概念包含以下要点：

1）子图。连通分量应该是原图的子图。

2）连通。连通分量本身应该是连通的。

3）极大顶点数。连通子图包含有极大顶点数，即再加入其他顶点将会导致子图不连通。

4）极大边数。具有极大顶点数的连通子图包含依附于这些顶点的所有边。

因此，连通的无向图只有一个连通分量，这个连通分量就是图本身。例如，图 9-32a 所示图的连通分量就是其本身。不连通的无向图有多于一个的连通分量。

2. 生成树

连通图 G 的生成树，是 G 的包含其全部 n 个顶点的一个极小连通子图，它必定包含且仅包含 G 的 $n-1$ 条边。图 9-33a 所示的连通图有 5 个顶点，任何包含这 5 个顶点的有 4 条边的连通子图都是它的生成树，如图 9-33b 所示。有 n 个顶点的图，如果边的数量小于 $n-1$，那么它必定是不连通的，所以 $n-1$ 是连通图所需的“极小”边的数量，而多于 $n-1$ 条边的图必将产生回路。

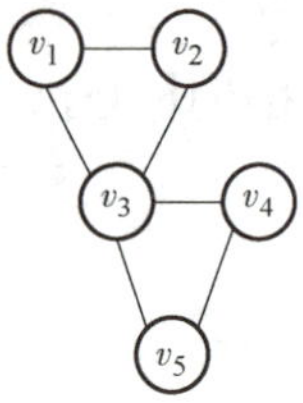

a)

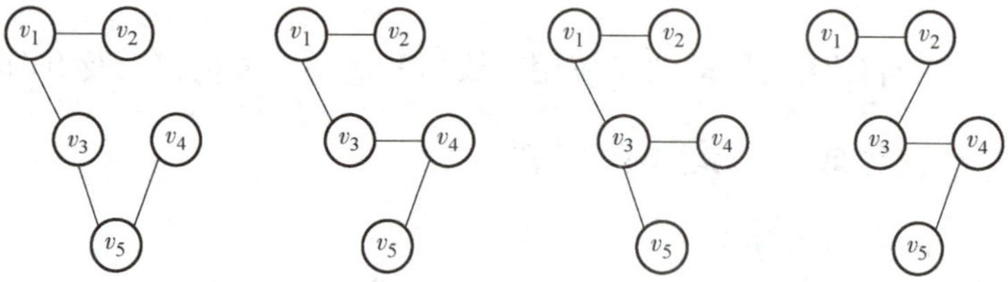

b)

图 9-33 连通图及其生成树

连通图的生成树是不唯一的，它取决于遍历方法和遍历的起始顶点。对连通图的不同遍历，就可能得到不同的生成树。

3. 最小生成树

如果无向连通图的边上带有权值，那么它的生成树中必有一棵边的权值总和最小的生成树，称这棵生成树为最小生成树。当然，对任意一个带权的连通图来说，最小生成树也未必是唯一的。

最小生成树在很多领域都有广泛的应用。例如，在电信网络中，最小生成树可以用于确定通信网络中基站之间的连接方式，以实现高效的通信覆盖和信号传输；在铁路规划中，应用最小生成树算法，可以找到连接各个城市或站点的最短路径，从而优化铁路线路规划；在电力系统中，最小生成树可以用来确定电力传输网中的最佳供电路径，以确保电力传输的高效性和可靠性。

4. Kruskal 算法

构造最小生成树的两种常用算法是 Kruskal（克鲁斯卡尔）算法和 Prim（普里姆）算法，下面选取 Kruskal 算法进行介绍。

Kruskal 算法是一种按照图中边的权值递增的顺序构造最小生成树的方法，其基本思路是对一个有 n 个顶点的连通图 $G=(V,E)$，令最小生成树的初值状态为只有 n 个顶点而无任何边的非连通图 T，此时图中每个顶点自成一个连通分量，按照权值递增的顺序依次选择 E

中的边，若该边依附于 T 中两个不同的连通分量，则将此边加入 T 中，否则舍去此边而选择下一条代价最小的边，直到 T 中所有顶点都在同一连通分量上为止，这时的 T 便是 G 的一棵最小生成树。

Kruskal 算法构造最小生成树的过程，如图 9-34 所示。

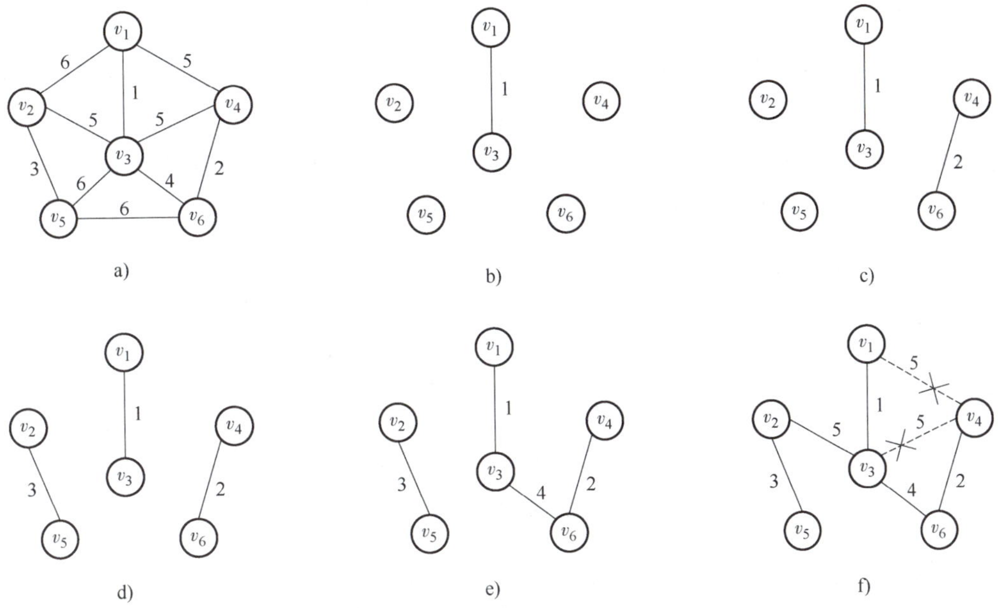

图 9-34　Kruskal 算法构造最小生成树的过程

如图 9-34f 所示，在考虑剩下的边中权重最小的边时，最小权重是 5 的边有三条：(v_2, v_3)、(v_3, v_4) 和 (v_1, v_4)。由于后两条边的加入都会产生回路，或者说没有依附于两个不同的连通分量，因此不会被选择。

Kruskal 算法上述过程还可以描述为：从 n 个集合（每个集合中有一个顶点）出发，不断找出图中权值最小的边，找到后把边的两个顶点集合合并到一个集合中，直至所有顶点集合合并到一个集合中，详见表 9-3。

表 9-3　Kruskal 算法构造最小生成树边和集合的变化过程

集合状态	选择权值最小的边（边的两顶点不能在同一集合）	边的两顶点集合合并
$\{v_1\}$ $\{v_2\}$ $\{v_3\}$ $\{v_4\}$ $\{v_5\}$ $\{v_6\}$	v_1 —1— v_3	$\{v_1, v_3\}$
$\{v_1, v_3\}$ $\{v_2\}$ $\{v_4\}$ $\{v_5\}$ $\{v_6\}$	v_4 —2— v_6	$\{v_4, v_6\}$
$\{v_1, v_3\}$ $\{v_2\}$ $\{v_4, v_6\}$ $\{v_5\}$	v_2 —3— v_5	$\{v_2, v_5\}$
$\{v_1, v_3\}$ $\{v_2, v_5\}$ $\{v_4, v_6\}$	v_3 —4— v_6	$\{v_1, v_3, v_4, v_6\}$

（续）

集合状态	选择权值最小的边（边的两顶点不能在同一集合）	边的两顶点集合合并
$\{v_1, v_3, v_4, v_6\}$ $\{v_2, v_5\}$	v_2 —5— v_3	$\{v_1, v_2, v_3, v_4, v_5, v_6\}$
$\{v_1, v_2, v_3, v_4, v_5, v_6\}$	所有顶点集合合并到同一集合，结束	

例 9-14　假设图 9-35a 是表示一个地区的位置示意图，顶点表示县，边上的权值表示各个县之间的里程。为了建立电话网，第一步必须使这 6 个县城连通。假设修光缆的单位造价相同，问如何修光缆才能使该地区的总造价最低，请画出所有方案。

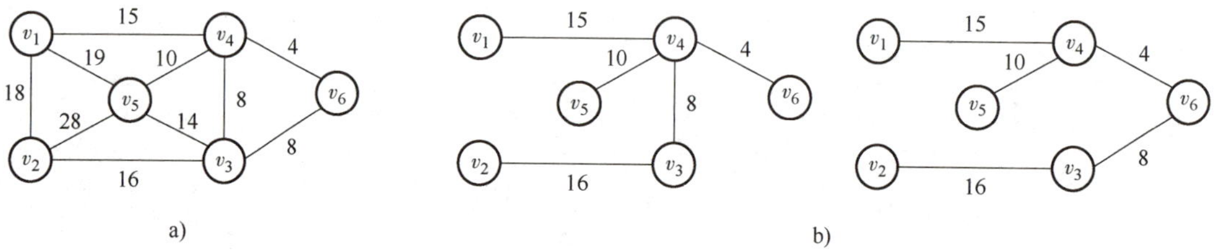

图 9-35　图的最小生成树

该问题求解实际上是求最小生成树问题。因为图中有两条相同权值为 8 的边，所以最多有两种方案，如图 9-35b 所示，其边上权值之和均为 53。在构造的过程中由小权值开始升序选择边，且不得有回路，所得最小生成树具有 n 个顶点、$n-1$ 条边。

二、拓扑排序

1. 概念

在实际应用中，很多问题都由一系列的有序活动构成，完成了这些序列活动，这个问题就可以完成。所有这些按照一定顺序展开的活动，可以使用有向图表示。在这种有向图中，用顶点表示活动，用有向边 $<v_i, v_j>$ 表示活动 v_i 必须先于活动 v_j 进行，称为顶点表示活动的网络，又称 AOV 网。在 AOV 网的边 $<v_i, v_j>$ 上可以加权值，该权值可以表示需要花费多少时间或费用完成前一项活动 v_i，才可以进行下一个活动 v_j。

如果限制各项活动只能串行进行时，可以将 AOV 网中的所有顶点排列成一个线性序列，并且这个序列同时满足如果在 AOV 网中从 v_i 顶点到 v_j 顶点存在一条路径，则在这个序列中 v_i 必在 v_j 之前，就称这个线性序列为拓扑序列。把对 AOV 网构造拓扑序列的操作称为拓扑排序。

2. 拓扑排序的方法

构造拓扑序列的方法很简单，过程如下：

1）在有向图中选择一个没有前驱（入度为 0）的顶点并输出。

2）从图中删除该顶点和所有从该点引出的边（弧）。

重复 1）、2）直至全部顶点均已输出，或者当前图中不存在无前驱的顶点为止，后一种情况说明有向图中存在环。

表 9-4 是某工厂机床检修工序示例。

表 9-4 某工厂机床检修工序

顺序号	工序代号	工序名称	紧前工序
1	A	拆卸	无
2	B	机件检查	A
3	C	电器检修	A
4	D	零件修理	B
5	E	零件加工	B
6	F	组装	C、D、E
7	G	试车	F

根据表 9-4 画出反映工序先后顺序关系的 AOV 网，如图 9-36 所示。在图 9-36 中的 AOV 网中，先输出入度为 0 的顶点 A，从图中删除有向边<A，B>和<A，C>，此时入度为 0 的顶点为 B 和 C，选择其一输出，依此类推，则拓扑序列可有多种：ABCDEFG、ACBDEFG、ABDECFG。因此，一个 AOV 网的拓扑序列未必是唯一的，这是因为可能同时存在若干个入度为 0 的顶点。

例 9-15 有六项任务，每项要求的前驱活动如下：

C_1：C_2，C_5，C_6（C_2，C_5，C_6完成后才能完成 C_1）；

C_2：C_3，C_6；

C_3：C_4；

C_4：无；

C_5：C_4，C_6；

C_6：C_3，C_4。

画出相应的 AOV 网络图，并给出一个拓扑序列。

该六项任务的 AOV 网如图 9-37 所示。

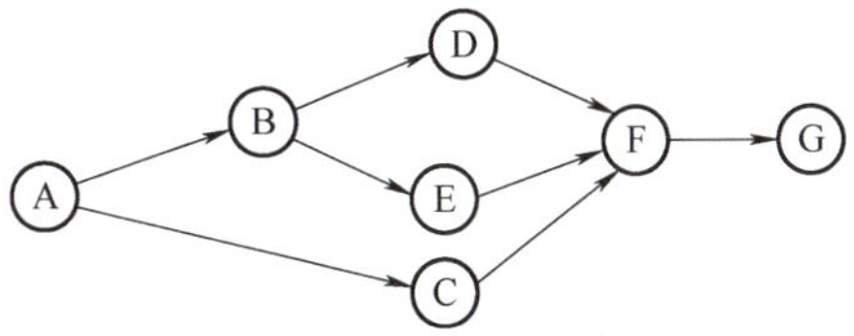

图 9-36 机床检修工序 AOV 网

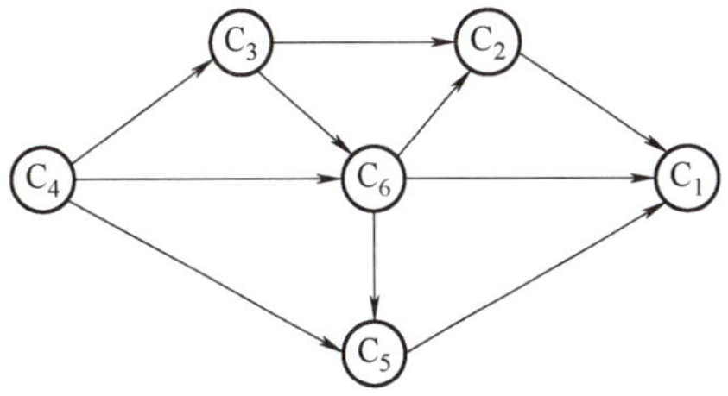

图 9-37 六项任务构造的 AOV 网

图 9-37 中 AOV 网的一个拓扑序列为 $C_4C_3C_6C_5C_2C_1$。

一个大的工程其 AOV 网是很复杂的，每一个拓扑序列是该工程顺利完成的可行方案，其所有可行方案可通过拓扑排序的程序求出，决策者可根据本单位的资源、设备、技术力量等情况选择合适的方案，所以 AOV 网的一个拓扑序列就可以看作是如何完成这个工程的一种方案。值得注意的是，只有那些不存在回路的 AOV 网才有拓扑序列。如图 9-38 所示 AOV 网无拓扑序列，因为⑤、②、③这 3 个顶点构成了环。因此，**拓扑排序是针对有向无环图的。**

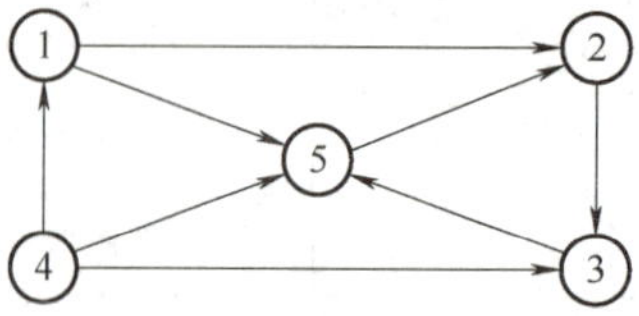

图 9-38 有回路的 AOV 网

本章小结

本章讨论了两种非线性数据结构：树和图，详细介绍了树和图的概念、二叉树和图的存储结构、遍历操作算法及其应用。

树是一种重要的非线性数据结构，树中各元素之间有明确的层次关系。二叉树是一种特殊的树。二叉树的存储结构有顺序和链式两种。采用顺序存储结构可能会浪费大量的空间，因此常常利用顺序存储结构存储满二叉树和完全二叉树，而一般二叉树大多采用链式存储结构。二叉树的遍历是一种常用的操作，分为先序、中序、后序和层序遍历。二叉树的遍历过程就是将二叉树这种非线性结构转换成线性结构。树和森林的存储有多种方法。树、森林和二叉树可以相互转换，实际应用中，可以将它们转换为二叉树的相关问题加以实现。哈夫曼树是 n 个带权叶子结点构成的带权路径长度最短的二叉树。考生需要掌握哈夫曼树的建立方法及哈夫曼编码生成算法。

图的存储结构介绍了常用的两种，分别是邻接矩阵和邻接表。图的遍历方法分为深度优先遍历和广度优先遍历。图的深度优先遍历类似于树的先根遍历，图的广度优先遍历类似于树的层序遍历。构造最小生成树时重点介绍了 Kruskal 算法。最短路径、拓扑序列与实际关系密切，需要考生认真领会。

树和图是数据结构中的难点，考生需先掌握树和图中的一些概念和性质，然后理解本章介绍的各种算法思想，逐步领会树和图这两种复杂的数据结构。

习 题

一、单项选择题

1. 具有 3 个结点的二叉树所能呈现的二叉树形态有（　　）。

A. 三种　　B. 四种　　C. 五种　　D. 六种

2. 已知某二叉树的后序遍历序列是 dabec，中序遍历序列是 debac，则它的先序遍历序列是（　　）。

A. acbed　　B. decab　　C. deabc　　D. cedba

3. 设森林 T 中有 4 棵树，每棵树的结点个数分别是 n_1、n_2、n_3、n_4，那么当把森林 T 转换成二叉树后，则其根的右子树上结点的个数为（　　）。

A. n_1-1　　B. n_1　　C. $n_1+n_2+n_3$　　D. $n_2+n_3+n_4$

4. 在一个具有 n 个顶点的有向完全图中，所含的边数为（　　）。

A. n　　B. $n(n-1)$　　C. $n(n-1)/2$　　D. $n(n+1)/2$

5. 如图 9-39 所示，若从顶点 a 出发按深度优先法进行遍历，则可能得到的一种顶点序列为（　　）。

A. a b e c d f　　B. a b c e f d

C. a e b c f d　　D. a c d f c b

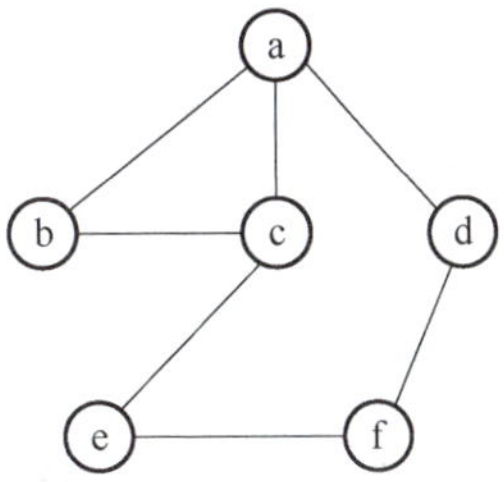

图 9-39　习题 1-5 图

二、填空题

1. 对于一棵具有 n 个结点的树，该树中所有结点的度数之和为＿＿＿＿＿。

2. 若由 3、6、8、12、10 作为叶子结点的权值生成一棵哈夫曼树，则该树的高度为＿＿＿＿＿，带权路径长度为＿＿＿＿＿。

3. 在一棵树中＿＿＿＿＿结点没有前驱结点，其余每个结点有且仅有一个＿＿＿＿＿，可以有任意多个＿＿＿＿＿结点。

4. 一个连通图的生成树是包含该图全部顶点的＿＿＿＿＿连通子图。若这个连通图有 n 个顶点，则它的生成树有＿＿＿＿＿条边。

5. 假定一个有向图的边集为｛<a,c>,<a,e>,<c,f>,<d,c>,<e,b>,<e,d>｝，对该图进行拓扑排序得到的顶点序列为＿＿＿＿＿。

三、简答题

1. 简述完全二叉树和满二叉树的区别。

2. 若一棵二叉树结点数值采用顺序存储结构，如图 9-40 所示。

a	b	c		d		e			f	g			h	i					j

图 9-40　习题 3-2 图

1）画出二叉树表示。

2）写出先序遍历、中序遍历和后序遍历的结果。

3）写出结点 d 的双亲结点及其左、右孩子。

3. 有一份电文中共使用五种字符：a、b、c、d、e，它们的出现频率依次为 4、7、5、2、9，请画出对应的哈夫曼编码树（按照左子树根结点的权小于或等于右子树根结点的权的次序构造），求出每个字符的哈夫曼编码，并求出该树的带权路径长度。

4. 请说明图的最小生成树应满足的要求。
5. 对于图 9-41 所示的图，分别写出其按深度优先和广度优先遍历的结果。

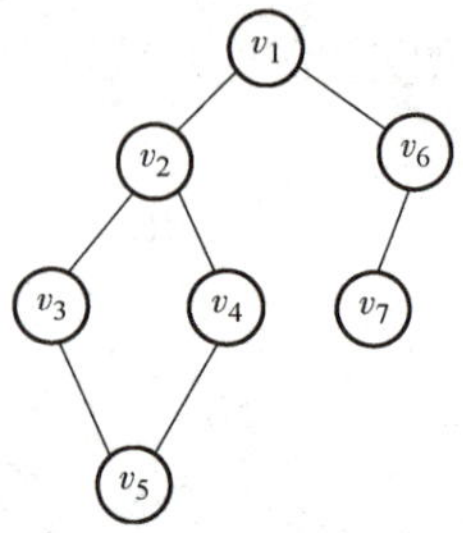

图 9-41　习题 3-5 图

四、程序设计题

1. 以二叉链表为存储结构，实现一个递归算法求二叉树的高度。
2. 以二叉链表为存储结构，实现一个递归算法计算二叉树中叶子结点数目。
3. 以二叉链表为存储结构，实现按层序遍历二叉树的算法。
4. 以二叉链表为存储结构，实现按先序遍历二叉树的算法。
5. 以二叉链表为存储结构，试实现一算法，判断给定二叉树是否为完全二叉树。

第十章　常用的查找和排序方法

学习目标：

- 掌握查找成功、查找失败、静态查找表、动态查找表和平均查找长度的概念。
- 掌握常用的三种静态查找方法的基本思想、算法流程、算法实现和平均查找长度分析。
- 掌握排序的概念，内部排序和外部排序的区别，性能指标。
- 掌握常用的三种内部排序方法的思想、插入过程、算法实现和性能分析。
- 掌握查找和排序的实际运用。

在实际生产和生活中，查找和排序操作应用十分广泛，如学生的课程成绩按照高低进行排序、查找某学生的某门课程成绩、网上商城中按商品收藏数进行排序等。查找即在一个含有众多的数据元素（记录）集合中找出某个特定的数据元素。排序就是把一组数据元素（记录）按其关键字的某种次序排列起来，使其具有一定顺序，便于查找。查找和排序是数据处理过程的常用操作，尤其是当所涉及的数据量较大时，其效率的高低直接影响到数据处理的效率。查找和排序的方法很多，针对不同的数据结构，需要采用不同的方法。本章介绍几种常用查找和排序方法的基本思路、操作过程和算法。

第一节　查找的概念

查找表是由同一类型的数据元素构成的集合。由于集合中的数据元素之间存在着完全松散的关系，因此查找表是一种非常灵便的数据结构。查找就是根据给定的某个值，在查找表中确定一个其关键字等于给定值的数据元素。若查找表中存在这样一个数据元素，则为“查找成功”，其查找结果为返回数据元素的信息，或指示该数据元素在查找表中的位置；否则为“查找失败”，其查找结果为空。

在通常情况下，对查找表进行的操作有以下四种：

1）查询某个特定的数据元素是否在查找表中。

2）检索某个特定的数据元素的各种属性。

3）在查找表中插入某个数据元素。

4）从查找表中删除某个数据元素。

若对查找表只做前两种操作，即只执行查找操作，则称此查找表为**静态查找表**。若在查找过程中同时插入查找表中不存在的数据元素，或者从查找表中删除已存在的某个数据元素，则称此类表为**动态查找表**。本章仅介绍在静态查找表上按关键字进行查找数据元素的方法，即静态查找方法。

关键字是数据元素中某个数据项的值，用以标识一个数据元素。若关键字识别唯一的一个数据元素，则称为主关键字；若关键字能识别若干数据元素，则称为次关键字。当数据元素只有一个数据项时，其关键字即为该数据元素的值。

由于查找的主要操作是关键字的比较，所以通常把查找过程中需要与关键字进行的平均比较次数作为衡量查找效率的一个重要标志。将各关键字与给定值进行比较的次数的平均值称为平均查找长度（Average Search Length，ASL），有

$$ASL = \sum_{i=1}^{n} P_i C_i$$

式中，n 是查找表中数据元素的个数；P_i是查找第 i 个数据元素的概率；C_i是找到第 i 个元素所需要的比较次数。若无特别说明，假设各元素的查找概率是相同的，即 $P_1 = P_2 = \cdots = P_n = 1/n$。

第二节　常用的静态查找

静态查找是经常使用的一种查找方法，既适用于顺序存储结构，又适用于链式存储结构。本节介绍三种常用的静态查找方法。

一、设“监视哨”的顺序查找

顺序查找是一种最基本、直接的查找方法。它从线性表的一端开始，向另一端逐个取出数据元素的关键字，并与要查找的关键字 key 进行比较，以判断是否存在要找的关键字。

1. 基本思想

假设 n 个数据元素（即关键字）已存入一维数组 a[1..n] 的区域中，a[0] 作为“监视哨”，存放要查找的关键字 key。顺序查找的整个过程是从最后一个数据元素 a[n] 开始，向前依次与 key 比较，直至 a[1]，其值与 key 都不相等时，则返回 0，查找失败；否则返回数据元素的下标位置，查找成功。

2. 算法流程

算法流程如图 10-1 所示。

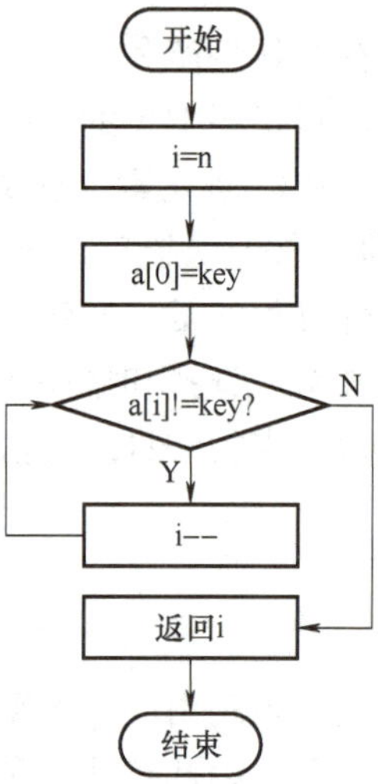

图 10-1　设低位“监视哨”的顺序查找流程

C 语言算法描述如下：

```
#include<stdio.h>
int search_seq(int a[ ],int key,int n)
{
    int i=n;
    a[0]=key;                     /*设低位监视哨*/
    while(a[i]!=key)              /*从第 n 个数据元素到第 1 个依次找
                                   key*/
        i--;
    return i;
}
int main()
```

```
{
    int N;
    scanf("%d",&N);
    int a[N+1],i,w,key;
    for(i=1;i<=N;i ++)          /*输入a数组的N个数据元素值*/
        scanf("%d",&a[i]);
    scanf("%d",&key);           /*输入待查关键字key*/
    w=search_seq(a,key,N);      /*调用查找key的search_seq()函数*/
    if(w==0)                    /*若返回值为0,则输出查找失败*/
        printf("查找失败\n");
    else
        printf("查找成功,位置为第%d个元素,值为%d\n",w,a[w]);
    return 0;
}
```

此处所设“监视哨”称为低位“监视哨”。“监视哨”也可以为高位“监视哨”，即在 a[n] 处设置“监视哨”，查找比较从 a[0] 开始依次向后直到 a[$n-1$]。

3. 平均查找长度

从顺序查找的过程可见，C_i取决于所查找元素在数组中的位置。若查找数组中的第 1 个元素时，需 key 从后向前与数据元素依次比较，比较 n 次；而查找数组中最后 1 个元素时，则需 key 与 a[n] 比较 1 次；一般情况下 C_i等于 $n-i+1$。

等概率情况下，顺序查找成功的平均查找长度为 $ASL=\frac{1}{n}\sum_{i=1}^{n}(n-i+1)=\frac{n+1}{2}$；查找不成功时，数组中每个数据元素与 key 比较一次，直到监视哨 a[0] 为止，共进行了 $n+1$ 次比较。

由此可见，顺序查找的时间复杂度为 $O(n)$。

二、折半查找

折半查找又称为二分查找，是针对线性表中数据元素按关键字有序存放这一特殊情况而采用的一种有效方法。

1. 基本思想

假设待查线性表按照数据元素的关键字升序排列且存放在一维数组中，查找时不必顺序地进行比较，而是将待查关键字 key 先与数组“中间位置”的关键字比较，若相等，则查找成功；若 key 小于“中间位置”的关键字，则在数组的前半部按上述方法继续查找；否则，在数组的后半部按上述方法继续查找，依此类推，每步的查找范围都将是上一次查找范围的一半。

2. 算法流程

将待查升序排列的数据元素值（关键字）存放在数组 a[1..n]，为更符合用户习惯，从 a[1] 开始存放，则折半查找的算法流程如图 10-2 所示。

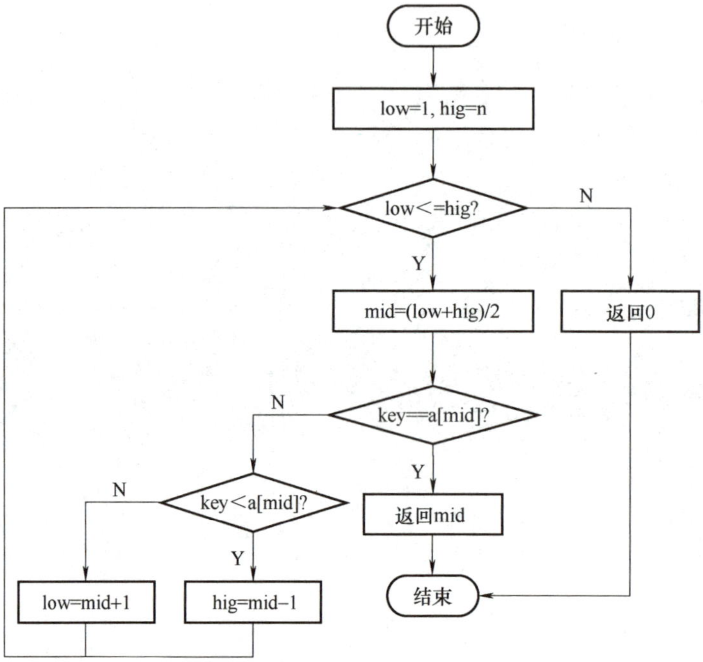

图 10-2　折半查找的算法流程

在图 10-2 中，low 表示待查关键字所在范围的下界；hig 表示待查关键字所在范围的上界；mid 表示待查关键字所在范围的中间位置；key 表示待查关键字。

C 语言算法描述如下：

```
#include<stdio.h>
int search_bin(int a[ ],int key,int n)
{
    int low,mid,hig;
    low=1;
    hig=n;
    while(low<=hig)
    {
        mid=(low+hig)/2;
        if(key==a[mid])
            return mid;                /*找到则返回位置序号*/
        else if(key<a[mid])            /*继续在前半区间范围查找*/
            hig=mid-1;
        else
            low=mid+1;                 /*继续在后半区间范围查找*/
    }
```

```
    return 0;
}
int main()
{
    int N;
    scanf("%d",&N);              /* 输入待查找元素个数 */
    int a[N+1],key,i,w;
    for(i=1;i<=N;i ++)           /* 输入N个有序数据元素值 */
        scanf("%d",&a[i]);
    scanf("%d",&key);            /* 输入待查关键字key */
    w=search_bin(a,key,N);       /* 调用折半查找函数 */
    if(w==0)
        printf("查找失败\n");
    else
        printf("查找成功,位置为第%d个元素,值为%d\n",w,a[w]);
    return 0;
}
```

3. 实例

例 10-1 已知待查数据元素的关键字升序序列为 2、5、9、13、18、26、32。若待查关键字 K 分别为 13、32 和 4，试写出折半查找过程。

折半查找具体过程分别如图 10-3 所示。

图 10-3a 是折半查找 K = 13 的过程，1 次比较后查找成功；图 10-3b 是折半查找 K = 32 的过程，3 次比较后查找成功；图 10-3c 是折半查找 K=4 的过程，3 次比较后查找失败。折半查找过程总结见表 10-1。

表 10-1 例 10-1 折半查找过程总结

待查关键字 K	进行比较的结点	比较次数	是否找到
13	13	1	√
32	13、26、32	3	√
4	13、5、2	3	×

4. 折半查找判定树

上述的折半查找过程可以用一棵判定树来描述，这棵判定树称为折半查找判定树。

折半查找判定树中每个结点对应待查找序列的一个数据元素，结点值是该数据元素在数组中的下标位置，根结点是待查序列中间数据元素的下标位置 mid，左子树由 mid 位置左半部分数据元素构成，右子树由 mid 位置右半部分数据元素构成，依此类推。图 10-4 所示为例 10-1 中 7 个有序关键字对应的具有 7 个结点的折半查找判定树，圈外数字是数据元素值（关键字），圈内数字是数据元素在数组中的下标位置。

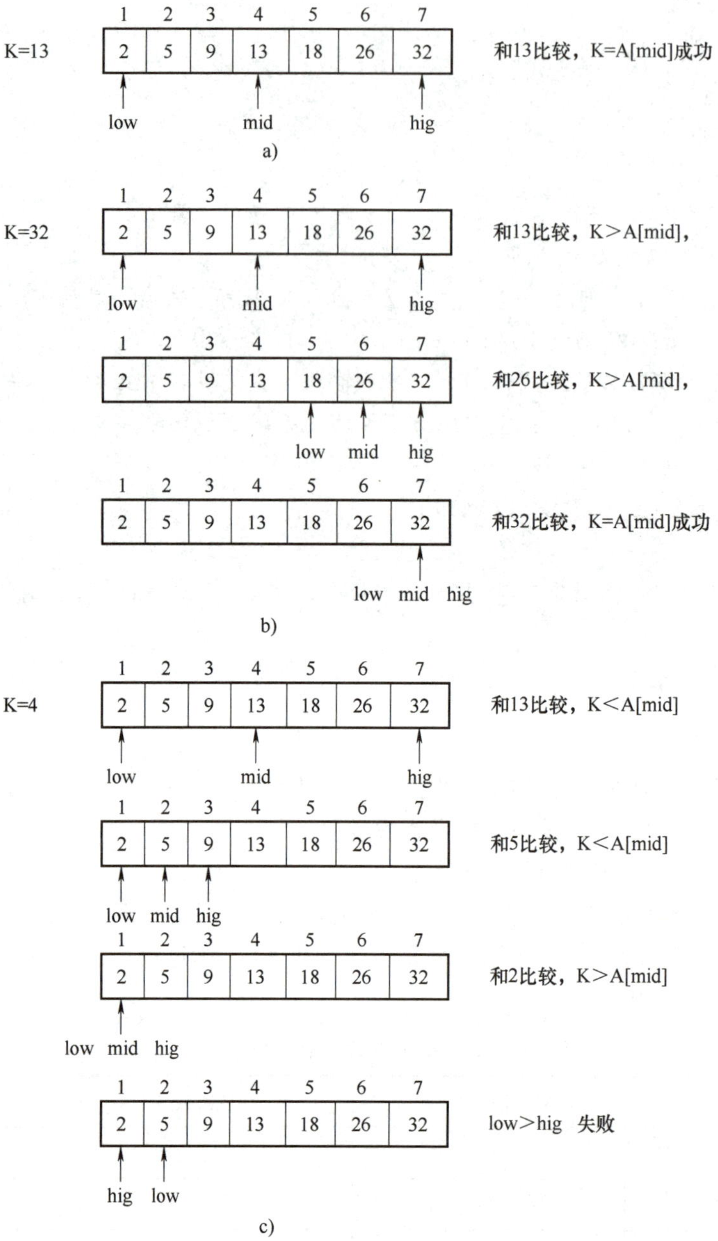

图 10-3　折半查找过程示例

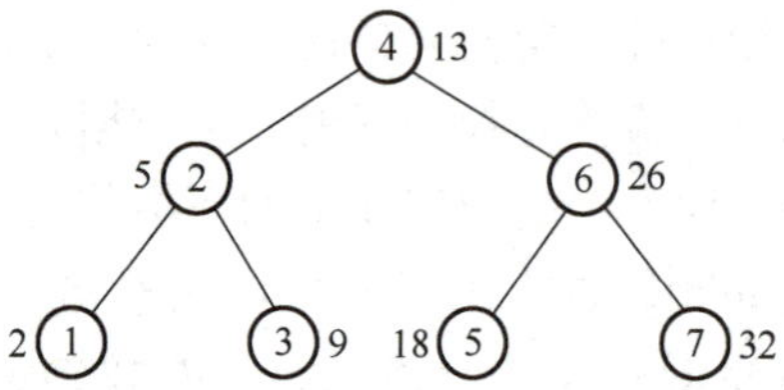

图 10-4　例 10-1 的折半查找判定树

折半查找成功的过程恰好是走了一条从根结点到待查找结点的路径，进行比较的结点为路径上的所有点（含待查找结点本身），比较次数最多不超过树的高度。折半查找失败时也经历了一条路径，但这条路径最终进行到结点的空指针而停止，即找不到待查关键字。

等概率情况下，折半查找成功的平均查找长度为

$$ASL=\frac{\sum 各结点查找成功时的比较次数}{结点个数}=\frac{\sum 各结点所在判定树中的层数}{结点个数}$$

在例 10-1 中，13 是第 4 个关键字，在判定树中对应第 4 个结点，为根结点，成功查找的比较次数为 1。32 是第 7 个关键字，对应判定树中第 7 个结点，在第 3 层，成功查找的比较次数为 3，从根到 7 号结点经过了 4、6、7 三个结点，即查找 32 时分别和第 4 个关键字 13、第 6 个关键字 26、第 7 个关键字 32 进行比较。查找 4 时，先和根结点对应的 13 比较，$4<13$，向左子树前进；4 和 5 比较，$4<5$，继续向左子树前进，4 和 2 比较，$4>2$，向右子树前进，关键字为 2 的结点是第 1 个结点，其右子树为空，则查找结束，分别和 13、5、2 比较了 3 次，没有成功。7 个有序关键字序列折半查找成功的平均查找长度 $ASL=\frac{1+2\times2+3\times4}{7}=\frac{17}{7}$。

例 10-2　试构造具有 9 个结点的折半查找判定树，并求查找成功的平均查找长度 ASL。

构造的判定树如图 10-5 所示，查找成功的平均查找长度 $ASL=\frac{1+2\times2+3\times4+4\times2}{9}=\frac{25}{9}$。

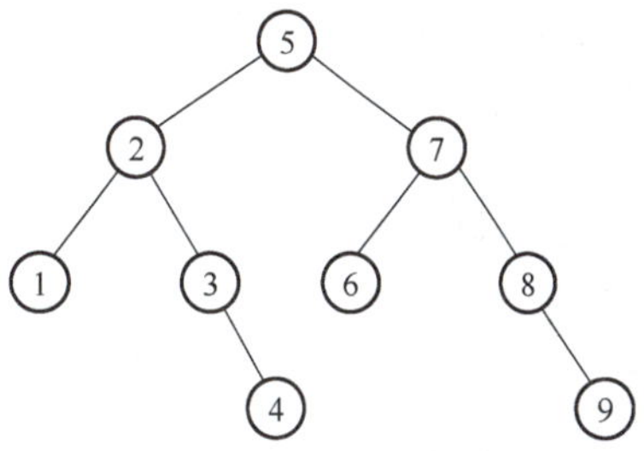

图 10-5　具有 9 个结点的折半查找判定树

可以看出，折半查找判定树中除最下层结点可能不满外，其余各层结点都是满的。

例 10-3　对有 50 个数据元素的有序表进行折半查找，有多少个结点查找成功的比较次数是 6？其成功的平均查找长度是多少？

由 50 个元素构造的折半查找判定树中：第 1 层 1 个结点，第 2 层 2 个结点，第 3 层 4 个结点，第 4 层 8 个结点，第 5 层 16 个结点，第 6 层只有 19 个结点。可知有 19 个结点成功查找次数为 6。$ASL=\frac{1+2\times2+3\times4+4\times8+5\times16+6\times19}{50}=\frac{243}{50}$。

对于 $n(n>50)$ 个数据的有序表，可以推导出在等概率情况下，折半查找成功的平均查找长度近似为 $ASL=\log_2(n+1)-1$。可见，折半查找的效率比顺序查找高，但折半查找只适用于有序表，且限于顺序存储结构，在链式存储上是无法有效地进行折半查找的。

三、二叉查找树上的查找

前面讨论了顺序存储下的两种查找方法，本小节介绍一种采用二叉链表存储的树表查找方法——二叉查找树上的查找。

1. 二叉查找树的定义

一棵二叉查找树（又称二叉搜索树）是一棵二叉树，它可以为空，如果不为空，它将满足下列条件：

1）根的非空左子树的所有结点的关键字小于根结点的关键字。

2）根的非空右子树的所有结点的关键字大于根结点的关键字。

3）左、右子树都是二叉查找树。

如图 10-6 所示是一棵二叉查找树。可以看出，一棵二叉查找树中序遍历的结果是一个递增序列。

2. 二叉查找树上的查找

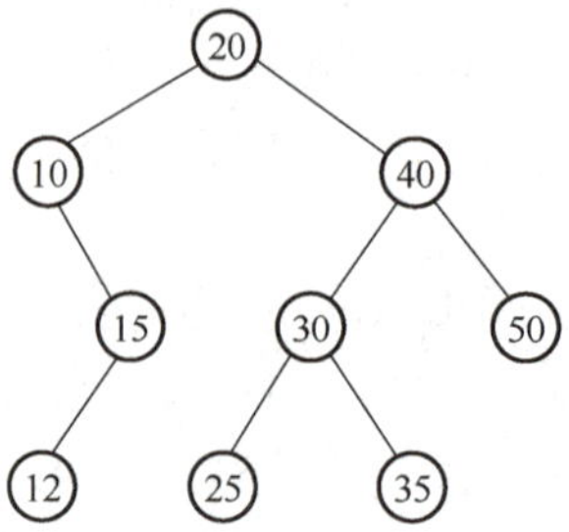

图 10-6 二叉查找树示例

由于二叉查找树的特殊性质，其上的查找操作实现方便，其过程如下：

1）查找从树的根结点开始，如果树为空，返回 NULL，表示未找到关键字为 key 的结点。

2）查找树非空，则根结点关键字和 key 进行比较，依据比较结果，需要进行不同的处理：

① 若根结点关键字小于 key，则在此根结点的右子树中继续进行查找；

② 若根结点关键字大于 key，则在此根结点的左子树中继续进行查找；

③ 若两者比较结果是相等，查找完成，返回指向此结点的指针。

显然，在二叉查找树上进行查找，若查找成功，则是从根结点出发走了一条从根到待查结点路径；若查找不成功，也是从根结点出发走了一条从根到空指针（NULL）的路径。递归算法实现如下：

```
typedef int ElemType;
struct btlnode
{
    ElemType data;
    struct btlnode *lchild, *rchild;
};
struct btlnode * search(struct btlnode * t,ElemType key)
{
    if(t ==NULL)                          /* 树为空,返回 NULL */
        return NULL;
    if(key<t->data)
        return search(t->lchild,key);     /* 在左子树中查找 */
    if(key > t->data)
        return search(t->rchild,key);
    return t;                             /* 若相等,则返回指向该结点的指针 */
}
```

下面以图 10-7 所示的二叉查找树为例，简述其查找过程。

1）查找 key=30 的过程。开始时，t 指向关键字为 37 的根结点，t!=NULL，t->data 为 37>key，继续在 t 的左子树中查找；t 指向关键字为 21 的结点，t!=NULL，t->data 为 21<key，继续在 t 的右子树中查找；t 指向关键字为 30 的结点，t!=NULL，t->data 为 30=key，查找成功，返回 t 指针值（关键字为 30 的结点地址）。

2）查找 key=40 的过程。开始时，t 指向关键字为 37 的根结点，t!=NULL，t->data 为 37<key，继续在 t 的右子树中查找；t 指向关键字为 50 的结点，t!=NULL，t->data 为 50>key，继续在 t 的左子树中查找；t 指向其左子树的根，t=NULL，查找失败，返回 NULL。

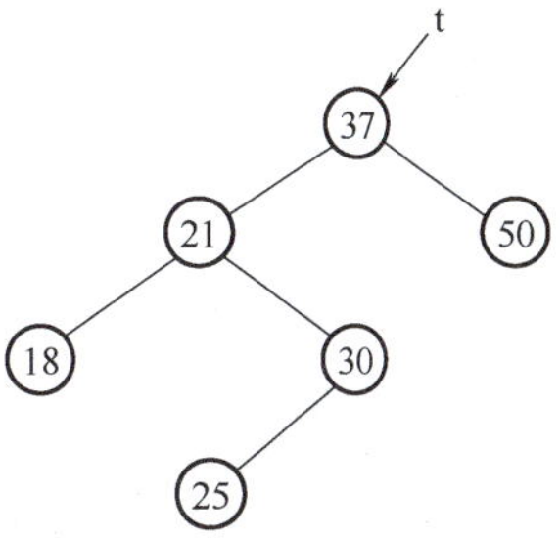

图 10-7 由 t 指向其根结点的二叉查找树

3. 构造二叉查找树的方法

已知一个数据元素的关键字序列，构造二叉查找树的方法通常是通过逐个插入序列中的关键字来完成的，下面是一种常见的构造方法：

1）创建一个空的二叉查找树。

2）从序列中取出第 1 个关键字作为根结点，将其插入到二叉查找树中。

3）对于序列中的每个后续关键字，按照以下规则进行插入：

① 从根结点开始，递归地比较要插入关键字和当前结点关键字；

② 如果要插入关键字小于当前结点的关键字，则向其左子树移动；如果大于当前结点的关键字，则向其右子树移动。

4）重复步骤 3），直到遇到一个空的子结点（即空指针），表示找到了插入位置，将要插入关键字作为新结点插入到这个空的子结点位置。

5）重复步骤 3）和 4），直到整个序列遍历结束，插入所有关键字为止。

例如，已知关键字序列为 37、21、30、50、35、40、12，其二叉查找树的构造过程如图 10-8 所示。

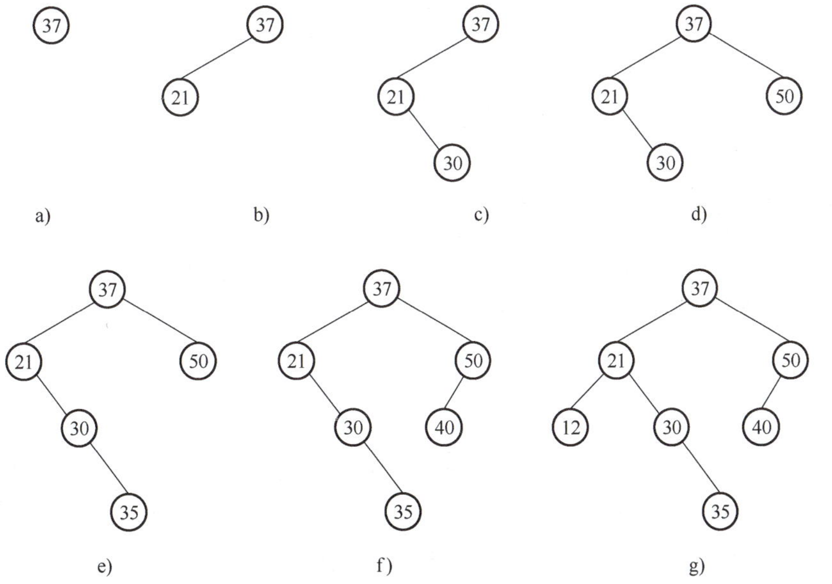

图 10-8 二叉查找树的构造过程

可以看出，二叉查找树的生成是一个不断向二叉树中插入新结点的过程。

例 10-4　已知数据元素序列为（Jan，Feb，Mar，Apr，May，June，July，Aug，Sep，Oct，Nov，Dec）。完成下列任务：

1）按关键字的先后顺序依次插入到一棵初始为空的二叉查找树中，构造该序列的二叉查找树，并求等概率情况下查找成功的平均查找长度。

2）构造该序列按关键字排序后序列的折半查找判定树，求等概率情况下查找成功的平均查找长度。

用字符串序列构造二叉查找树和折半查找判定树时，结点关键字按照字符串的字典序表示，则数据元素序列和其关键字对应如下：

Jan，	Feb，	Mar，	Apr，	May，	June，	July，	Aug，	Sep，	Oct，	Nov，	Dec
5	4	8	1	9	7	6	2	12	11	10	3

1）按 5、4、8、1、9、7、6、2、12、11、10、3 这个关键字序列建立的二叉查找树如图 10-9a 所示，相应数据元素序列的二叉查找树如图 10-9b 所示。

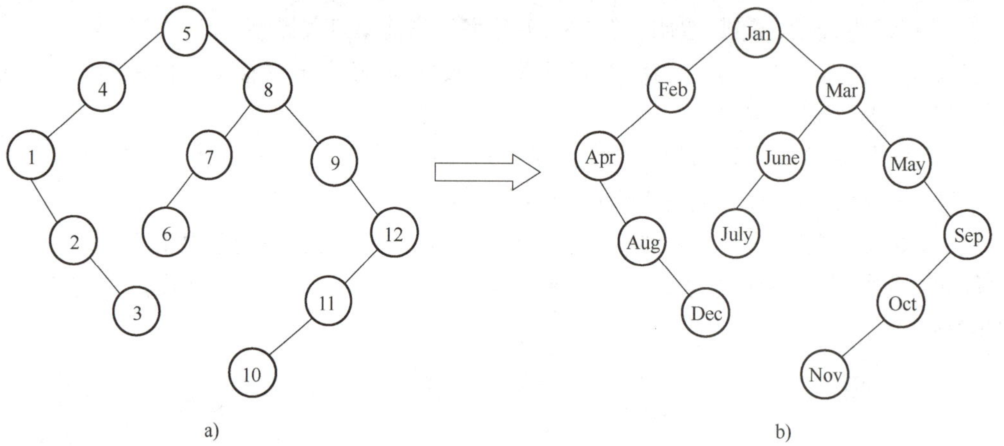

图 10-9　例 10-4 构造的二叉查找树

其查找成功的平均查找长度为 $ASL=\dfrac{1+2\times2+3\times3+4\times3+5\times2+6\times1}{12}=\dfrac{42}{12}$。

2）由 1~12 这 12 个有序关键字构造的具有 12 个结点的折半查找判定树如图 10-10a 所示，相应数据元素序列的折半查找判定树如图 10-10b 所示。

其查找成功的平均查找长度为 $ASL=\dfrac{1+2\times2+3\times4+4\times5}{12}=\dfrac{37}{12}$。

4. 平均查找长度

由上面查找过程可以看出，二叉查找树和折半查找判定树类似，各结点的查找成功时比较次数就是结点所在层数。因此，二叉查找树的平均查找长度不仅与结点个数 n 有关，而且与树形态有关。同一组关键字，插入顺序不同，构造的树形态不同，其查找成功的平均查找长度也不一定相同。

例如，由 2、4、6、8、10 和 6、10、2、8、4 所构造的二叉查找树分别如图 10-11a 和图 10-11b 所示。

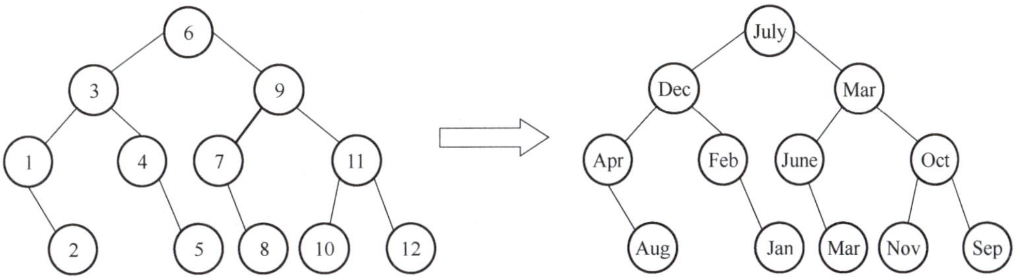

a)　　　　b)

图 10-10　具有 12 个结点的折半查找判定树

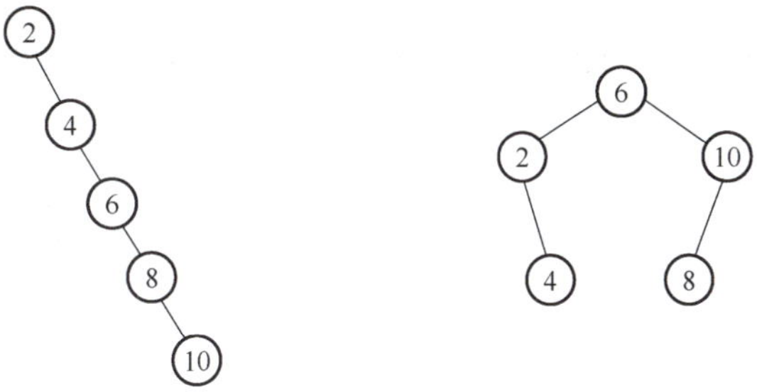

a)　　　　b)

图 10-11　不同形态的二叉查找树

图 10-11a 所示形态的单支树查找成功的平均查找长度为 $ASL=\dfrac{1+2+3+4+5}{5}=3$。

图 10-11b 所示形态的二叉查找树查找成功的平均查找长度为 $ASL=\dfrac{1+2\times2+3\times2}{5}=\dfrac{11}{5}$。

不难看出，在极端情况下，二叉查找树的查找效率与顺序查找是一样的；一般情况下，二叉查找树的查找和有序表上的折半查找效率都比较高。但是，在有序表上的插入、删除要发生大量数据元素的移动，效率低，而在二叉查找树上的操作易于实现、效率高且能保证二叉查找树的形态，因此，二叉查找树得到了广泛的应用。对于动态变化的数据序列使用二叉查找树进行操作效率较高，例如，采购的书籍，可以根据书名的字典序构造一棵二叉查找树，这样新书的添加、处理和查找就很方便。

第三节　排序的概念

排序是计算机程序设计中的一种重要操作，功能是将一个数据元素任意的序列，重新排列成一个关键字有序的序列。排序的方法很多，可按不同的原则分类。由于待排序的数据元素数量不同，使得排序过程中涉及的存储器不同，可将排序方法分为**内部排序和外部排序**两大类。内部排序是指待排序数据元素存放在内存中进行的排序过程。外部排序是指待排序数据元素的数量较大，内存一次不能容纳全部数据元素，在排序过程中尚需对外存进行访问的排序过程。内部排序是外部排序的基础，本章只讨论内部排序。

内部排序的种类很多，有插入排序、选择排序、交换排序、归并排序和基数排序等。在这些排序方法中，很难说哪种方法最好，每一种方法都有各自的优缺点，适合在特定的环境下使用。

衡量一个排序算法，通常使用以下三个性能指标：

1）时间复杂度。基于关键字比较的排序算法的主要操作包括关键字的比较和数据元素的移动，因此，时间复杂度主要取决于关键字的比较次数和数据元素的移动次数。

2）空间复杂度。排序算法所需要的辅助空间取决于所用的算法本身。如果排序算法所需要的辅助空间并不依赖于问题规模 n，即辅助空间是 $O(1)$，这样的排序称为就地排序。

3）稳定性。排序算法的稳定性是指在待排序的一组数据中，若有两个相同的关键字在排序前和排序后，它们的先后顺序没有发生变化，则称这种排序算法是稳定的，否则是不稳定的。在处理复杂问题，如多关键字排序时，稳定性是选择算法的重要依据。

各种排序算法所需的附加空间量一般都不大，所以时间复杂度是衡量排序算法好坏的重要因素。其中，内部排序的时间主要用在关键字的比较和交换上。因此，比较次数和交换次数的多少直接影响排序方法的效率。

在后续介绍排序算法时，为简化问题描述，突出算法思想本身，涉及的待排序数据元素均只有一个数据项，数据元素值即为关键字，可直接比较。

第四节　常用的内部排序

一、直接插入排序

插入排序是一种不断将新的数据元素插入到已排好序的序列中来完成排序的方法。插入排序的方法有多种，本节仅介绍最基本的直接插入排序。

1. 引例

例 10-5　设待排序数据元素序列为 8、5、9、4、3、6、$\overline{5}$。试用直接插入排序的方法进行排序，写出排序过程及各趟排序结果（这里有两个相同的关键字 5，为进行区别，第 2 个 5 上面加一横线）。

具体排序过程如图 10-12 所示。

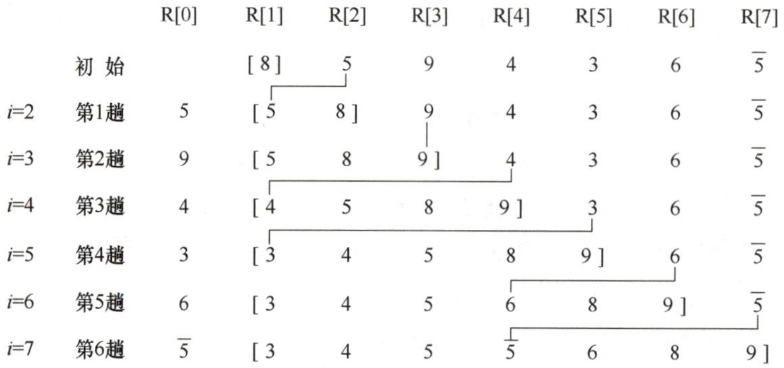

图 10-12　直接插入排序过程示例

插入过程描述如下：

将待排序数据存放在一维数组 R[1]~R[7] 中，设置 R[0] 用来保存待插数据，因为插入的过程是将待插数据依次和它前面的数据进行比较，不合适时，前面的数据要后移。为了避免冲掉待插数据，所以设置了 R[0]。

第 1 趟：$i=2$，从第 2 个数 5 开始插入，将 R[2] 存入 R[0]。R[0]<R[1]，将 R[1] 移到 R[2]，将 R[0] 即 5 放入 R[1]。当前有序序列为 [5，8]。

第 2 趟：$i=3$，插入第 3 个数 9，将 R[3] 存入 R[0]。R[0] >R[2]，9 不发生移动，当前有序序列为 [5，8，9]。

第 3 趟：$i=4$，插入第 4 个数 4，将 R[4] 存入 R[0]。R[0]<R[3]（即 4<9），R[3] 后移至 R[4] 位置，R[0]<R[2]（即 4<8），R[2] 后移至 R[3] 位置，R[0]<R[1]（即 4<5），R[1] 后移至 R[2] 位置，最后将 R[0]（即 4）放入 R[1]。本趟排序结束，当前有序序列为 [4，5，8，9]。

后续用同样方法依次插入 3、6、$\overline{5}$，完成排序。

因此，直接插入排序的基本思想是：从未排序序列中依次取出数据与已排序好的序列中数据进行比较，将其放入已排序好的序列的正确位置。

2. 直接插入排序的实现

直接插入排序的 C 语言程序如下：

```
#include<stdio.h>
#define N 7
void insertSort(int r[ ],int n)
{
    int i,j;
    for(i=2;i<=n;i++)              /*从第 2 个数开始逐个插入*/
    {
        r[0]=r[i];                 /*把待插元素保存到 r[0]中*/
        j=i-1;                     /*j 为前面要进行比较的数据的下标*/
        while(r[0]<r[j])           /*待插数小于前面数时*/
        {
            r[j+1]=r[j];           /*前面数据后移 1 位*/
            j--;                   /*确定下一个比较位置*/
        }
        r[j+1]=r[0];               /*找到了插入位置,第 i 个数插入完毕*/
    }
}
int main( )
{
    int a[N+1],i;
```

```
    for(i=1;i<=N;i++)
        scanf("%d",&a[i]);          /*输入N个待排序数据*/
    insertSort(a,N);                /*调用直接插入排序函数*/
    for(i=1;i<=N;i++)
        printf("%4d",a[i]);         /*输出排序后结果*/
    return 0;
}
```

运行情况如下：

```
8 5 9 4 3 6 5↙(输入)
   3   4   5   5   6   8   9  (输出)
```

3. 算法性能分析

对 n 个数据元素进行直接插入排序，其性能分析如下：

1）时间复杂度。最好情况下，即待排序序列已经按照升序排列，每次插入都无须移动已排序部分元素，仅需比较并找到正确位置插入。n 个数据按关键字升序排列，进行插入排序需进行 $n-1$ 趟，每趟只比较 1 次，共比较 $n-1$ 次。所以，直接插入排序最好情况下的时间复杂度为 $O(n)$。最坏情况下，待排序序列是降序排列，每次插入都需要将已排序部分的所有数据后移一个位置，然后插入新数据，需要进行 $n-1$ 趟完成排序。所以，直接插入排序最坏情况下的时间复杂度为 $O(n^2)$。平均情况下，待排序序列是随机排列，虽然比较和移动的次数少于最坏情况，但平均时间复杂度仍为 $O(n^2)$。

2）空间复杂度。从空间来看，所需辅助空间不依赖于 n 值大小，所以空间复杂度为 $O(1)$。

3）稳定性。例 10-5 中出现了两个关键字 5，程序中先插入 5 进行排序，再插入 $\overline{5}$，当 5 和 $\overline{5}$ 比较时，$\overline{5}$ 仍然在 5 的后面。可以看出，**直接插入排序是一种稳定的排序方法**。

直接插入排序算法简单易懂，实现容易。对于 n 值较小和基本有序的数据序列，性能良好。

二、冒泡排序

交换排序的主要思想是通过比较待排序列中数据元素的关键字，如果数据元素的关键字与排序序列顺序相反，则交换数据位置，从而达到排序的目的。交换排序常有冒泡排序和快速排序两种。本小节介绍冒泡排序。冒泡排序的基本思想是对所有相邻数据元素的关键字进行比较，如果是逆序，则将其交换，最终达到有序。

1. 引例

例 10-6 将 9、5、2、4 这 4 个数据元素用冒泡排序的方法进行排序。先把 4 个数据元素依次存入 x[1..4] 数组中，具体排序过程如图 10-13 所示。

第 1 趟冒泡排序后，最大数 9 被移动到了 x[4] 中，它将不参与接下来的冒泡排序；第 2 趟冒泡排序后，第二大数 5 被移动到 x[3] 中；依此类推，4 个数进行了 3 趟冒泡排序后，小的数浮上去，大的数沉下来。

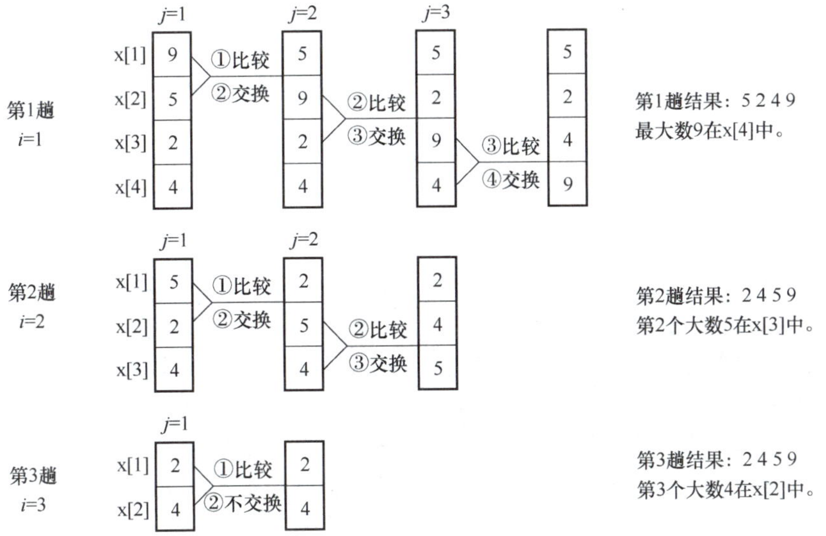

图 10-13 冒泡排序过程示例

2. 冒泡排序的实现

从上例不难看出冒泡排序基本过程有如下特点：

1）n 个数最多需进行 $n-1$ 趟冒泡排序，i 从 $1\sim n-1$ 变化。若整趟只比较而没有数据交换，说明待排序序列已经全部有序，无须进行后续的冒泡操作。如例 10-6 中第 3 趟操作没有数据交换，则已经完成排序。

2）每趟比较次数为 $j=n-i$。第 1 趟，$i=1$，比较次数 $j=4-1=3$；第 2 趟，$i=2$，比较次数 $j=4-2=2$；第 3 趟，$i=3$，比较次数 $j=4-3=1$，所以，j 从 $1\sim n-i$ 变化。

3）相邻两数比较，即 x[j] 和 x[$j+1$] 比较。

冒泡排序的 C 语言程序如下：

```
#include<stdio.h>
#define N 4
void bubbleSort(int x[ ],int n)
{
    int i,j,m,k;
    for(i=1;i<=n-1;i++)           /*n 个数进行 n-1 趟冒泡*/
    {
        k=1;                      /*开始假定本趟不会发生数据交换*/
        for(j=1;j<=n-i;j++)       /*第 i 趟比较 n-1 次*/
            if(x[j]>x[j+1])       /*若前面的数大于后面的数则交换*/
            {
                m=x[j];
                x[j]=x[j+1];      /*相邻两数交换*/
                x[j+1]=m;
```

```
                k=0;                /*本趟发生了数据交换*/
            }
        if(k==1)
            break;                  /*若第 i 趟未发生数据交换,则排序结束*/
    }
}
int main()
{
    int a[N+1],i;
    for(i=1;i<=N;i++)
        scanf("%d",&a[i]);          /*输入 N 个数*/
    bubbleSort(a,N);                /*调用冒泡排序函数*/
    for(i=1;i<=N;i++)
        printf("%4d",a[i]);         /*输出排序后的序列*/
    return 0;
}
```

运行情况如下:

```
9 5 2 4↙  (输入)
   2   4   5   9  (输出)
```

程序中各趟开始设置 $k=1$ 的目的是为了提高排序速度，若本趟未发生数据交换，则本趟结束后，k 仍为 1，则排序就没有必要再进行；反之，继续进行下趟排序。若 $x[j]>x[j+1]$ 就交换，即前面数大、后面数小时就交换，说明是由小到大排序。

3. 算法性能分析

对 n 个数据元素进行冒泡排序，其性能分析如下：

1）时间复杂度。最好情况下，待排序序列已经完全有序，在进行第 1 趟冒泡排序后，进行了 $n-1$ 次比较，不需要进行交换操作，由于设置了 k 标志跳出循环，则排序完成。因此，冒泡排序最好情况下的时间复杂度为 $O(n)$。最坏情况下，待排序序列是降序排列，每一次比较都需要进行一次交换，需要进行 $n-1$ 趟冒泡操作才能完成排序。因此，冒泡排序最坏情况下的时间复杂度为 $O(n^2)$。尽管平均情况下比较次数少于最坏情况下，但仍然需要进行大量的比较和交换操作，冒泡排序平均时间复杂度为 $O(n^2)$。

2）空间复杂度。和直接插入排序一样，所需辅助空间不依赖于 n，只需要常数个额外空间用于保存中间变量。因此，冒泡排序的空间复杂度也为 $O(1)$。

3）稳定性。从程序可以看出，当 $x[j]>x[j+1]$ 时才交换，若相等则不交换，因此，冒泡排序是稳定的排序。

冒泡排序的思想简单，易于理解和实现，但不适用于处理大规模数据序列。

三、直接选择排序

选择排序就是从无序的数据序列中选择一个数据元素，并把它依次添加到有序的数据序列中。选择排序与插入排序不同的是，从无序序列中要经过选择才能取出一个元素，但添加到有序表时，只要按次序即可，而无须再查找位置。选择排序常见的有直接选择排序、树形选择排序和堆排序。本小节介绍最简单的直接选择排序。直接选择排序的基本思想是将未排好序的序列中最小数据元素依次添加到已排好序的序列一端。

1. 引例

例 10-7　将 5、8、2、4、6、1 用直接选择排序方法排序，方法如图 10-14 所示，圆圈内数字为已排好序的数。

	1	2	3	4	5	6	
初始	5	8	2	4	6	1	
第1趟	①	8	2	4	6	5	（6个数中最小数下标为6，把第1个数和第6个数对换）
第2趟	①	②	8	4	6	5	（余下5个数中最小数下标为3，把第2个数和第3个数对换）
第3趟	①	②	④	8	6	5	（余下4个数中最小数下标为4，把第3个数和第4个数对换）
第4趟	①	②	④	⑤	6	8	（余下3个数中最小数下标为6，把第4个数和第6个数对换）
第5趟	①	②	④	⑤	⑥	8	（余下的两个数中最小数的下标为5，刚好在第5个位置不发生交换，余下的8则为最后一个数）

图 10-14　直接选择排序过程示例

从图 10-14 可以看出，直接选择排序的方法是：

第 1 趟：在 n 个数中，求出最小数的下标 k，若 k 不在第 1 个位置，则第 1 个数和第 k 个数交换。

第 2 趟：选择第 2 个位置上的数。在余下的 $n-1$ 个数中，求出最小数的下标 k，若 k 不在第 2 个位置，则第 2 个数和第 k 个数交换。依此类推。

2. 直接选择排序的实现

程序如下：

```
#include<stdio.h>
#define N 6
void selectSort(int x[ ],int n)
{
    int i,j,k,m;
    for(i=1;i<=n-1;i++)              /*n 个数进行 n-1 趟排序*/
```

```
    {
        k=i;                            /*假设第 i 个数最小*/
        for(j=i+1;j<=n;j++)             /*从第 i+1 个数到第 n 个数找最小数的
                                            下标 k*/
            if(x[j]<x[k])
                k=j;
        if(k!=i)                        /*若最小数不在第 i 个位置,则交换*/
        {
            m=x[i];
            x[i]=x[k];
            x[k]=m;
        }
    }
}
int main()
{
    int a[N+1],i;
    for(i=1;i<=N;i++)
        scanf("%d",&a[i]);
    selectSort(a,N);                    /*调用排序函数*/
    for(i=1;i<=N;i++)
        printf("%4d",a[i]);
    printf("\n");
    return 0;
}
```

程序运行情况如下：

```
5 8 2 4 6 1↙  (输入)
    1... 2... 4... 5... 6... 8... (输出)
```

3. 算法性能分析

对 n 个数据元素进行直接选择排序，其性能分析如下：

1）时间复杂度。从算法实现可看出，不论待排序数据的初始状态如何，直接选择排序在最好情况、最坏情况和平均情况下的时间复杂度均为 $O(n^2)$。

2）空间复杂度。和前面两种排序方法一样，空间复杂度为 $O(1)$。

3）稳定性。直接选择排序方法是不稳定的，例如，将 $\overline{6}$、6、2 由小到大排序结果为 2、6、$\overline{6}$。

第五节　排序方法的应用举例

例 10-8　青年歌手大赛，有 10 位评委进行打分，每位选手的最后得分为去掉 1 个最高分和 1 个最低分后，8 位评委的总分。要求编写一个通用程序，输入各选手的编号、各位评委的评分，输出各选手的编号、总分及名次。

采用模块化思想，可设置 4 个函数如下：

① sum1( ) 函数。计算各选手总分；

② sort1( ) 函数。应用冒泡排序方法，总分由高到低排序；

③ print1( ) 函数。输出各选手的编号、总分和名次；

④ main( ) 主函数。输入各选手的编号、各位评委的评分，分别调用以上 3 个函数。

定义标识符说明：

M：符号常量，设有 10 位评委。

N：符号常量，设有 5 位选手。

a[1..*M*]：10 位评委的打分。

b[1..*N*]：5 位选手最后得分。

c[1..*N*]：选手的编号。

为符合人们的习惯，从数组下标 1 开始保存数据。

C 语言程序实现如下：

```
#include<stdio.h>
#define M 10
#define N 5
int sum1(int x[ ],int n)                    /*计算各位选手总分*/
{
    int i,max,min,s;      /*max 和 min 分别记录最高分和最低分,s 记录评
                            分和*/
    max=min=s=x[1];                         /*设置初值*/
    for(i=2;i<=n;i++)
    {
        if(x[i]> max)
            max=x[i];                       /*求最高分*/
        if(x[i]<min)
            min=x[i];                       /*求最低分*/
        s=s+x[i];                           /*评委总分*/
    }
    s=s-max-min;          /*去掉 1 个最高分和 1 个最低分后选手的最后得分*/
    return s;
}
```

```
void sort1(int x[ ],int y[ ],int n)  /*选手总分由高到低排序*/
{
    int i,j,m;
    for(i=1;i<=n-1;i++)
        for(j=1;j<=n-i;j++)
            if(x[j]<x[j+1])
            {
                m=x[j];                 /*总分交换*/
                x[j]=x[j+1];
                x[j+1]=m;
                m=y[j];                 /*编号交换*/
                y[j]=y[j+1];
                y[j+1]=m;
            }
}
void print1(int x[ ],int y[ ],int n)
{
    int i;
    printf("    编号    总分    名次\n");
    for(i=1;i<=n;i++)
        printf("%8d%8d%8d\n",y[i],x[i],i);
                                        /*输出选手编号、总分、名次*/
}
int main( )
{
    int a[M+1],b[N+1],c[N+1],i,j;
    for(i=1;i<=N;i++)                   /*N位选手*/
    {
        scanf("%d",&c[i]);              /*输入第i位选手的编号*/
        for(j=1;j<=M;j++)
            scanf("%d",&a[j]);          /*输入第i位选手M=10位评委的打分*/
        b[i]=sum1(a,M);                 /*第i位选手去掉最高和最低分的总分*/
    }
    sort1(b,c,N);                       /*N位选手总分排序,确定名次*/
    print1(b,c,N);                      /*输出最后结果*/
    return 0;
}
```

例 10-9 某车间有 100 名工人，输入每名工人的工号、当月完成产品的件数及产品的工时定额（单位产品规定的时间）。车间按当月完成工时（件数×定额）奖励前 5 名，试编程输出前 5 名的工号、完成的工时及名次。

思路：可将每名工人的工号、件数、定额、工时定义为结构体，用来描述工人。每名工人完成的工时=件数×定额。定义一个函数，将工人完成的工时数使用直接排序方法由大到小排序。在主函数 main()中输入每名工人的工号、完成产品的件数和工时定额，并计算每人完成的工时；调用排序函数完成排序；输出前 5 名工人的工号、工时及名次。

C 语言程序实现如下：

```
#include<stdio.h>
#define M 100
struct worker
{
    int gh;         /*工号*/
    int js;         /*件数*/
    float de;       /*定额*/
    float gs;       /*工时*/
} a[M+1];           /*数组 a 存放 100 名工人信息*/
void gsSort(struct worker x[ ],int n)/*n 名工人按完成工时由高到低排序*/
{
    int i,j,k,m;
    float w;
    for(i=1;i<=n-1;i++)
    {
        k=i;
        for(j=i+1;j<=n;j++)
            if(x[j].gs<x[k].gs)
                k=j;
        if(k!=i)
        {
            m=x[i].gh;
            x[i].gh=x[k].gh;
            x[k].gh=m;
            w=x[i].gs;
            x[i].gs=x[k].gs;
            x[k].gs=w;
        }
    }
}
```

```
int main()
{
    int i;
    for(i=1;i<=M;i++)                       /*输入M=100名工人信息*/
    {
        scanf("%d,%d,%f",&a[i].gh,&a[i].js,&a[i].de);
        a[i].gs=a[i].js * a[i].de;          /*第i个工人完成的总工时*/
    }
    gsSort(a,M);                            /*调用工时排序函数*/
    printf("名次    工号    工时\n");
    for(i=1;i<=5;i++)                       /*输出前5名的名次、工号、工时*/
        printf("%d%f%d\n",i,a[i].gh,a[i].gs);
    return 0;
}
```

本章小结

本章讨论了常用的三种静态查找和三种排序算法，详细介绍了顺序查找、折半查找、二叉查找树上的查找、平均查找长度、直接插入排序、冒泡排序、直接选择排序和时间复杂度分析。

利用“监视哨”的方式进行查找，只需要留出顺序表的一个位置，程序效率较高，尤其是在数据量较大时。折半查找要求待查序列为有序的，比较次数少，查找速度快，平均性能好。二叉查找树上查找某关键字等于给定值的结点过程，查找成功时就是走了一条从根结点到该结点的路径。

排序是一种非常重要且最为常用的操作。衡量排序算法的主要性能是时间复杂度、空间复杂度和稳定性。排序算法有很多，在时间性能没有要求的情况下，直接插入排序、冒泡排序和直接选择排序是比较简单且较为常用的算法。直接插入排序属于稳定排序，适用于数据量较小的情况，数据越有序，则直接插入排序的效率越高。冒泡排序属于稳定排序，实现时只需要一个额外空间，空间复杂度很低，也适用于数据量小或有部分数据已经有序的情况。直接选择排序属于不稳定排序，其思想易于理解，数据交换次数少，但其效率不高。

习　　题

一、单项选择题

1. 对有14个数据元素的有序表R[14]进行折半查找，查找到R[3]的关键字等于给定值，此时元素比较顺序依次为（　　）。

A. R[0]，R[1]，R[2]，R[3]　　B. R[0]，R[13]，R[2]，R[3]

C. R[6]，R[2]，R[4]，R[3]　　D. R[6]，R[4]，R[2]，R[3]

2. 在一棵深度为 h 的具有 n 个结点的二叉查找树中，查找所有结点的最大查找次数为（　　）。

A. n　　B. $\log n$　　C. $(h+1)/2$　　D. h

3. 排序方法中，从未排序序列中挑选一个数据，并将其依次放入已排序序列（初始时为空）的一端的方法，称为（　　）。

A. 插入排序　　B. 冒泡排序　　C. 希尔排序　　D. 选择排序

4. 若对 n 个数据元素进行直接选择排序，则进行任一趟排序的过程中，为寻找最小值元素所需要的时间复杂度为（　　）。

A. $O(1)$　　B. $O(n^2)$　　C. $O(n)$　　D. $O(\lg n)$

5. 在对 n 个数据元素进行直接插入排序的过程中，最多需要进行的趟数为（　　）。

A. n　　B. $n+1$　　C. $n-1$　　D. $2n$

二、填空题

1. 在插入排序和选择排序中，若原始数据已基本有序，则较适合选用________。

2. 假定对数据元素个数 $n=50$ 的有序表进行折半查找，则相应的折半查找判定树高度为________，最后一层的结点个数为________。

3. 对一个数据元素个数为 n 的线性表，若顺序查找关键字为 k 的数据，则成功查找的时间复杂度为________。

4. 设一个数据元素序列为（46,79,56,64,38,40,84），在冒泡排序的过程中进行第 1 趟排序时，元素 79 将最终下沉到其后第________个元素的位置。

5. 若对一个数据元素序列（46,79,56,38,40,80,35,50,74）进行直接插入排序，当把第 8 个元素插入到前面已排序的有序表时，为寻找插入位置需比较________次。

三、简答题

1. 什么是内部排序？什么是外部排序？

2. 简述二叉树和二叉查找树之间的关系。

3. 简述顺序查找法和折半查找法的查找条件。假设各元素的查找概率是相同的，对于 $n(n>50)$ 个数据元素的序列：

1）用顺序查找法时，其查找成功的平均查找长度为多少？

2）用折半查找法时，其查找成功的平均查找长度为多少？

4. 已知数据元素序列（35,78,12,26,90,41,66,58），请写出对该序列采用插入排序方法进行升序排序的各趟结果，并分析其时间复杂度。

5. 已知数据元素序列（46,74,53,14,26,38,86,65,27,34），给出采用冒泡排序法进行排序时，每一趟的排序结果。

四、程序设计题

1. 试编写算法，在具有 n 个整型数据元素的顺序表中，设置高位“监视哨”查找关键字为 k 的元素。

2. 在二叉查找树的链式存储结构中，各结点数据域为整型，即为结点关键字，编写递归算法，查找并输出所有关键字为偶数的结点值。

3. 已知一维数组 a[10] 中存放了 0~9 共 10 个互不相同的无序数字，试编写算法，将它们对号入座，如 a[0] 中存放 0、a[1] 中存放 1 等，要求算法的时间复杂度为 $O(n)$。

4. 编写算法，采用顺序查找方法，在以 head 为表头指针的不带头结点单链表中，查找值为 X 的关键字，若查找成功返回结点指针 p，查找失败则返回 NULL。

第三篇　软件开发技术基础

计算机软件是计算机硬件设备上运行的各种程序及其相关资料的总称。软件的程序代码要在计算机系统中运行，首先将其转换为计算机能够识别的机器语言，借助计算机操作系统，通过各种指令使计算机硬件高效、有序地运行。计算机操作系统能够实现对计算机硬件的管理、为应用软件提供的各种接口指令或协议。为更好地开发和维护计算机软件，尤其是大型软件，缓解软件危机，人们又提出了软件工程的概念。随着计算机应用范围扩大，数据量急剧增长，数据管理规模一再扩大，使用操作系统的文件系统作为数据管理手段已经不能满足应用的需求，从而有了数据库的概念。软件运行需要操作系统的支持，软件管理需要软件工程技术，软件涉及的数据存储和管理需要用到数据库技术。因此，本篇介绍操作系统、软件工程和数据库系统的基本概念和原理，使考生了解现代操作系统的基本概念、软件工程过程等知识，熟悉数据库的设计过程、数据库的建立与操作，在系统层面上再认识程序和算法，提高考生对计算机软件及开发的认识。

第十一章　操作系统概述

学习目标：

- 掌握操作系统的概念和地位，从不同角度理解操作系统。
- 掌握进程和线程的概念。
- 掌握操作系统的五个主要功能：进程管理功能、内存管理功能、设备管理功能、文件管理功能和提供给用户的接口。
- 理解不同类型操作系统产品的特点。

计算机操作系统的设计与实现技术是计算机科学领域的一个重要研究主题，也是计算机科学相关领域的工作者理解计算机工作基本原理、深入认识计算机软件驱动硬件完成特定功能过程的关键环节。本章从操作系统的概念、功能、特征、发展、内存管理和进程管理等不同角度简要介绍操作系统，目的是让考生了解什么是操作系统、操作系统能做什么、为什么计算机系统中需要操作系统的支持。

第一节　操作系统简介

操作系统（Operating System，OS）是一种复杂的系统软件，是不同程序代码、数据结构、数据初始化文件的集合，如常用的 Linux、Windows10、Windows11 和 macOS 等。我们常说装“系统”，就是指安装“操作系统”。操作系统提供计算机用户与计算机硬件之间的接口，并管理计算机软件和硬件资源。操作系统本身并不向用户提供可直接使用的功能，一台仅装有操作系统的计算机对于用户而言几乎是没有用的，但是它为用户可直接使用的应用程序的运行提供了环境，并为应用程序的开发提供平台，使应用程序的开发变得简单、高效。

操作系统是覆盖在裸机上的第一层软件，编译程序、数据库管理系统（DataBase Management System，DBMS）以及其他应用程序都运行在操作系统之上，操作系统为这些软件提供运行环境。操作系统在计算机系统中的地位如图 11-1 所示。

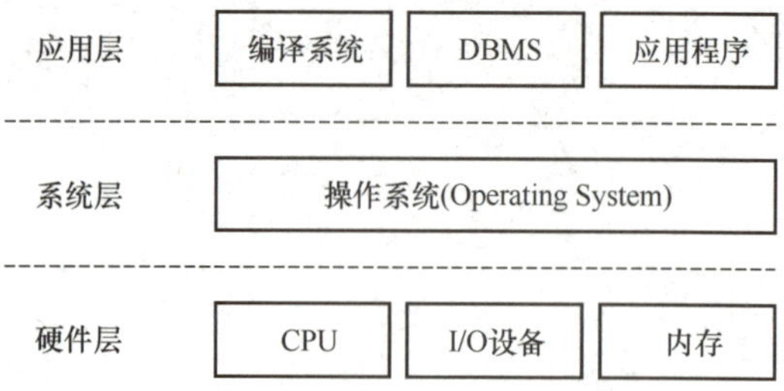

图 11-1　操作系统在计算机系统中的地位

操作系统必须实现两个主要目标：

1）与硬件部分相互作用，为硬件平台上的所有底层可编程部件提供服务。例如，要使用显示器，必须为驱动显示器工作的一些寄存器赋值，以便让显示器“知道自己要以什么样的背景颜色、前景颜色显示什么内容”。

2）为运行在计算机系统上的应用程序提供执行环境。高级语言的应用程序是不能在裸机上运行的，必须运行在操作系统上，由操作系统为要执行的应用程序分配必要的软件和硬件资源，并对这些资源进行有效的管理。

下面从不同角度说明什么是操作系统。

一、用户与硬件之间的接口

为什么说操作系统提供了计算机用户与计算机硬件之间的接口？接口是两个不同组成部分的交接面。在计算机专业领域，接口分硬件接口和软件接口，硬件接口如USB接口、串口和并口等。软件接口如C语言中的函数调用printf()。

计算机的所有功能最终都是由硬件的操作来实现的。但是，通常使用诸如C、C++、Java和Python等高级程序设计语言所编写的应用程序中并没有直接操作硬件的语句、指令，那为什么这些程序依然能够操纵显示器、打印机、摄像头、网卡和磁盘等硬件，通过硬件对程序的执行得到执行结果，完成特定的功能呢？因为应用程序是在操作系统上运行，控制硬件的程序都封装在操作系统的内核中。

例如，执行用户程序中的printf()，在显示器上输出字符串，不需要在用户程序中写入直接操作打印机或显卡的指令，用户程序会通过接口printf()最终调用到操作系统中实现输出功能的函数，其中包括了驱动硬件的指令，从而实现了对硬件的操作。这个过程比较漫长，实际上在printf()函数中又调用了其他的库函数，经过库函数的层层调用之后，通过系统调用进入内核，执行操作系统中的特殊函数和显示驱动程序，控制硬件完成显示或者打印输出的功能。

因为有了操作系统对硬件的隐藏和管理，并为应用程序提供了运行环境，所以在操作系统之上编写和运行应用程序就简单多了。例如，在Windows下用C语言编写从磁盘读文件的程序，只需使用fopen()、fread()、fclose()几个函数调用。但是在没有操作系统的裸机上要写一个可以读文件的程序就复杂多了，必须清楚要读的文件在磁盘上的物理位置，即文件数据在磁盘上的柱面号、磁道号和扇区号。还需要知道读入的数据放在内存的什么位置，然后执行相应的指令序列完成读操作。

大多数应用软件的开发者可以在不了解计算机硬件接口的情况下编写应用程序，这是因为有了操作系统和大量的库函数完成了公用的、复杂的、可以被应用程序调用的功能。由以上两个实例的对比可以看出，操作系统屏蔽了对硬件操作的细节，提供了计算机用户（终端用户和应用程序开发者）与计算机硬件之间的接口，并且通过这个接口使应用程序的开发变得简单、高效。

二、资源的管理者

现代计算机系统的一个重要特点就是支持多任务，即允许在同一个系统内多个应用程序“同时”执行。多个应用程序共同使用计算机硬件和软件资源时，就需要操作系统对这些资源进行有效的管理。一方面，保证用户程序的顺利执行；另一方面，使计算机系统资源得到尽可能高效的利用，保证计算机系统的高性能。操作系统所管理的资源主要包括处理器（也称处理机）、内存、设备、文件，在网络操作系统中还包括网卡、带宽等，如图11-2所示。

操作系统是在解决计算机系统所面临的问题中诞生并发展的自然结果。大家熟知的中国铁路12306应用程序，即大型应用软件，必须运行在操作系统之上才能为用户提供在线购票、支付、订单处理、改签等功能，使用数据库系统为其提供数据存储和管理服务。12306

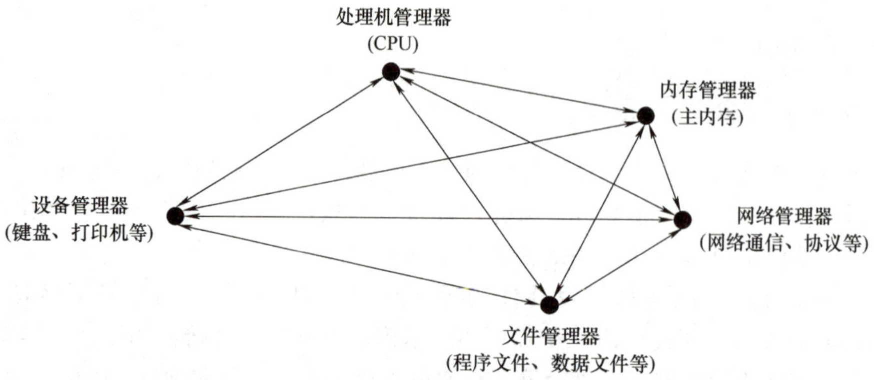

图 11-2 操作系统管理的资源

应用程序一般在晚上 23:00 到次日早上 1:00 进行系统维护，这一时间段内，暂停售票服务。在系统维护期间，通常完成硬件维护、软件更新和补丁管理、性能优化、数据库的备份和恢复操作、故障处理等任务。

操作系统的发展依次经历了从无操作系统到单道批处理系统、多道程序系统（包含多道批处理系统和分时系统）的过程。随着计算机应用领域的扩大、计算机体系结构的多样化，又出现了个人计算机操作系统、网络操作系统、实时操作系统、嵌入式操作系统、移动终端操作系统和物联网操作系统等，满足不断发展的应用需求。

第二节 操作系统功能

操作系统的基本功能是管理各种计算机并给用户提供一种简便、有效使用资源的手段，充分发挥各种资源的利用率。操作系统应具有的基本功能有进程管理、内存管理、设备管理、文件管理和提供用户接口。

一、进程管理

早期无操作系统及单道批处理系统的计算机中，程序的执行方式都是典型的顺序执行。即先进入内存的程序先执行，在一个程序执行完毕之前，不能执行其他程序。程序并发执行是指在同一时间间隔内运行多个程序，一个程序执行结束之前，可以运行其他程序。对用户而言，看到的是计算机同时运行多个程序。程序并发执行的确切含义是从宏观上，用户看到多个程序同时向前不间断地推进。而从微观上，任意时刻一个 CPU 上只有一个程序在执行。在现代单 CPU 或多 CPU 的计算机中，支持多任务，以及支持多用户多任务的操作系统都能够有效管理和支持程序的并发执行。

1. 进程的概念

当操作系统支持程序并发执行时，并发执行的程序可能是同一个程序在不同数据集合上的执行实体，也可能是不同的程序在不同数据集合上的执行实体，它们共享系统资源。用程序已不能方便地描述并发执行的程序对应的实体，所以引入了进程的概念。

进程是允许并发执行的程序在某个数据集合上的运行过程，是系统进行资源分配和调度的一个独立单位。进程代表了程序的执行过程，是一个动态的实体，它随着程序中指令的执行而不断地变化，在某个特定时刻的进程内容被称为进程映像。

进程与程序是相互区别的。首先，程序是静态的，进程是动态的。程序是存储在某种介质上的二进制代码，进程对应了程序执行的过程，系统不需要为一个不执行的程序创建进程，一旦进程被创建，就处于不断变化的动态过程中，对应了一个不断变化的上下文环境。其次，程序是永久的，进程是暂时存在的。只要程序的拥有者不去删除它，程序可以永久性地存在于磁盘、U 盘这样的外存储介质中。进程因程序的执行而被创建，因程序执行的结束而被撤销，有一个相对短暂的生命期。再次，程序与进程的存在实体不同。程序是指令的集合，而进程可以被认为是程序的执行实体。

进程与程序又是相互联系的。首先，进程是程序的一次执行，进程总是对应至少一个特定的程序，执行程序的代码。其次，一个程序可以对应多个进程。同一个程序可以在不同的数据集合上运行，因而构成若干个不同的进程。几个进程能并发地执行相同的程序代码，而同一个进程能顺序地执行几个程序。

2. 进程管理功能

进程管理功能主要包括进程的描述与组织、进程控制、进程同步、进程通信、进程调度。

1）进程的描述与组织。进程的描述与组织的主要任务是定义与进程有关的数据结构及其在内核中的描述形式，并通过定义数据结构来管理和组织系统中任意时刻的多个进程，目的是要使系统中的程序在需要时能够以有效的方式检索到系统中的每一个进程。

2）进程控制。进程控制的功能是完成创建、撤销、唤醒和阻塞进程等操作。

3）进程同步。操作系统同步机制的主要任务就是要保证在多任务共享系统资源的情况下，程序执行能得到正确的结果。此外，有些进程之间具有相互合作关系，同步机制需要解决这些进程执行的协调问题。

4）进程通信。操作系统提供进程通信功能，以支持进程之间的信息交换。进程之间的通信机制有共享内存系统、消息传递系统、管道通信系统，通过网络进行的进程间通信还包括远程过程调用、套接字等方式。

5）进程调度。当多个进程在系统中并发执行时，所有进程共享 CPU。当某一 CPU 上运行的进程因阻塞或进程运行结束而使 CPU 可以分配给其他进程使用时，系统必须从众多就绪的可运行进程中选择一个进程，将 CPU 分配给该进程，使系统有效运行。因此，进程调度的主要工作即是根据一定调度算法从就绪队列中选出一个进程，把 CPU 分配给它。调度算法的好坏直接影响到系统的设计目标和工作效率。常用的调度算法有先来先服务、最短进程优先、时间片轮转和优先权调度算法等。

3. 线程的概念

在传统的操作系统中，进程是进行资源分配和独立执行的基本单位。由于进程既是独立执行的基本单位，又是资源拥有者，在进程创建、撤销和切换时需要较大的时空开销。所以，系统中所设置的进程数和进程切换的频率都受到了限制，影响了操作系统并发程度的提高。为了进一步提高程序的并发性，减少系统开销，在操作系统中引入了线程的概念。

线程是进程中的一个实体，是被系统独立调度和分派的基本单位。线程只拥有在运行中必需的资源，包括程序计数器、一组寄存器和栈，但它可与同属一个进程的其他线程共享进程所拥有的全部资源。一个线程可以创建和撤销另一个线程，同一进程中的多个线程可以并发执行。引入线程作为独立调度和分派的单位，不独立拥有资源（仅有少量基本资源），而与其他线程共享同一进程的资源，减小了系统的时空开销。

线程的实质是把进程的任务划分成更小、具有独立功能的单位，以线程的形式来并发执行，以提高程序并发执行的程度。通过使用线程，程序员能够更好地利用多核处理器、实现异步编程，并简化复杂的并发任务。

二、内存管理

内存管理的主要任务是为多道程序的运行提供良好的环境，方便用户使用内存，提高内存的利用率，以及从逻辑上扩充内存以实现虚拟存储。为此，内存管理应具有内存分配、内存保护、地址映射、内存扩充功能。

1）内存分配。内存分配的主要任务是为每道程序分配内存空间，使它们各得其所。提高存储器的利用率，以减少不可用的内存空间。允许正在运行的程序申请附加的内存空间，以适应程序和数据动态增长的需要。

操作系统可以采用两种方式实现内存分配，即静态分配方式和动态分配方式。采用静态分配方式是把内存划分成固定大小和数量一定的区域，在系统运行过程中各分区的大小和数量不再变化。采用动态分配方式是系统在运行过程中，根据进程的请求分配内存，内存中分区的大小和数量都是动态变化的。

2）内存保护。内存保护的任务一是使操作系统内核的空间不会被用户随意访问，以保证系统的安全、稳定；二是确保每道用户程序都在自己的内存空间中运行，互不干扰。实现的方式可以采用界限寄存器存放允许程序访问的地址区间的上限和下限值。程序运行期间访问内存时，把访问地址与界限寄存器的值相比较，如果发生越界，便发出越界中断请求，以停止该程序的运行。需要说明的是，现代操作系统实现内存保护的方式不仅限于使用界限寄存器。

3）地址映射。CPU 执行程序过程中访问内存，需要把程序的逻辑地址转变为物理地址，这个转换的过程称为地址映射。一个应用程序经编译后，通常会形成若干个目标程序，这些目标程序再经过链接而形成可装入程序。这些程序中指令和数据的地址都是相对于编译链接后的机器代码程序的起始地址计算的，由这些地址所形成的地址范围称为地址空间，其中的地址称为逻辑地址。地址映射也称地址变换。在多道程序系统中，地址空间中的逻辑地址和内存中的物理地址是不一致的。因此，内存管理必须提供地址映射功能，以将逻辑地址转换为对应的物理地址。地址映射应在硬件的支持下完成。

4）内存扩充。内存扩充的任务是借助于虚拟存储技术，从逻辑上扩充内存容量，使系统能够向用户提供比物理内存大的存储容量。为了能从逻辑上扩充内存，系统必须具有内存扩充机制，以实现下述功能：

① 请求调入功能。允许系统在装入一部分用户程序时就启动该程序的运行，在程序运行过程中若发现要执行的指令或要访问的数据尚未装入内存，通过请求调入把需要的指令或数据装入内存；

② 置换或对换功能。在请求调入时，若发现内存空间不够，则需要系统先将内存中的一部分内容换出到外存中，以便腾出内存空间装入当前需要的内容。

三、设备管理

计算机系统中的I/O设备即输入/输出设备是用于计算机系统与人通信或与其他机器通信的所有设备，以及所有外存设备。I/O设备管理是操作系统的重要功能之一，也简称为设备管理。设备管理主要完成用户的I/O请求，为用户分配I/O设备。为了完成这些任务，设备管理应该具有以下功能：

1）缓冲管理。管理各种缓冲区。缓冲区是用来保存两个设备之间或设备与应用程序之间传输数据的内存区域。引入缓冲区除了可以缓和CPU与I/O设备之间速度不匹配的矛盾，还能降低对CPU中断频率的要求，放宽对中断响应时间的限制，提高CPU和I/O设备之间的并行性。操作系统提供的缓冲区类型通常有单缓冲、双缓冲、循环缓冲和缓冲池。

2）设备分配。在多道程序环境下，系统中的设备不允许用户自行使用，而必须由系统分配。每当进程向系统提出I/O请求时，设备分配程序便按照一定的策略，把设备分配给用户。设备分配功能的完成，需要记录设备情况的数据结构和设备分配算法。

3）设备处理。由设备驱动程序来实现CPU与设备控制器之间的通信，控制设备进行具体的I/O操作。

4）设备独立性和虚拟设备。设备独立性功能使应用程序独立于物理设备。例如，用高级程序设计语言写打印图形的程序，与使用什么型号、品牌的打印机无关。虚拟设备的功能是把一个物理设备变换为多个对应的逻辑设备，使一个物理设备能供多个用户共享。

四、文件管理

计算机系统中的软件资源（如程序和数据）是以文件的形式存在外存储器（如磁盘、磁带）中供用户使用。文件管理是操作系统的重要功能之一，它为用户提供了在计算机系统中对数据信息进行长期、大量存储和访问的功能。文件的结构以及文件的命名、访问、存储、保护和实现方法都是文件系统设计的主要内容。文件命名向用户提供了简单、直观的文件访问方式。多数操作系统都支持文件名用圆点分开为两部分，如“hello. c”，圆点后面的部分称为文件扩展名。从总体上看，操作系统中处理文件的部分称为文件系统，文件系统包括了文件以及管理文件的软件集合。

文件管理应实现以下功能：

1）文件存储空间的管理。为每个文件分配必要的外存空间，提高外存利用率，并能有助于提高访问文件的速度。

2）目录管理。为每个文件建立目录项并对众多目录项进行有效组织。目录项包括文件名、文件属性、文件地址等信息。

3）文件的读、写管理和存取控制。根据用户的请求，从外存中读取数据或将数据写入外存。防止未经核准的用户存取文件、防止冒名顶替存取文件、防止以不正确的方式使用文件。

五、提供用户接口

为了方便用户使用操作系统，操作系统向用户提供了用户与操作系统之间的接口。操作系统向最终用户提供命令行和图形接口，向程序员提供了应用程序与操作系统之间的接口即系统调用。系统调用是操作系统实现的具有某种功能的程序模块，应用程序可以通过系统调用的接口使用操作系统实现的功能，获得操作系统内核的服务。

1）命令接口。为了便于用户与计算机系统的交互，早期的操作系统都向用户提供了命令接口。命令接口又可分为联机用户接口和脱机用户接口。

① 联机用户接口，由一组键盘操作命令和命令解释程序组成。当用户在终端或控制台上键入一条命令后，系统便立即转入命令解释程序，对该命令进行解释并执行该命令。在完成功能后，控制又回到终端或控制台上，等待用户键入下一条命令；

② 脱机用户接口，是为批处理作业的用户提供的，也称为批处理用户接口。

2）图形接口。20 世纪 90 年代在操作系统中开始引入图形化用户接口。在提供图形用户接口的操作系统中，用户可以轻松地通过选择窗口、菜单、对话框、滚动条、图标等简单的操作来完成对作业和任务的提交与控制。用户不必记住与操作对应的命令和命令参数的格式。图形用户接口使操作计算机成为相对简单的事情，也使更多的非专业人员能很快掌握计算机和应用程序的操作。

3）程序接口。操作系统提供给程序员的接口是系统调用。在类 UNIX 系统中，系统调用多使用 C 语言所提供的库函数。例如，在程序中，使用 C 语言的函数 fseek( )，而 fseek( ) 的代码调用了 lseek 系统调用。一般的操作系统都提供进程控制、文件操纵、通信管理和系统维护等几类系统调用。

第三节　操作系统产品

一、主机操作系统

主机操作系统是运行在大型主机上的操作系统，主要提供三类服务：批处理、事务处理和分时处理。

批处理系统处理不需要交互式用户干预的周期性作业，如保险公司的索赔处理或者连锁商店的销售报告通常以批处理的方式完成。

事务处理系统负责大量的小请求，例如，银行的支票处理或航班预订，每个业务量都很小，但是系统必须每秒处理成百上千甚至上万个业务，需要很快的处理速度。

分时处理系统允许多个用户同时在计算机上工作，执行命令或处理作业。

一个大型主机操作系统通常同时具有批处理、事务处理和分时处理的功能。IBM 的 OS/360、OS/390 是典型的大型主机操作系统。Linux、UNIX 的一些版本也是很多大型机常用的操作系统。

二、服务器操作系统

服务器操作系统是运行在网络服务器上的操作系统，可以通过网络同时为众多用户服务，允许用户共享硬件和软件资源。服务器可提供打印服务、文件服务和 Web 服务。典型的服务器操作系统有 Solaris、FreeBSD、Linux、Windows NT 和 Windows Server 200X。Linux 作为影响力最大的开源软件，其内核根据不同的需要被定制，广泛地应用于服务器、个人计算机和移动设备。一些互联网公司如腾讯、阿里巴巴使用 Linux 内核的不同发行版作为自己的网络服务器操作系统。

三、个人计算机操作系统

现代个人计算机操作系统都支持多道程序处理，就是通常说的支持多任务。个人计算机操作系统为单个用户提供良好的应用环境和应用软件开发环境。常见的个人计算机操作系统有 Windows 的个人计算机操作系统系列、Linux 的不同发行版、Macintosh、Chrome OS 和苹果公司的 Mac OS 等。

四、嵌入式操作系统

嵌入式操作系统是运行于嵌入式设备中的操作系统，其特征是小巧、实时性、可装卸、代码固化、弱交互性、强稳定性、接口统一和低能耗。嵌入式操作系统的应用领域有掌上电脑、智能手机、数码相机、自动售货机、自动取款机、工业控制设备、军工装备、游戏机、医疗设备、网络设备和汽车的车载设备等。

在功能简单的低端嵌入式系统中，直接在嵌入式硬件中运行嵌入式应用程序，不必使用嵌入式操作系统，如早期的诺基亚手机的很多系列是没有操作系统的。现代智能手机支持的功能丰富多样，这些功能需要操作系统提供支持。主流的智能手机操作系统有 Google 开发的移动操作系统 Android、苹果公司开发的专有移动操作系统 iOS（仅限于苹果设备使用，如 iPhone 和 iPad）、其他一些较小众或特定领域使用的智能手机操作系统（如 Sailfish OS、Ubuntu Touch、Firefox OS 等）。由华为公司开发的一套操作系统 Harmony OS（鸿蒙），可以满足大大小小各种设备的需求，小到耳机，大到车机、智慧屏、手机等。

在物联网快速发展的情况下，出现了物联网操作系统。物联网操作系统本质上是连接在物联网中的各种可计算设备中的操作系统，也是嵌入式操作系统。物联网操作系统的产品较为丰富，如苹果公司的 iOS、谷歌的 Android Things、微软的 Windows10 IoT Core 和开源物联网项目 FreeRTOS 等。

本章小结

本章主要讨论了操作系统的基本概念、功能和产品。操作系统提供计算机用户与计算机硬件之间的接口，并管理计算机软件和硬件资源。

操作系统应具有的基本功能包括进程管理、内存管理、设备管理、文件管理和提供用户接口。进程可以被认为是程序的执行体，是操作系统中最核心的概念。进程管理功能主要包括进程的描述与组织、进程控制、进程同步、进程通信、进程调度。内存是计算机系统的重要组成部分，当操作系统接收到运行某程序的命令后，要为该程序的运行分配内存资源，创建进程，并把进程的全部或部分调入内存。当进程运行结束，系统要回收被撤销进程的内存空间。内存管理的目标，一方面是实现内存分配、内存回收等基本内存管理功能，另一方面是提高内存空间的利用率和内存的访问速度。设备是计算机系统的重要组成部分，设备的多样性使设备的管理非常复杂。设备管理主要完成用户的 I/O 请求，为用户分配 I/O 设备。文件管理为用户提供了在计算机系统中对数据信息进行长期、大量存储和访问的功能。最后，操作系统向用户提供命令、图形和程序接口的形式使用计算机。

计算机操作系统是一个大型复杂的系统软件，学习本章的目的是使考生了解什么是操作系统，操作系统能做什么，为什么计算机系统中需要操作系统的支持才能实现高级语言程序的运行，更进一步提高了考生对软件的认识。

习　题

一、单项选择题

1. 计算机的操作系统是一种（　　）。

A. 应用软件　　B. 系统软件

C. 工具软件　　D. 字表处理软件

2. 下列选项中，不属于操作系统主要功能的是（　　）。

A. 提供计算机用户与计算机硬件之间的接口

B. 内存管理

C. 文档编辑

D. CPU 调度

3. 下列选项中，不属于进程管理主要功能的是（　　）。

A. 进程同步　　B. 进程调度

C. 进程通信　　D. 进程异步

4. 主机操作系统是运行在大型主机上的操作系统。下列选项中，不属于主机操作系统提供的服务是（　　）。

A. 实时处理　　B. 分时处理

C. 事务处理　　D. 批处理

5. 下列选项中，操作系统为程序员提供的接口是（　　）。

A. 系统调用　　B. 应用程序

C. 库函数　　D. 操作界面

二、填空题

1. 操作系统所管理的资源主要包括________、内存、________、文件，在网络操作系统中还包括网卡、带宽等。

2. 操作系统可以采用两种方式实现内存分配，即________和________。

3. 设备管理主要完成用户的 I/O 请求，为用户分配 I/O 设备。为了完成这些任务，设备管理应该具有以下功能：________、________、设备处理、设备独立性和虚拟设备。

4. 为每个文件建立目录项并对众多目录项进行有效组织。目录项包括________、文件属性、文件地址等信息。

5. 虚拟设备的功能是把一个物理设备变换为多个对应的________，使一个物理设备能供多个用户共享。

三、简答题

1. 说明操作系统的功能。

2. 说明进程和程序的区别与联系。

3. 说明内存保护的任务。

4. 文件管理具有哪些主要功能？

5. 嵌入式操作系统有什么特征？

第十二章　软件工程概述

学习目标：

- 理解软件危机的概念、典型表现和产生原因。
- 理解软件工程的本质特征、基本原理和方法学。
- 理解软件生命周期的概念、各阶段的划分，软件定义、总体设计、详细设计、软件编码、软件测试和软件维护六个阶段的任务。
- 理解常见软件过程模型（瀑布模型、原型模型、螺旋模型和统一过程模型）各自的特点。
- 理解敏捷开发思想、Scrum 模型和 XP 模型。

随着计算机技术的飞速发展，人们对计算机软件的功能、质量、开发时间和成本等提出了越来越高的要求。针对软件开发效率低与计算机应用需求增长快的矛盾，计算机科学技术领域引入了工程化的方法来缓解软件危机，从而逐步形成了计算机软件工程学，简称“软件工程”。

第一节　软件工程简介

一、软件危机

1. 软件危机介绍

软件危机是指软件开发和维护过程中遇到的一系列严重问题。这些问题绝不仅仅是不能正常运行的软件才具有的，实际上，几乎所有软件都不同程度地存在这些问题。概括地讲，软件危机包含下述两个方面：

1）如何高效地开发软件，以满足对软件日益增长的需求。

2）如何维护数量不断膨胀的已有软件。

具体讲，软件危机主要有以下典型表现：

1）软件开发成本和进度难以估计。实际成本比估计成本有可能高出一个数量级，实际进度比预期进度拖延几个月甚至几年的现象并不罕见。这种现象降低了软件开发组织的信誉。而为了赶进度和节约成本所采取的一些权宜之计又往往损害了软件产品的质量，从而不可避免地会引起用户的不满。

2）用户对“已完成的”软件系统不满意的现象经常发生。软件开发人员常常在对用户要求只有模糊的了解，甚至对所要解决的问题还没有确切认识的情况下，就匆忙着手编写程序。软件开发人员和用户之间的信息交流往往很不充分，必然导致最终的产品不符合用户的实际需要。

3）软件产品的质量无法保证。软件质量保证技术（审查、复审、程序正确性证明和测试）还没有坚持不懈地应用到软件开发的全过程中，这些都导致软件产品发生质量问题。

4）软件常常是不可维护的。很多程序中的错误是非常难改正的，实际中不可能使这些程序适应新的硬件环境，也不能根据用户的需要在原有程序中增加一些新的功能。“可重用的软件”还是一个没有完全做到的、正在努力追求的目标，人们仍然在重复开发类似的或基本类似的软件。

5）软件缺少适当的文档资料，难以维护。计算机软件不仅仅是程序，还应该有一整套文档资料。管理人员可以使用这些文档资料，来管理和评价软件开发工程的进展状况；软件开发人员可以利用它们在软件开发过程中准确地交流信息。缺乏必要的文档资料或者文档资料不合格，必然给软件开发和维护带来许多严重的困难和问题。

6）软件成本在计算机系统总成本中所占的比例逐年上升。由于微电子学技术的进步和生产自动化程度的不断提高，硬件成本逐年下降，然而软件开发需要大量人力，软件成本随着通货膨胀以及软件规模和数量的不断扩大而持续上升。

7）软件开发速度跟不上社会需求的增长。软件产品“供不应求”的现象使人们不能充分利用现代计算机硬件提供的巨大潜力。

以上列举的仅仅是软件危机的一些明显的表现，软件开发和维护的问题远远不止这些。

2. 软件危机产生原因

软件危机产生的原因划分为两点：

1）与软件自身的特点有关。首先，软件是计算机系统中的逻辑部件。由于软件缺乏“可见性”，在写出程序代码并在计算机上试运行之前，软件开发过程的进展情况难以衡量，软件的质量也较难评价，因此，管理和控制软件开发过程相当困难。在运行期间，软件维护通常意味着改正和修改原来的设计，在客观上使得软件较难维护。其次，软件规模庞大，且程序的复杂性随着程序规模的增加而呈指数级上升。开发一个高质量的大型软件不仅需要诸多技术支持，更需要严格而科学的管理方法。

2）与软件开发和维护的方法不正确有关。错误认知和做法的形成归因于早期软件开发的个体化特点，主要表现为忽视软件需求分析的重要性、忽略文档、轻视维护，导致软件开发成本高，修改代价大。

二、软件工程

1. 软件工程介绍

1968 年在联邦德国召开的国际会议上讨论软件危机问题，正式提出并使用了“软件工程”这个名词。软件工程是一门指导计算机软件开发和维护的工程学科，采用工程的概念、原理、技术和方法来开发与维护软件，把经过时间考验而证明正确的管理和技术与当前能够得到的最好方法结合起来，以经济地开发出高质量的软件并有效地维护它。所以，软件工程包括技术和管理两方面的内容。所谓管理就是通过计划、组织和控制等一系列活动，合理地配置和使用各种资源，以达到既定目标的过程。

人们曾经给软件工程下过许多定义。虽然软件工程的不同定义使用了不同词句，强调的重点也有差异。但是，人们普遍认为软件工程具有下述的本质特征：

1）软件工程关注于大型程序的构造。

2）软件工程的中心课题是控制复杂性。

3）软件应随着所模拟的现实世界一起变化。

4）开发软件的效率非常重要。

5）有效地多人协同工作是软件开发的关键。

6）软件必须有效地支持它的用户。

7）软件通常是由缺乏应用领域知识和文化知识的工程师创造完成。

2. 软件工程的基本原理

自从“软件工程”这个术语被提出和使用以来，研究软件工程的专家学者们陆续提出了100多条关于软件工程的准则。著名的软件工程专家B. W. Boehm综合这些学者们的意见并总结了多年开发软件的经验，提出了软件工程的七条基本原理。他认为这七条原理是确保软件产品质量和开发效率的原理的最小集合。这七条原理是互相独立的，其中任意六条原理的组合都不能代替另一条原理，因此，它们是缺一不可的最小集合，然而这七条原理又是相当完备的，人们虽然不能用数学方法严格证明它们是一个完备的集合，但是，可以证明在此之前已经提出的100多条软件工程原理都可以由这七条原理的任意组合蕴含或派生。下面简要介绍软件工程的七条基本原理。

1）用分阶段的生存周期计划进行严格管理。把软件生存周期划分成若干阶段，并制定出相应可行的计划，然后严格按照计划对软件的开发与维护工作进行管理。

2）坚持进行阶段评审。大部分错误是在编码之前造成的，错误发现的越晚，改正它要付出的代价（包括费用和工作量）就越大。因此，在软件生存周期的每个阶段都进行严格的评审，以便尽可能早地发现和改正软件开发过程中的错误，从而降低修改代价。

3）实行严格的产品控制。改变一项需求往往需要付出较高的代价，因此在软件开发过程中不应随意改变需求。但若必须修改，则应实行严格的产品控制，主要方法是基准配置管理，即一切有关修改软件的建议，必须严格按照规程进行评审，获得批准后才可修改。

4）采用现代程序设计技术。实践表明，采用先进的技术不仅可以提高软件的开发和维护的效率，而且可以提高软件产品的质量。

5）清楚地审查结果。软件是看不见摸不到的逻辑产品，为了管理软件的开发过程，应根据软件开发项目的总体目标及其完成期限，规定开发组织的责任和产品标准，从而使结果能够被清楚地审查。

6）软件开发小组的人员应该少而精。软件开发小组人员的素质和数量会直接影响到软件产品的质量与效率，因此开发小组人员的合理安排原则是“少而精”。

7）必须不断改进软件工程实践。为了保证软件开发过程“与时俱进”，必须积极主动地采用新技术，同时不断总结经验教训。

三、软件工程方法学

通常把在软件生命周期全过程中使用的一整套技术方法的集合称为方法学。软件工程方法学包含三个要素：方法、工具和过程。其中，方法是完成软件开发的各项任务的技术方法，回答“怎样做”的问题；工具是为运用方法而提供的自动的或半自动的软件工程支撑环境；过程是为了获得高质量的软件所需要完成的一系列任务的框架，它规定了完成各项任务的工作步骤。目前，使用广泛的软件工程方法学是传统方法学和面向对象方法学。

1. 传统方法学

传统方法学也称为生命周期方法学或结构化范型。它采用结构化技术（结构化分析、结构化设计和结构化实现）来完成软件开发的各项任务，并使用适当的软件工具或软件工程环境来支持结构化技术的运用。这种方法学把软件生命周期的全过程依次划分为若干个阶段，然后顺序地完成每个阶段的任务。采用这种方法学开发软件时，从对问题的抽象逻辑分析开始，按阶段顺序进行开发。前一个阶段任务的完成是开始进行后一个阶段工作的前提和基础，而后一阶段任务的完成通常是使前一阶段提出的解法更进一步具体化，加进了更多的实现细节。每一个阶段的开始和结束都有严格标准。在每一个阶段结束之前都必须进行正式的严格的技术审查和管理复审，通过之后这个阶段才算结束；如果没通过检查，则必须进行必要的返工，而且返工后还要再经过审查。审查的一条主要标准就是每个阶段都应该交出描述该阶段工作的高质量的文档，从而保证在软件开发工程结束时有一个完整准确的软件配置交付使用。

把软件生命周期划分成若干个阶段，每个阶段的任务相对独立，而且比较简单，便于不同人员分工协作，从而降低了整个软件开发工程的困难程度。每个阶段都采用科学的管理技术和良好的技术方法，而且在结束之前都从技术和管理两个角度进行严格的审查，合格之后才开始下一阶段的工作，这就使软件开发工程的全过程以一种有条不紊的方式进行，保证了软件的质量，特别是提高了软件的可维护性。总之，采用生命周期方法学可以大大提高软件开发的成功率，软件开发的生产率也能明显提高。

传统方法学历史悠久，为广大软件工程师所熟悉，而且在开发某些类型的软件时也比较有效，因此，在相当长一段时期内这种方法学还会有生命力。但是，由于结构分析和结构设计技术的采用，导致软件的稳定性、可维护性和可重用性比较差。为了克服传统方法的缺点，人们在实践中逐步提出面向对象方法、基于构件方法、CASE 技术、敏捷软件开发方法等软件工程的新技术。

2. 面向对象方法学

当软件规模庞大、软件需求模糊且会随时间变化时，使用传统方法学开发软件往往不成功，即使能够开发出软件，后期维护也是困难的。传统方法学采用的技术要么是面向行为（对数据的操作），要么是面向数据，把数据和操作人为地分离成两个独立的部分，自然会增加软件开发与维护的难度。软件系统本质上是信息处理系统，数据和对数据的操作是密切相关的。与传统方法相反，面向对象方法把数据和行为看成是同等重要的，它是一种以数据为主线，把数据和对数据的操作紧密地结合起来的方法。

面向对象方法学具有下述四个要点：

1）把对象作为融合了数据及在数据上的操作行为的统一的软件构件。面向对象程序是由对象组成的，程序中任何元素都是对象，复杂对象由比较简单的对象组合而成。也就是说，用对象分解取代了传统方法的功能分解。

2）把所有对象都划分成类。每个类都定义了一组数据和一组操作，类是对具有相同数据和相同操作的一组相似对象的定义。数据用于表示对象的静态属性，是对象的状态信息，而施加于数据之上的操作用于实现对象的动态行为。

3）按照父类（又称为基类）与子类（又称为派生类）的关系，把若干个相关类组成一个层次结构的系统。下层派生类自动拥有上层基类中定义的数据和操作，这种现象称为继承。

4）对象彼此间仅能通过发送消息互相联系。对象是数据处理的主体，必须向它发消息请求执行它的某个操作以处理它的数据，而不能从外界直接对它的数据进行处理。也就是说，对象的所有私有信息都被封装在该对象内，不能从外界直接访问，这就是通常所说的封装性。

面向对象方法学的出发点和基本原则是尽量模拟人类习惯的思维方式，使开发软件的方法与过程尽可能地接近人类认识世界、解决问题的方法与过程，从而使描述问题的问题空间与实现解法的求解空间在结构上尽可能一致。

用面向对象方法学开发软件的过程，是一个主动地多次反复迭代的演化过程。面向对象方法在概念和表示方法上的一致性，保证了在各项开发活动之间的平滑过渡。正确地运用面向对象方法学开发软件，最终的软件产品由许多较小的、基本上独立的对象组成。每个对象相当于一个微型程序，而且大多数对象都与现实世界中的实体相对应，因此，降低了软件产品的复杂性，提高了软件的可理解性，简化了软件的开发和维护工作。对象是相对独立的实体，容易在以后的软件产品中重复使用。因此，面向对象范型的另一个重要优点是促进了软件重复使用。面向对象方法特有的继承性和多态性，进一步提高了面向对象软件的可重用性。

第二节 软件生命周期

软件从定义、开发、使用、维护，直至最终被废弃的漫长时期称为软件生命周期（Software Life Cycle）。一般来说，软件生命周期由软件定义、软件开发和软件维护三个时期组成，每个时期又可进一步划分成若干阶段，然后逐步完成各个阶段的任务。图 12-1 所示的软件生命周期显示了软件开发的流程。

→ 顺序

软件定义时期	软件开发时期			软件维护时期
软件定义	软件设计	软件编码	软件测试	软件维护
7%	6%	7%	13%	67%

← 反馈

图 12-1 软件生命周期的各阶段

其中右箭头（→）表明各阶段具有顺序性和依赖性；左箭头（←）表示若下一阶段发现错误，则应返回前面相关阶段进行修改，百分数表示该阶段的工作量约占整个软件系统工作量的百分比。

软件开发时期的任务是具体设计并实现在前一个时期定义的软件。软件开发时期通常由软件设计、软件编码和软件测试三个阶段组成。其中，软件设计又分为总体设计和详细设计两个阶段，其任务是根据需求规格说明书，形成软件的具体设计方案，即明确软件系统“怎样做”的问题。

下面简要介绍软件生命周期每个阶段的基本任务。

一、软件定义

软件定义阶段的任务是确定软件开发过程必须完成的总目标，即根据用户具体需求解决系统“做什么”的问题。它包括三个子阶段：问题定义、可行性研究和需求分析。

1. 问题定义

问题定义是明确“软件要解决的问题是什么?”。首先要收集和分析相关信息，准确、完整地描述用户提出的要求。该子阶段最后产生的结果是问题描述文档。

问题定义在软件生存周期中用时最短，一般只需要一天甚至更少的时间。

2. 可行性研究

可行性研究的目的不是解决问题，而是确定问题是否值得去解决，也就是说用最小的代价在尽可能短的时间内确定问题是否能够解决，这需要进行三个方面的研究：

1）技术可行性。使用现有技术能实现这个系统吗?

2）经济可行性。这个系统的经济效益能超过它的开发成本吗?

3）操作可行性。系统的操作方式在这个用户组织内行得通吗?

可行性研究子阶段产生的结果是可行性报告，其需要的时间长短取决于工程的规模。

3. 需求分析

需求分析是明确“目标系统必须做什么?”，是一个不断认识和逐步细化的过程，其目的是确定目标系统必须具备哪些功能。用户了解他们所面对的问题，知道必须做什么，但是通常不能完整准确地表达出他们的要求，更不知道怎样利用计算机解决他们的问题；软件开发人员知道怎样用软件实现人们的要求，但是对特定用户的具体要求并不完全清楚。因此，系统分析员在需求分析阶段必须和用户密切配合，充分交流信息，以得出经过用户确认的系统逻辑模型。在结构化分析方法中，通常用数据流图（Data Flow Diagram，DFD）、数据字典（Data Dictionary，DD）和简要的算法表示系统的逻辑模型，适用于数据处理类型的软件定义。只有通过需求分析，才能把软件功能和性能的总体概念描述为具体的软件需求规格说明。

二、总体设计

总体设计，又称概要设计，其任务是提出候选的最佳方案，确定模块结构，编写总体设计说明书。这个阶段必须回答的关键问题是“概括地说，应该怎样实现目标系统?”。

首先，应该设计出实现目标系统的几种可能的方案。通常至少应该设计出低成本、中等成本和高成本的三种方案。软件工程师应使用适当的表达工具描述每种方案，分析每种方案的优缺点，并在充分权衡各种方案的利弊的基础上，选择一个最佳方案。然后，依据最佳方案，制定出实现该方案的详细计划。如果用户接受所推荐的方案，则继续完成总体设计的另一项主要任务，即设计软件的结构。

软件设计的一条基本原理就是程序应该模块化。一般把用一个名字就可以调用的一段程序称为“模块”，类似于C语言的函数。模块化就是把程序划分成若干个模块，每个模块具有一个确定的子功能。若将这些模块集成为一个整体后，就可以完成指定的功能。采用模块化原理可以使软件结构清晰，容易实现设计，并且增强了软件的可读性。因此，设计软件的体系结构，也就是确定程序由哪些模块组成以及模块与模块之间的关系。

软件设计的另一条基本原理是模块独立性。模块独立是模块化、抽象、信息隐蔽和局部化的直接结果。模块独立的含义是模块完成独立的子功能；模块间相关联和互依赖的程度尽量小。一般采用两个准则度量模块独立性：耦合和内聚。耦合衡量不同模块间相互依赖的紧密程度；内聚衡量一个模块内部各个元素彼此结合的紧密程度。独立性比较强的模块应是高内聚低耦合的模块。

在系统详细设计和编码之前进行总体设计的好处在于可以在软件开发早期就站在全局高度对软件结构进行优化，不但降低了修改代价，而且改进了软件质量。

三、详细设计

总体设计阶段用比较抽象概括的方式提出了解决问题的办法。详细设计，又称模块设计，其根本任务是确定应该怎样具体地实现所要求的系统，是编码的先导。详细设计的主要目标不仅仅是逻辑上正确地实现每个模块的功能，确定实现模块功能所需要的算法和数据结构，更重要的是设计出的处理过程应该尽可能的简明易懂。

结构化程序设计是详细设计的逻辑基础，采用自顶向下逐步求精的设计方法和单入口单出口的控制结构，并且只包含顺序、选择和循环三种基本结构。

描述程序处理过程的工具称为详细设计工具，主要包括如下三类：

1）图形工具：如程序流程图、盒图（N_S 图）、问题分析图（PAD）。

2）表格工具：如判定树、判定表。

3）语言工具：如过程设计语言。

这个阶段不编写程序，而是设计出程序的详细规格说明。这种规格说明的作用类似于其他工程领域中工程师经常使用的工程蓝图，应该包含必要的细节。程序员可以根据它们写出实际的程序代码。

例 12-1　某校制定了教师讲课课时津贴标准。对于各种性质的讲座，无论教师是什么职称，每课时津贴费一律 200 元；而对于一般的授课，则根据教师的职称来决定每课时津贴费：教授 100 元，副教授 75 元，讲师 50 元，助教 30 元。

当算法中包含多重嵌套的条件选择时，用判定表和判定树能方便清晰地表达复杂条件组及其应做动作之间的对应关系。判定树是判定表的变种，有时会比判定表更为直观，更容易被用户接受。判定树是用一种树形方式来表示多个条件、多个取值所应采取的动作。判定树分支表示各种不同的条件，随着分支层次结构的扩充，各条件完成自身的取值。判定树的叶子给出应完成的动作。

本例使用判定树来表示津贴标准算法，如图 12-2 所示。

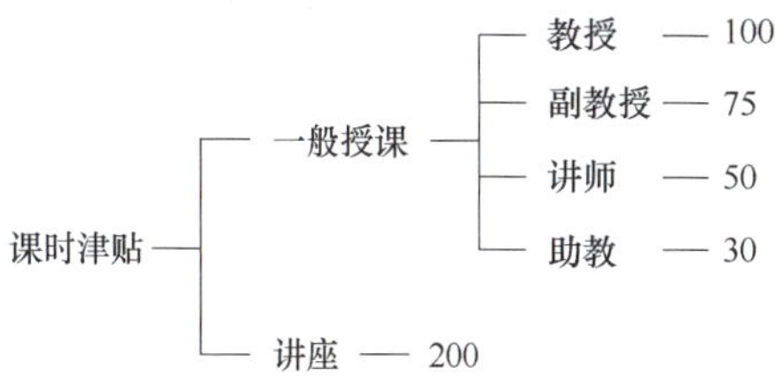

图 12-2　判定树示例

四、软件编码

软件编码阶段的任务是根据设计说明书中每个模块的算法描述，用指定的程序设计语言编写出相应的程序。软件编码阶段结束后需要交付的是源程序及其相关文档。

1. 程序设计语言

虽然程序的质量主要取决于软件设计的质量，但程序设计语言的特性和编码风格也将影响程序的可靠性、可读性、可测试性、安全性以及可维护性。

程序设计语言分为两大类：低级语言和高级语言。其中低级语言又包括机器语言和汇编语言。当前，用户均采用高级语言来编程实现软件系统。高级语言种类繁多，一般而言，用户选择具体高级语言类型的原则如下：

1）系统的应用领域。

2）用户的要求。

3）软件的执行环境。

4）目标系统的性能要求。

5）程序员的知识水平。

6）软件的可移植性要求。

2. 程序设计风格

20 世纪 70 年代以来，编码的目标从强调效率转变为强调清晰，即可读性第一，效率第二。良好的程序设计风格能在一定程度上弥补语言内在的缺陷。尤其当多个程序员合作编写一个较大程序时，需要强调良好而一致的编码风格，便于交流，从而有助于减少因不协调而引起的问题。

一般而言，良好的程序设计风格需要遵循以下准则：

1）简洁化。提供尽可能简洁的代码，如避免程序中不必要的动作和变量、避免使用临时变量、避免模块冗余等。

2）模块化。尽可能把代码化为内聚度高、耦合度低的功能模块，限定一个模块完成一个独立的功能。通常是把长且复杂的程序或子程序分解为小且定义良好的程序段，要确保物理和逻辑功能密切相关。

3）简单化。去掉过分复杂和不必要的矫揉造作，如采用简单和直截了当的算法、使用简单的数据结构，避免使用多维数组和复杂表等。

4）结构化。例如，使用结构化程序部件，不随意为效率牺牲程序的清晰度和可读性，用公共函数调用代替重复出现的表达式，避免大量使用嵌套循环结构和嵌套分支结构，使用统一的缩进规则等。

5）文档化。例如，使用有效的、适当的、有意义的注释，使用含义鲜明的变量名，始终坚持编制文档等。

6）格式化。尽量使程序布局合理、清晰、明了，如适当插入括号使表达式的运算次序清晰直观且排除二义性、有效地使用空格符以提高程序的可读性等。

五、软件测试

1. 软件测试的目标

目前，软件测试仍然是保证软件可靠性的主要手段。测试阶段的根本任务是发现并改正软件中的错误。G. Myers 给出关于软件测试的一些规则，这些规则也可以看作测试的目的或定义。

1）测试是为了发现程序中的错误而执行程序的过程。

2）好的测试方案是极可能发现迄今为止尚未发现的错误的测试方案。

3）成功的测试是发现了至今为止尚未发现的错误的测试。

从上述规则可以看出，测试的正确定义是“为了发现程序中的错误而执行程序的过程”。测试的范围是整个软件生存周期，而不仅仅局限于程序编码阶段。查找错误的过程称为测试，纠正错误的过程称为调试。测试阶段发现问题后要经过调试，找出错误的原因和位置，然后再进行改正。

测试子阶段结束后应交付测试报告，报告中说明测试数据的选择、测试用例以及测试结果是否符合预期的结果。

2. 软件测试的基本准则

为了能设计出有效的测试方案，软件工程师必须深入理解并正确运用指导软件测试的基本准则。

1）所有测试都应该能追溯到用户需求。软件测试的目标是发现错误。从用户的角度看，最严重的错误是导致程序不能满足用户需求的那些错误。

2）应该远在测试开始之前就制定出测试计划。实际上，一旦完成了需求模型就可以着手制定测试计划，在建立了设计模型之后就可以立即开始设计详细的测试方案。因此，在编码之前就可以对所有测试工作进行计划和设计。

3）把帕累托（Pareto）原理应用到软件测试中。帕累托原理说明，测试发现的错误中的 80%很可能是由程序中 20%的模块造成的。因此，需要找出这些可疑的模块并彻底地测试它们。

4）应该从“小规模”测试开始，并逐步进行“大规模”测试。通常，首先重点测试单个程序模块，然后把测试重点转向在集成的模块簇中寻找错误，最后在整个系统中寻找错误。

5）穷举测试是不可能的。所谓穷举测试，就是把程序所有可能的执行路径都检查一遍的测试。即使是一个中等规模的程序，其执行路径的排列数也十分庞大，受时间、人力以及其他资源的限制，在测试过程中不可能执行每个可能的路径。因此，测试只能证明程序中有错误，不能证明程序中没有错误。但是，精心地设计测试方案，有可能充分覆盖程序逻辑并使程序达到所要求的可靠性。

6）为了达到最佳的测试效果，应该由独立的第三方从事测试工作。所谓“最佳效果”，是指有最大可能性发现错误的测试。

3. 软件测试的步骤

软件测试是软件开发过程中最艰巨、最繁重的任务。大型软件系统通常由若干个子系统组成，每个子系统又由许多模块组成。因此，大型软件系统的测试过程基本上由四个步骤组成：

1）单元测试，又称为模块测试。由于每个程序模块完成一个相对独立、清晰定义的子功能。因此，有可能把每个模块作为一个单独的实体来测试，所以通常比较容易设计相应的测试方案，以保证每个模块的正确运行。

2）子系统测试。把经过单元测试的模块集成在一起形成一个子系统，测试模块之间的协调和通信。这个步骤着重测试模块间的接口、模块的组合是否达到了预期的要求、数据结构是否有问题等。

3）系统测试。系统测试是把经过测试的子系统装配成一个完整的系统来测试。在这个过程中不仅应该发现设计和编码的错误，还应该验证系统确实能提供需求说明书中指定的功能，而且系统的动态特性也符合预定要求。在这个步骤中发现的往往是软件设计中的错误，也可能发现需求说明中的错误。

不论是子系统测试还是系统测试，都兼有检测和组装两重含义，通常称为集成测试。

4）确认测试，又称为验收测试。集成测试通过后，应在用户的参与下进行确认测试。其测试内容和系统测试基本类似，但是它是在用户积极参与下进行的。此过程往往使用实际数据进行测试，从而验证系统是否能满足用户的实际需要。

4. 软件测试的方法

测试的目的是以最少的测试用例集合测试出尽可能多的程序中潜在的错误。测试用例是指对一项特定的软件产品进行测试任务的描述，体现测试方案、方法、技术和策略。其内容包括测试目标、测试环境、输入数据、测试步骤、预期结果和测试脚本等，最终形成文档。任何软件产品都可以使用以下两种方法进行测试：

1）黑盒测试，又称功能测试。它把程序看成一个黑盒子，完全不考虑程序的内部结构和处理过程，只是对程序的每一个功能进行测试，看是否都达到了预期的要求。

2）白盒测试，又称结构测试。它把程序看成一个白盒子，需要完全了解程序的内部结构和处理过程，检验程序中的每条通路是否都能按预定要求正确工作。

黑盒测试与白盒测试优缺点的比较见表 12-1。

表 12-1　黑盒测试与白盒测试优缺点的比较

	黑盒测试	白盒测试
性质	是一种确认技术，回答“我们在构造一个正确的系统吗?”	是一种验证技术，回答“我们在正确地构造一个系统吗?”
优点	① 适用于各阶段测试。 ② 从产品功能角度测试。 ③ 容易入手生成测试数据。	① 可构造测试数据使程序的特定部分得到测试。 ② 一定的充分性度量手段。 ③ 可获得较多的工具支持。
缺点	① 某些代码得不到测试。 ② 若规格说明有误，则无法发现。 ③ 不易进行充分性测试。	① 通常不易生成测试数据。 ② 无法对未实现规格说明的部分进行测试。 ③ 工作量大，通常只用于单元测试，有应用的局限性。

5. 测试用例的设计

由于软件测试不可能发现程序中存在的所有错误，因此需要精心设计测试用例，力争用尽可能少的测试次数，测出尽可能多的错误。测试用例设计技术主要有：适用于白盒测试的逻辑覆盖法，适用于黑盒测试的等价划分、边界值分析以及错误推测法等。通常使用黑盒法设计基本的测试用例，再用白盒法补充。

下面介绍等价划分方法。

穷尽测试是不可能实现的，实际上也是不必要的，可以从所有可能的输入数据中选择一个子集来进行测试。等价划分方法根据输入数据和输出数据的特点，将程序的输入域划分成若干个部分，即子集，然后从每个子集中选取具有代表性的数据作为测试用例，能尽可能多地发现程序中的错误。

输入数据等价类的划分在很大程度上依靠测试人员的经验，下面给出几条基本原则：

1）如果输入条件规定了取值范围，则可划分出一个有效的等价类（输入值在此范围内）和两个无效的等价类（输入值小于最小值、输入值大于最大值）。

2）如果输入条件规定了输入数据的个数，则可相应地划分出一个有效的等价类（输入数据的个数等于给定的个数要求）和两个无效的等价类（输入数据的个数少于给定的个数要求、输入数据的个数多于给定的个数要求）。

3）如果输入条件规定了输入数据的一组可能的值，而且程序对这组可能的值做相同的处理，则可将这组可能的值划分为一个有效的等价类，而这些值以外的值划分成无效的等价类。

4）如果输入条件规定了输入数据的一组可能的值，但是程序对不同的输入值做不同的处理，则每个输入值是一个有效的等价类，此外还有一个无效的等价类（所有不允许值的集合）。

5）如果输入条件规定了输入数据必须遵循的规则，则可以划分一个有效的等价类（符合规则）和若干个无效的等价类（从各种角度违反规则）。

划分出等价类后，根据以下原则设计测试用例：

1）为每个等价类编号。

2）设计一个新的测试用例，使它能包含尽可能多的尚未被覆盖的有效等价类。重复这一过程，直到所有的有效等价类都被覆盖。

3）设计一个新的测试用例，使它包含一个尚未被覆盖的无效等价类。重复这一过程，直到所有的无效等价类都被覆盖。

例 12-2　读入三个整数值，分别代表同一个三角形三条边的长度。请根据这三个值判断三角形属于不等边三角形、等腰三角形或等边三角形中的哪一种。

综合应用等价划分、边界值分析和错误推测技术，可以设计出下述 11 种测试用例：

1）正常的不等边三角形。

2）正常的等边三角形。

3）正常的等腰三角形，包括两条相等边的三种不同排列方式。

4）退化的三角形（即两边之和等于第三边），包括三种不同排列方式。

5）三条边不能构成三角形（即两边之和小于第三边），包括三种不同排列方式。

6）一条边的长度为零，包括三种不同排列方式。

7）两条边的长度为零，包括三种不同排列方式。

8）三条边的长度全为零。

9）输入数据中包含负整数。

10）输入数据不全（不足三个正整数）。

11）输入数据中包含非整数型的数据。

采用黑盒法测试上述 11 种情况，设计出的测试用例见表 12-2。

表 12-2 黑盒法测试数据

测试功能	测试数据		
等边	10,10,10	---,---,---	---,---,---
等腰	10,10,17	10,17,10	17,10,10
不等边	8,10,12	8,12,10	10,12,8
非三角形	10,10,21	10,21,10	21,10,10
退化情况	10,5,5	5,10,5	5,5,10
零数据	0,0,0	---,---,---	---,---,---
	0,0,17	0,17,0	17,0,0
	0,10,12	12,0,10	12,10,0
负数据	-10,-10,-10	---,---,---	---,---,---
	-10,-10,17	-10,17,-10	17,-10,-10
	-8,10,17	17,-8,10	10,17,-8
遗漏数据	---,---,---	---,---,---	---,---,---
	10,---,---	---,10,---	---,---,10
	8,10,---	8,---,10	---,8,10
无效输入	A,B,C	---,---,---	---,---,---
	=,+,*	---,---,---	---,---,---
	8,10,A	8,A,10	A,10,8
	7E3,10.5,A	10.5,7E3,A	A,10.5,7E3

6. 调试

软件工程的根本目标是以较低成本开发出高质量的完全符合用户要求的软件，因此，在成功地测试之后，还必须进一步诊断和改正程序中的错误，这就是调试的任务。

调试是软件开发过程中艰巨的脑力劳动，调试过程开始于一个测试用例的执行。例如，测试结果与期望结果有出入，即出现了错误征兆，调试过程首先要找出错误原因，然后对错误进行修正。因此调试过程有两种可能，一种是找到错误原因并校正了错误，另一种是错误原因不明，调试人员需做某种推测，然后再设计测试用例证实这种推测，若一次推测失败，再做第二次推测，直至发现并校正了错误。

六、软件维护

软件维护是软件生存周期的最后一个阶段，也是持续时间最长、代价最大的一个阶段，其目的是延长软件系统的生命周期。平均而言，大型软件的维护成本是开发成本的 4 倍左右。国外许多软件开发组织把 60%以上的人力用于维护已投入运行的软件。

一般来说，需要进行软件维护的原因有三种：

1）改正程序中的错误和缺陷。

2）改进设计以适应新的软、硬件环境。

3）增加新的应用范围。

由此，可以把软件维护工作分为四类：

1）改正性维护。改正性维护是为了识别和纠正软件错误、改正软件性能上的缺陷、排除实施中的错误使用，应该进行的诊断和改正错误的过程。

2）适应性维护。适应性维护是为了适应外部环境（新的软、硬件配置）或数据环境（数据库、数据格式、数据输入/输出方式、数据存储介质）的变化而去修改软件的过程。

3）完善性维护。完善性维护是为了满足在使用过程中，用户对软件提出的新功能要求，需要修改或再开发软件，以扩充软件性能、改进加工效率、提高软件的可维护性。

4）预防性维护。预防性维护是为了进一步改进软件系统的可维护性和可靠性而进行的预先维护工作。预防行为采用的主要策略是软件更新。

各类维护约占全部维护工作的比例如图 12-3 所示。

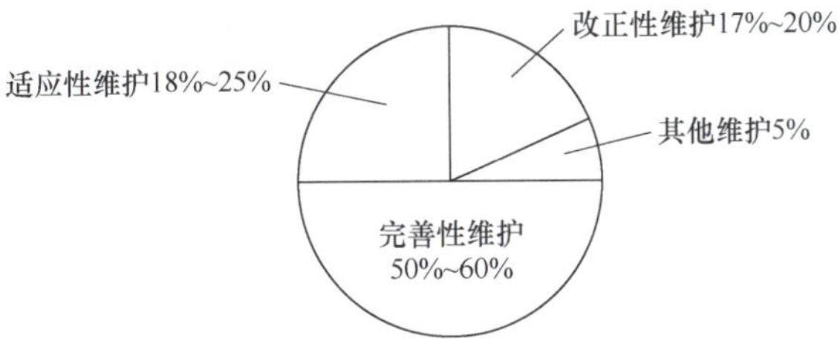

图 12-3 各类维护约占全部维护工作的比例

软件修改是一项很危险的工作。对于一个复杂的逻辑过程，哪怕做一项微小的改动，都有可能引入潜在的错误，即软件维护的副作用，因此修改工作应特别慎重。

第三节 软件过程模型

软件过程是软件开发过程的简称，是为了获得高质量软件所需要完成的一系列任务的框架，规定了完成各项任务的具体步骤。软件过程定义了运用方法的顺序、应该交付的文档资料、为保证软件质量和协调变化所需要采取的管理措施，以及标志软件开发各个阶段任务完成的里程碑。通常使用生命周期模型简洁地描述软件过程。生命周期模型规定了把生命周期划分成哪些阶段以及各阶段的执行顺序，因此也称为过程模型。典型的软件过程模型有很多，如瀑布模型、原型模型、螺旋模型、统一过程模型、增量模型、喷泉模型等。实际从事软件开发工作时应该根据所承担的项目的特点来划分阶段。下面介绍四种典型的软件过程模型时并不是针对某个特定项目讲述，只能使用“通用的”阶段划分方法。

一、瀑布模型

在 20 世纪 80 年代之前，由 B. M. Boehm 提出了瀑布模型，又称生存周期模型，是软件工程的基础模型，如图 12-4 所示。传统软件工程方法学的软件过程，基本上可以用瀑布模型来描述。

瀑布模型各阶段的工作自顶向下、从抽象到具体、顺序进行，其特点是：

1）阶段间具有顺序性和依赖性。必须等前一阶段的工作完成后才能开始后一阶段的工作。前一阶段的输出文档是后一阶段的输入文档。

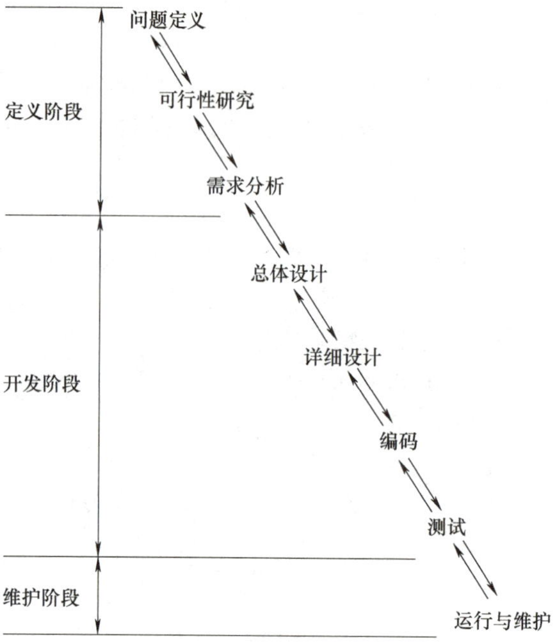

图 12-4 瀑布模型

2）推迟实现原则。清楚地区分总体设计与详细设计，尽可能推迟程序的物理实现，强调“宁慢求好”。

3）质量保证机制。每个阶段都必须完成规定的文档。每个阶段结束前都要对所完成的文档进行严格评审，及早消除故障隐患，保证软件质量。

瀑布模型逐级下落、相互衔接的固定次序，使其缺乏灵活性，特别是难以解决软件需求不明确或不准确的软件开发问题。

二、原型模型

鉴于瀑布模型与用户交流不足，无法准确地获取用户真实需求，在软件开发过程中，提出了原型模型。

原型模型的基本思想是根据用户实际试用原型系统后提出的修改意见快速修改原型样品，经过反复试用和改进，最终建立起符合用户需求的新系统。原型模型如图 12-5 所示。

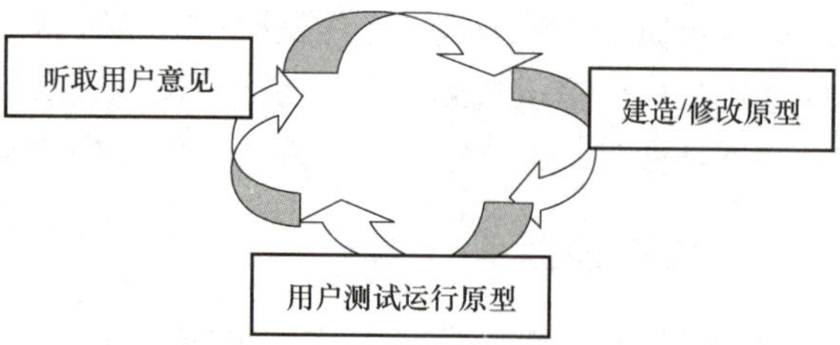

图 12-5 原型模型

原型模型通常可以分为两类：

1）原型仅是为了获得完整的需求说明，在用户认可后，按生命周期重新开发新系统。这种方法不能直接得到终端的目标系统，它的目的只是和用户交流，保证功能但暂时牺牲了性能。在用户接受系统规格说明书后，会丢弃此原型，这一类称为原型模型。

2）不丢弃原型，而是通过对原型的不断增加和扩充，增强式地开发，逐步达到系统的要求，目的是为了以后尽量少返工，降低维护费用，这一类称为快速原型模型。

原型模型的特点是软件开发者和用户共同定义软件的功能，减少了设计中的错误，降低了开发风险，提高了系统的正确性和用户满意度。

三、螺旋模型

软件开发几乎总是存在一定的风险，例如，产品交付给用户之后用户可能不满意、到了预定的交付日期软件可能还未开发出来、开发成本超过预算等。软件风险是任何软件开发项目中都普遍存在的实际问题，项目越大，软件越复杂，承担该项目所冒的风险也越大。软件风险可能在不同程度上损害软件开发过程和软件产品质量。

螺旋模型是一种风险驱动模型，它的基本思想是使用原型及其他方法来降低风险。简单地理解，螺旋模型就是把它看作在每个阶段之前都增加了风险分析过程的快速原型模型。完整的螺旋模型如图 12-6 所示，它本质上是将瀑布模型与原型模型结合起来，加入了风险分析，从而弥补了前两种模型的不足，适用于大型软件系统的开发。

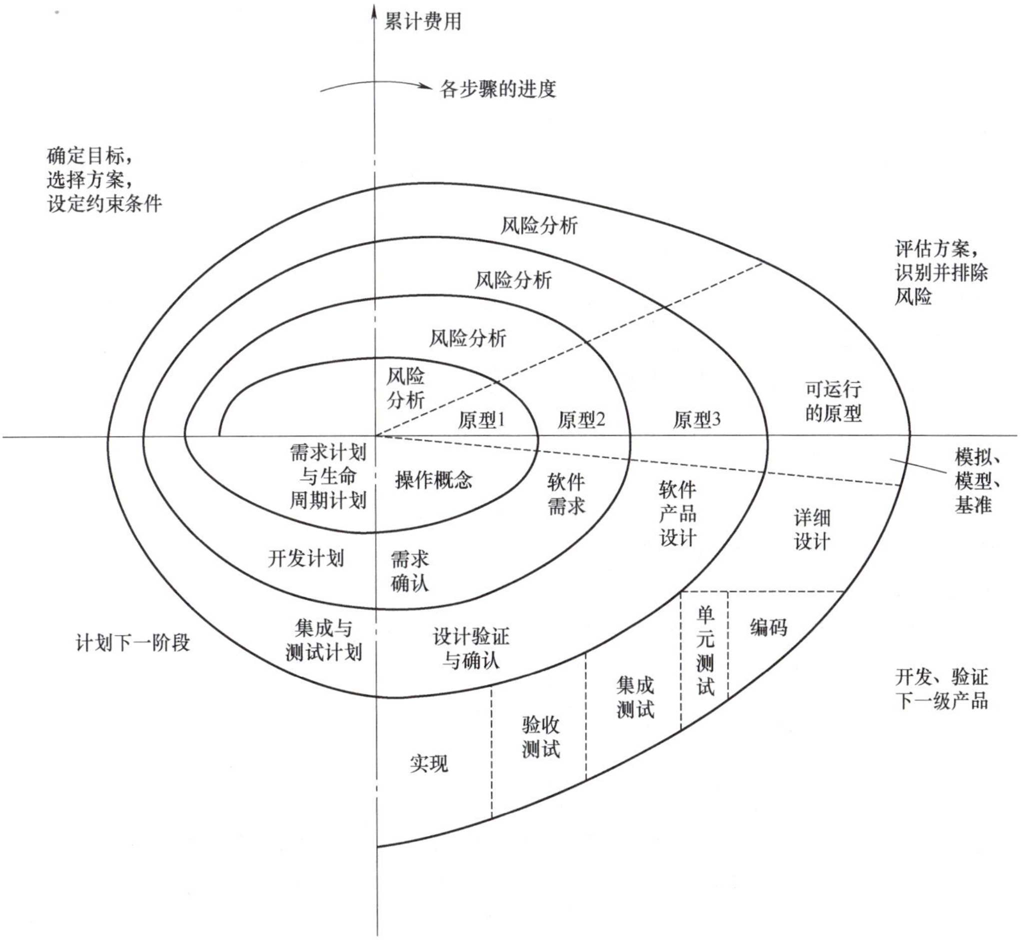

图 12-6 完整的螺旋模型

图 12-6 中带箭头的点画线的长度代表当前累计的开发费用，螺旋线的角度值代表开发

进度。螺旋线每个周期对应于一个开发阶段。每个阶段开始时（左上象限）的任务是，确定该阶段的目标、为完成这些目标选择方案及设定这些方案的约束条件。接下来的任务是，从风险角度分析上一步的工作结果，努力排除各种潜在的风险，通常用建造原型的方法来排除风险。如果风险不能排除，则停止开发工作或大幅度地削减项目规模。如果成功地排除了所有风险，则启动下一个开发步骤（右下象限），在这个步骤的工作过程相当于纯粹的瀑布模型。最后是评价该阶段的工作成果并计划下一个阶段的工作。

螺旋模型的缺点是如果软件开发人员不具有丰富的风险评估经验和这方面的专门知识，项目风险未能及时被发现，会使项目实际上正在走向灾难，而开发人员可能还认为一切正常。

四、统一过程模型

统一过程模型尝试着从传统的软件过程模型中挖掘最好的特征和性质，但是以敏捷软件开发中许多最好的原则来实现。统一过程模型认识到与客户沟通以及从客户的角度描述系统（即用例）并保持该描述一致性的重要性，它强调软件体系结构的重要作用，并帮助架构师专注于正确的目标，如可理解性、对未来变更的可适应性以及软件的复用性。它建立了迭代的、增量的过程流，提供了演进的特征，这对现代软件开发非常重要。

统一过程模型的起始阶段包括客户沟通和策划活动，该阶段识别基本的业务需求，并用用例初步描述每一类用户所需要的主要特征和功能。策划阶段将识别各种资源，评估主要风险，并为软件增量制定初步的进度计划表。

统一过程模型的细化阶段包括沟通和通用过程模型的建模活动，如图 12-7 所示。细化阶段扩展了初始阶段定义的用例，并创建了体系结构基线以包括软件的五种视图：用例模型、分析模型、设计模型、实现模型和部署模型。该阶段通常要对项目计划进行修订。

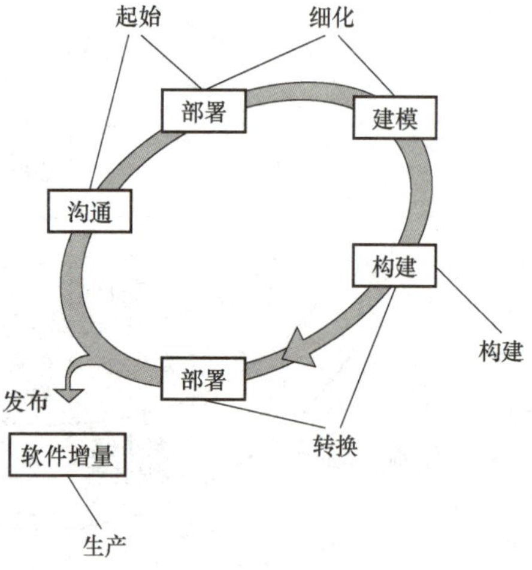

图 12-7　统一过程模型

统一过程模型的构建阶段与通用软件过程中的构建活动相同。软件增量（如发布的版本）所要求的必须具备的特征和功能在源代码中实现。随着构件的实现，对每一个构件设计并实施单元测试。另外，还实施构件组装和集成测试。用例用于导出一组验收测试，以便在下一个阶段开始前执行。

统一过程模型的转换阶段包括通用构建活动的后期阶段以及通用部署（交付和反馈）活动的第一部分。软件被提交给最终用户进行 Beta 测试，用户反馈软件存在的缺陷，提出必要的变更。在转换阶段结束时，软件增量成为可用的发布版本。

统一过程模型的生产阶段与通用过程的部署活动一致。在该阶段，对持续使用的软件进行监控，提供运行环境的支持，提交并评估缺陷报告和变更请求。

有可能在构建、转换和生产阶段的同时，下一个软件增量的工作已经开始。这就意味着五个统一过程模型的阶段并不是顺序进行，而是阶段性地并发进行。

需要注意的是，并不是在所有的项目中都会应用工作流程所识别的每一个任务，软件开发团队应根据各自的需要适当调整包括动作、任务和子任务的工作过程。

第四节　敏捷开发

在全球性、快速变化的业务环境中，软件是所有业务运行中的一部分，新的软件要迅速地开发出来抓住新的机遇，以应对竞争压力。因此，快速的软件开发和交付通常已成为软件系统最为关键的需求，很多业务都宁愿牺牲一些软件质量、降低某些需求来赢得快速软件交付。

一、敏捷开发概述

2001 年，KentBeck 和其他 16 位知名软件开发者、软件工程师及软件咨询师（被称为敏捷联盟）共同签署了敏捷软件开发宣言。该宣言声明，“我们正在通过亲身实践，以及帮助他人实践的方式来揭示更好的软件开发之路。通过这项工作，我们认识到：个体和交互胜过了开发过程和工具，可运行的软件胜过了面面俱到的文档，客户合作胜过了合同谈判，响应变化胜过了按部就班地遵循计划。”

敏捷不仅仅能有效地响应变更，还能够加强团队成员之间、技术和业务人员之间、软件工程师和经理之间的沟通和协作；它强调可以运行的软件的快速交付而不那么看重中间产品；客户应该在开发过程中始终紧密参与，他们的作用是提供新系统的需求及对需求排序，并评估系统的迭代。软件以增量的方式进行开发，客户指定在每个增量中想要包含的需求，预料系统的变更，并设计系统，使之适应这些变更。

敏捷方法适合于需求萌动、快速改变的小型或中型的软件产品，以及开发团队人员数量较少、组织紧密结合的团队，而不太适合安全性、可靠性要求极高的大型系统。

在系统维护上，关键文档是系统需求文档和测试文档。需求文档明确定义软件系统应该做什么，如果没有这些信息，将很难评估所建系统的变更影响。许多敏捷方法非正式地、增量式地收集需求，没有建立有条理的需求文档。为此，使用敏捷方法很可能使随后的系统维护变得更难、更昂贵。

敏捷联盟为希望达到敏捷的软件开发者定义了以下 12 项原则。

1）最优先要做的是通过尽早、持续交付有价值的软件来使客户满意。

2）即使在开发的后期，也欢迎需求变更。敏捷过程利用持续的变更为用户创造竞争优势。

3）经常性地交付和运行软件，交付的时间间隔可以从几个星期到几个月，交付的时间间隔越短越好。

4）在整个项目开发期间，业务人员和开发人员必须每天都在一起工作。

5）围绕有积极性的个人构建项目，给他们提供所需的环境和支持，并且信任他们能够完成工作。

6）在团队内部，最有效果和效率的信息传递方式是面对面交谈。

7）可运行的软件是进度的首要度量标准。

8）敏捷过程提倡可持续的开发速度。责任人、开发人员和用户应该能够长期保持稳定的开发速度。

9）不断地关注优秀的技能和好的设计会增强敏捷能力。

10）“简单”是使不必做的工作最大化的艺术，这也是敏捷开发过程的根本原则。

11）最好的架构、需求和设计出于自组织的团队。

12）每隔一定时间，团队会反省如何才能更有效地工作，并相应调整自己的行为。

并不是每一个敏捷过程模型都等同于使用这12项原则，一些模型可以选择忽略一项或多项原则的重要性。然而，上述原则体现了一种敏捷的核心理念，这种核心理念可以应用于任何一种过程模型。本节介绍诸多敏捷开发模型中的两种：Scrum模型和XP模型。

二、Scrum模型

Scrum是Jeff Sutherland和他的开发团队在20世纪90年代早期提出的一种敏捷过程模型。Scrum原则与敏捷宣言是一致的，应用Scrum原则指导过程中的开发活动，过程由“需求、分析、设计、演化和交付”等框架性活动组成。每一个框架活动中，工作任务在相对较短的时间盒（时间盒是一个项目管理术语，表示为完成某些任务而分配的时间段）的期限内完成，称为一个冲刺。每一个框架活动中冲刺的数目根据产品的规模大小和复杂度而有所不同，冲刺中进行的工作适应于当前的问题，由Scrum团队规定并进行实时修改。Scrum过程的全局流程如图12-8所示。

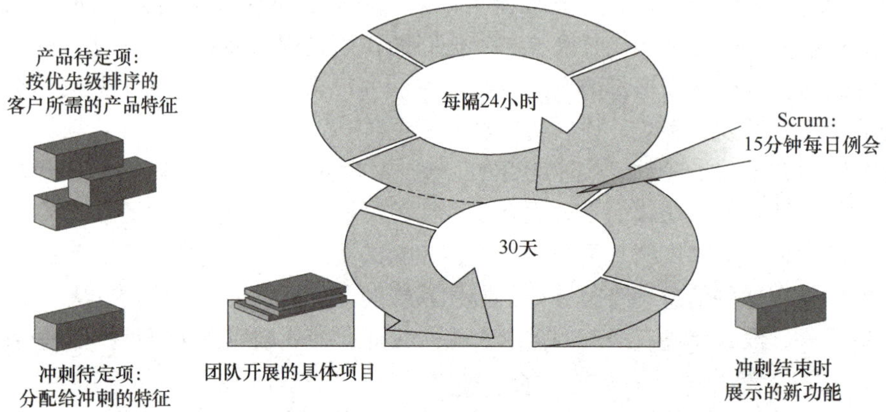

图12-8 Scrum过程的全局流程

1. Scrum团队和产品

Scrum团队是一个自组织的跨领域团队，由产品负责人、Scrum master和一个3~6人组成的小型开发团队组成。Scrum开发的主要产品是产品待定项、冲刺待定项和代码增量。开发将项目分解为一系列称为冲刺的增量原型开发周期，每个周期为2~4周。

产品待定项是具有不同优先级排序的产品需求或产品特征，可为客户提供业务价值。在产品负责人同意且开发团队认可后，可以随时将项目添加到待定项中。产品负责人对产品待定项中的项目排序，以满足所有利益相关者的重要目标。当产品不断演化以满足利益相关者的需求，产品待定项就永远不会完成。如果不接受增量，则产品负责人是唯一决定尽早结束冲刺或延长冲刺的人员。

冲刺待定项是产品团队选择的产品待定项的子集，在当前进行的冲刺期间作为代码增量完成。增量是以前冲刺中完成的所有产品待定项和在当前冲刺中要完成的所有待定项的并集。开发团队创建一个计划，用于提供包含所选特征的软件增量，这些特征旨在实现当前冲刺中与产品负责人协商的重要目标。大多数冲刺都要求在 3~4 周内完成。开发团队如何完成增量由团队决定。开发团队还决定何时完成增量，并准备向产品负责人演示。除非取消并重新启动冲刺，否则无法将新特征添加到冲刺待定项中。

Scrum master 是 Scrum 团队所有成员的引导者，负责组织每日 Scrum 会议，并负责解决团队成员在会议期间提出的困难，指导开发团队成员在有时间时互相帮助完成冲刺任务，帮助产品负责人查找管理产品待定项的技术，并帮助确保以清晰简洁的术语说明待定项。

2. 冲刺规划会议

在开始之前，开发团队与产品负责人和所有利益相关者合作，开发产品待定项中的项目。产品负责人和开发团队根据负责人的业务需求的重要性以及完成每个任务所需的软件工程任务（编程和测试）的复杂性，对产品待定项中的事项进行排序。有时，这样会导致在向最终用户提供所需功能时，缺少所需的特征。

在开始每个冲刺之前，产品负责人会提出他的开发目标，以在即将开始的冲刺中完成增量。Scrum master 和开发团队要从冲刺待定项中选择具体项目。开发团队与 Scrum master 一起确定在为冲刺分配的时间盒内可以作为增量交付哪些内容，以及为发布增量需要做什么工作。开发团队决定需要哪些角色以及如何选配这些角色。

3. 每日 Scrum 会议

每日 Scrum 会议安排在每个工作日开始的 15 分钟里，团队成员在会议上同步其活动并制定未来 24 小时的计划。Scrum master 和开发团队始终参加每日 Scrum 会议。某些团队允许产品负责人可以缺席，仅偶尔参加会议。

所有团队成员都提出并回答以下三个关键问题：

1）自上次团队例会后做了什么？

2）遇到什么困难？

3）下次例会前计划做些什么？

Scrum master 主持会议并评估每个人的回答。Scrum 会议可帮助团队尽早发现潜在的问题。如果可能的话，Scrum master 的任务是解决所有下一次 Scrum 会议之前出现的困难。Scrum 会议不是解决问题的会议，解决问题的会议是线下进行的，只涉及相关各方。此外，这些每日例会引起“知识社会化”，从而提升自组织的团队结构。

某些团队会通过这些会议来宣布冲刺待定项已完成或已解决。当团队考虑已完成的所有冲刺待定项任务时，团队可能会决定与产品负责人一起安排演示和评审已完成的增量。

4. 冲刺评审会议

开发团队认为增量已完成时，就要召开冲刺评审会议，时间安排在冲刺结束时。4 周冲刺的评审会议通常用 4 小时。Scrum master、开发团队、产品负责人和选定的利益相关者参加评审。会议的主要活动是演示冲刺期间完成的软件增量。请注意，演示可能不包含所有计划的功能，但要演示冲刺期间完成的功能。

在确定是否完成时，产品负责人可以同意或者不同意接受该增量。如果不接受，产品负责人和利益相关者会提供是否同意进行新一轮的冲刺规划的反馈。此时，可以从产品待定项中添加或删除特征，新特征可能会影响下一个冲刺中开发的增量的性质。

5. 冲刺回顾

理想情况下，在开始另一个冲刺规划会议之前，Scrum master 将与开发团队一起安排一个针对 4 周冲刺的 3 小时“冲刺回顾”会议。在会议上，团队将讨论下列问题：

1）在冲刺中哪些方面进展顺利？

2）哪些方面需要改进？

3）团队在下一个冲刺中将致力于做哪些改进？

Scrum master 主持会议，并鼓励团队改进其开发过程中的各种活动，以便提高下一个冲刺的效率。团队计划通过调整其“完成”的定义来提高产品质量。在会议结束时，团队应该对下一个冲刺中所需进行的改进有一个很好的想法，并准备在下一次冲刺规划会议上规划增量。

三、XP 模型

极限编程（eXtreme Programming，XP）使用面向对象方法作为开发范型，包括策划、设计、编码和测试四个框架活动的规划者和实践。图 12-9 描述了极限编程过程，并指出与各框架活动相关的关键概念和任务。

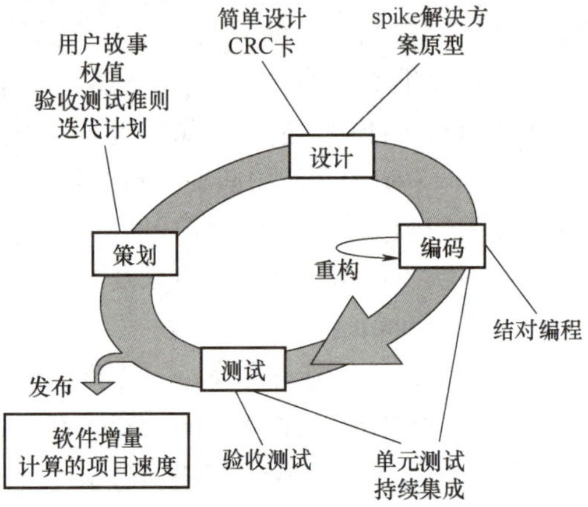

图 12-9　极限编程过程

1. 策划

策划活动从一个需求搜集活动开始，通过倾听来创建一系列“故事”，把这些“故事”称为用户故事，以描述待开发软件所需的输出、特征以及功能。每个故事由用户书写在一张索引卡上，用户根据对应特征或功能的全局业务价值标明权值（即优先级）。XP 团队成员评估每一个故事，并给出开发周数为度量单位的成本。如果某个故事的成本超过了三个开发周，将请用户把该故事进一步细分，重新赋予权值并计算成本，可以在任何时刻书写新故事。用户和 XP 团队共同决定如何把故事分组，并置于团队将要开发的下一个发行版本中，一旦形成关于一个发布版本的基本承诺，XP 团队将按以下三种方式之一对待开发的用户故事进行排序。

1）所有选定的将在几周之内尽快实现。

2）具有最高权值的用户故事将移到进度表的前面，并首先实现。

3）高风险故事将移到进度表的前面并首先实现。

项目的第一个发行版本发布之后，XP 团队计算项目的速度，简而言之，项目速度是第一个发行版本中实现的用户故事个数。项目速度将用于帮助建立后续发行版本的发布日期和进度安排，确定是否对整个开发项目中的所有故事有过分承诺。一旦发生过分承诺，则调整软件发行版本的内容或者改变最终交付日期。在开发过程中，用户可以增加故事、改变故事或者删减故事。接下来由 XP 团队重新考虑剩余的发行版本，并相应修改计划。

2. 设计

XP 设计严格遵循保持简洁原则，不鼓励额外的功能性设计。

XP 鼓励使用 CRC（Class Responsibility Collaborator）卡作为在面向对象环境中考虑软件的有效机制。CRC 卡确定和组织与当前软件增量相关的面向对象的类，CRC 卡也是作为 XP 过程一部分的唯一设计工作产品。如果在某个故事设计中遇到困难，XP 建议立即建立这部分设计的可执行原型。XP 的核心理念是设计可以在编码开始之前和之后进行。重构不改变软件外部行为的修改/优化代码的方式意味着在构建系统时持续进行设计。实际上，构建活动本身将给 XP 团队提供关于如何改进设计的指导。

3. 编码

XP 建议在故事开发和初步设计完成之后，团队不要直接开始编码，而是开发系列单元测试用于检验本次（软件增量）发布的所有故事。一旦建立起单元测试，开发者就更能够将精力集中在为通过单元测试而必须实现的内容上。一旦编码完成，就可以立即完成单元测试，从而向开发者提供即时反馈。

编码活动中的关键概念（也是 XP 中被讨论得最多的方面之一）是结对编程。XP 建议两个人面对同一台计算机共同为一个故事开发代码。这一方案提供了实时解决问题（两个人总比一个人强）和实时质量保证的机制（在写出代码后及时得到复审）。

当结对的两人完成工作后，他们所开发的代码将与其他人的工作集成起来。这种“持续集成”策略有助于避免兼容性和接口问题。

4. 测试

为了使单元测试易于执行和重复，应当使用一个可以自动实施的框架进行单元测试。这种方式支持每当代码修改之后就实现一次回归测试的策略。XP 验收测试也称为用户测试，由用户规定技术条件，并且着眼于用户可见的、可评审的系统级特征和功能，验收测试根据本次软件发布中所实现的用户故事而确定。

本 章 小 结

本章主要讨论软件工程的由来、定义、方法学、软件生命周期和软件过程模型，重点介绍了适用于应用程序快速开发、演进的敏捷开发模型，力求考生对软件工程的基本原理和方法有概括性的认识。本章首先列举了软件开发和维护过程中遇到的一系列严重问题（软件危机）。为解决软件危机，需要认真研究开发和维护软件的科学技术，引出软件工程的概念和软件工程方法学（传统方法学和面向对象方法学）。

软件生命周期全过程可以划分为三个大阶段：软件定义、软件开发和软件维护。软件定义包括问题定义、可行性研究、需求分析；软件开发又可以划分为总体设计、详细设计、软件编码和软件测试四个阶段。实际从事软件开发工作时，软件规模、种类、开发环境及使用的技术方法等因素，都影响阶段的划分。

软件过程是为了获得高质量的软件产品所需要完成的一系列任务的框架，它规定了完成各项任务的工作步骤。由于没有一个适用于所有软件项目的任务集合，科学、有效的软件过程应该定义一组适合于所承担的项目特点的任务集合。通常使用软件过程模型简洁地描述软件过程，它规定了把软件生命周期划分成的阶段及各个阶段的顺序。瀑布模型历史悠久、广为人知，优势在于它是规范的、文档驱动的方法，问题在于最终开发出的软件产品可能并不是用户真正需要的。原型模型正是为了克服瀑布模型的缺点而提出来的，通过快速构建起一个可在计算机上运行的原型系统，让用户试用原型并收集用户反馈意见的办法，获取用户的真实需求。风险驱动的螺旋模型适用于内部开发的大型软件项目，但是，只有在开发人员具有风险分析和排除风险的经验及专门知识时，使用这种模型才会获得成功。为能快速地软件开发和交付，提出了敏捷开发方法，其核心理念是通过快速迭代、灵活的响应变化、团队协作等方式来提高开发效率和质量。Scrum 模型是一种敏捷软件开发方法，用于管理和组织团队进行复杂项目的开发，强调自组织、迭代式开发和持续反馈，以便在产品开发过程中应对变化并及时交付高质量的软件。XP 模型也是一种敏捷软件开发方法，强调团队合作、快速反馈和持续改进，旨在提高开发速度、产品质量和客户满意度。

本章通过对软件工程概念、软件生命周期、软件过程模型和敏捷方法的介绍，使考生认识到软件开发不仅仅是学习语言、设计算法和编写代码，还需要更为规范的管理方法和技术，才能获得有效的软件。

习　　题

一、单项选择题

1. 模块内聚度越高，说明模块内各成分彼此结合的程度越（　　）。

A. 松散　　B. 紧密　　C. 无法判断　　D. 相等

2. 软件设计阶段的输出主要是（　　）。

A. 程序　　B. 模块　　C. 伪代码　　D. 设计规格说明书

3. 软件需求分析是保证软件质量的重要步骤，它的实施应该是在（　　）。

A. 编码阶段　　B. 软件开发全过程

C. 软件定义阶段　　D. 软件设计阶段

4. 软件文档在软件工程实施过程中十分重要，它不仅是软件开发各阶段的重要依据，而且影响软件的（　　）。

A. 可理解性　　B. 可维护性　　C. 可扩展性　　D. 可移植性

5. 在瀑布模型中，将软件划分为若干个阶段，软件项目的可行性研究一般归属于（　　）。

A. 维护阶段　　B. 定义阶段

C. 运行阶段　　D. 开发阶段

二、填空题

1. ________将瀑布模型与原型模型结合起来，加入了风险分析，从而弥补了瀑布模型与原型模型的不足，适用于大型软件系统的开发。

2. 模块的独立程度可以由两个定性标准度量，这两个标准分别为________和________。

3. 软件测试分四个步骤：单元测试、________、________和________。

4. 目前，最广泛使用的软件工程方法学是传统方法学和________。

5. 通常把在软件生命周期全过程中使用的一整套技术方法的集合称为________。软件工程方法学包含三个要素：方法、工具和________。

三、简答题

1. 什么是软件危机？软件危机产生的原因及其主要表现是什么？

2. 什么是软件测试？软件测试的原则是什么？

3. 举例说明“一个模块、一个功能”的含义并说明模块化的优点。

4. 软件的可维护性与哪些因素有关？在软件开发过程中应该采取哪些措施才能提高软件产品的可维护性？

5. 简述软件生命周期各阶段的任务。

6. 统一过程模型把软件开发划分为哪几个阶段？

7. 在 Scrum 模型中如何定义冲刺？每日冲刺会议的 15 分钟内，开发团队成员需要回答哪三个问题？

第十三章　关系数据库系统概述

学习目标：

- 理解数据、数据库、数据库管理系统和数据库系统的概念，DBMS 的功能。
- 理解数据模型的概念和三要素，概念模型，关系模型，函数依赖，范式。
- 掌握 SQL 中表和视图的定义，表上查询和更新操作并上机实践。
- 理解数据库设计六个阶段的任务。
- 掌握概念结构设计（E-R 法）和逻辑结构设计方法，并应用这些方法进行数据库设计。

当前，数据库技术是计算机软件领域的一个重要分支。数据库的应用领域遍及社会的每一角落，成为人们日常生活中不可或缺的一部分，如银行储蓄系统、飞机订票系统、网上购物平台等。本章主要介绍数据库的基本概念、在应用市场中占主导地位的关系数据模型、结构化查询语言（SQL），以及如何基于关系型数据库进行数据库设计能有效存储和管理数据。

第一节　数据库系统简介

随着计算机应用范围扩大，数据量急剧增长，数据管理规模一再扩大，使用操作系统的文件系统作为数据管理手段已经不能满足应用的需求。恰好在 20 世纪 60 年代末，磁盘技术取得重要进步，具有百兆字节容量和快速存取的磁盘陆续进入市场且成本不高，而编制和维护系统软件和应用程序所需的成本相对增加，这为数据库技术的产生提供了良好的物质条件。于是，为解决多用户、多应用共享数据的需求，使数据为尽可能多的应用服务，数据库技术应运而生。

一、基本概念

1. 数据

数据（Data）是数据库中存储的基本对象，是描述现实世界中事物的符号记录。这些符号可以是数字，如 95、883.25 等，也可以是文字、图形、图像、音频或者视频等。现代计算机存储和处理的对象十分广泛，表示这些对象的数据也随之变得越来越复杂。数据的表现形式还不能完全表达其内容，需要经过解释，数据和关于数据的解释是不可分的。例如，95 是一个数据，可以表示一个人的体重、一个人的身高、某门课的成绩等。数据的解释是对数据含义的说明，称为数据的语义，数据及其语义是不可分的。

2. 数据库

数据库（DataBase）即存放数据的仓库，只不过这个仓库是在计算机存储设备上的。人们收集并抽取现实世界中应用所需要的大量数据，借助数据库技术科学地保存和管理，以便方便而充分地利用这些宝贵的信息资源。严格地讲，数据库是长期存储在计算机内、有组织的、可共享的大量数据的集合。数据库中的数据按一定的数据模型组织、描述和存储，具有较小的冗余度、较高的数据独立性和易扩展性，并为不同用户共享。

3. 数据库管理系统

当前，人类社会正处于信息社会，数据呈爆炸性增长。如何科学地组织和存储数据、高效地获取和维护数据？完成这一任务的就是数据库管理系统。数据库管理系统是位于用户与操作系统之间的一层数据管理软件，为用户或应用程序提供访问数据库的方法，和操作系统一样是计算机的基础软件，是一个大型复杂的软件系统。对数据库的一切操作都是通过 DBMS 进行的，DBMS 的工作示意图如图 13-1 所示。

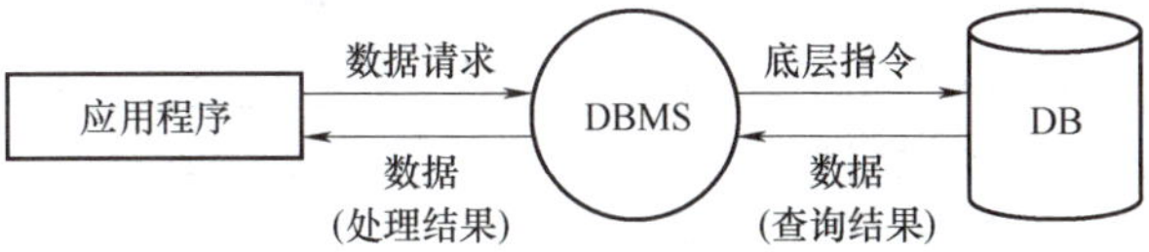

图 13-1　DBMS 的工作模式

DBMS 的工作模式如下：

1）接受应用程序的数据请求和处理请求。

2）将用户的数据请求（高级指令）转换成复杂的机器代码（底层指令）。

3）实现对数据库的操作。

4）从对数据库的操作中接收查询结果。

5）对查询结果进行处理（格式转换）。

6）将处理结果返回给用户。

DBMS 的主要功能包括以下几个方面：

1）数据定义功能。DBMS 提供数据定义语言，用户通过它可以方便地对数据库中的数据对象的组成与结构进行定义。

2）数据操纵功能。DBMS 提供数据操纵语言，用户可以使用它操作数据，实现对数据库的基本操作，如查询、插入、删除和修改等。

3）数据的组织、存储和管理。DBMS 要分类组织、存储和管理各种数据，包括数据字典、用户数据、数据的存储路径等；要确定组织数据的文件结构和存取方式；实现数据之间的联系；提供多种存取方法（如索引查找、顺序查找等），提高数据存取效率。

4）数据库的事务管理和运行管理。DBMS 统一管理和控制数据库的建立、运行和维护，保证事务的正确运行，保证数据的安全性、完整性、多用户对数据的并发使用及发生故障后的系统恢复。

5）数据库的维护功能。这一部分包括数据库初始数据的输入、转换、转储、恢复功能，数据库的重组织和性能监视、分析功能等。这些功能分别由各个实用程序完成。

6）其他功能。其他功能包括 DBMS 与网络中其他软件系统的通信功能、两个 DBMS 的数据转换、异构数据库之间的互访和互操作功能。

4. 数据库系统

数据库系统（DataBase System，DBS）是采用了数据库技术的计算机系统，它由数据库、数据库管理系统（DBMS）、数据库应用系统和数据库管理员（DataBase Administrator，DBA）组成的存储、管理、处理和维护数据的系统，如图 13-2 所示。数据库提供数据的存储功能，DBMS 提供数据的组织、存取、管理和维护等基本功能，数据库应用系统根据应用需求使用数据库，数据库管理员负责全面管理数据库系统，负责数据库系统的正常运行，承担创建、监督和维护数据库结构的责任。

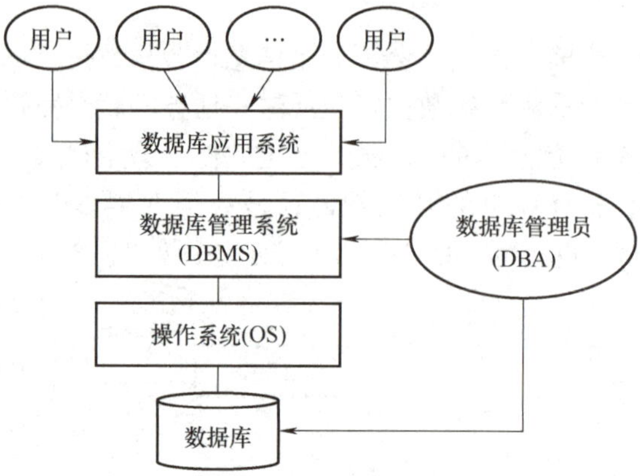

图 13-2　数据库系统

在不引起混淆的情况下，常常把数据库系统简称为数据库。

数据库系统的一个主要目标是为用户提供数据的抽象视图，即系统隐藏关于数据存储和维护的某些细节，提供对数据更高级、更有效的管理，它的特点主要包括以下几个方面：

1）采用数据模型表示复杂的数据结构。数据模型不仅描述数据本身的特征，还描述数据之间的联系，这种联系通过存取路径实现。数据库系统实现整体数据的结构化，数据不再面向特定的某个或多个应用，而是面向整个应用系统。数据冗余明显减少，实现了数据共享。而且，容易通过选取不同的子集或者加上一部分数据增加新的应用，使系统易于扩充。

2）具有较高数据独立性。数据的逻辑结构与物理结构之间的差别可以很大。用户以简单的逻辑结构操作数据而无须考虑数据的物理结构。数据库的结构分成用户的局部逻辑结构、数据库整体逻辑结构和物理结构三级（见图 13-3）。用户（如应用程序或终端用户）的数据和外存中的数据之间的转换由数据库管理系统实现。数据独立性是指应用程序与数据库的数据结构之间相互独立，在物理结构改变时，尽量不影响整体逻辑结构、用户的逻辑结构以及应用程序，这样就认为数据库达到了数据物理独立性。在整体逻辑结构改变时，尽量不影响用户的逻辑结构以及应用程序，这样就认为数据库达到了数据逻辑独立性。

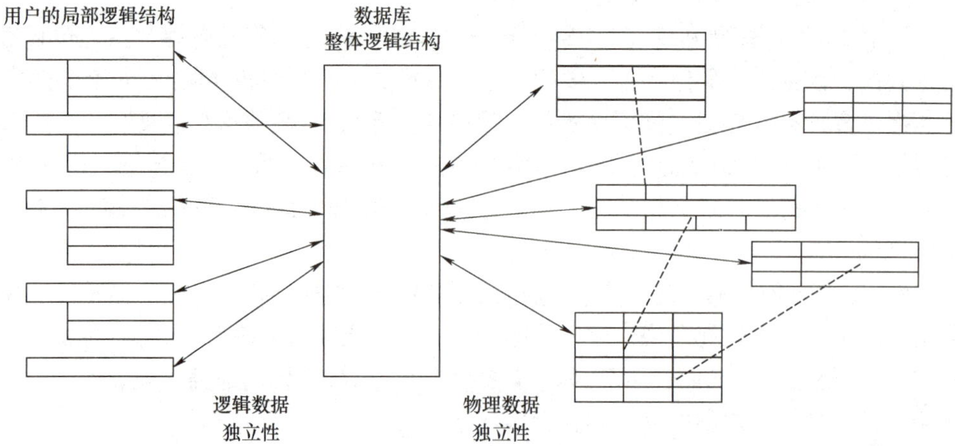

图 13-3　数据库系统的结构

3）数据由数据库管理系统统一管理和控制。数据库的共享将会带来数据库的安全隐患，而数据库的共享是并发的共享，即多个用户可以同时存取数据库中的数据，甚至可以同时存取数据库中同一个数据，这又会带来不同用户间相互干扰的隐患，因此，数据库管理系统必须提供数据库的恢复和并发控制功能。此外，还需要提供数据的安全性和完整性保护，保障数据库中数据的正确与一致性。

4）增加存取数据方式的灵活性。对数据的操作不一定以记录为单位，还可以数据项为单位。

5）为用户提供了方便的用户接口。用户可以使用查询语言或终端命令操作数据库，也可以用程序方式（如用 C/C++、Java 等高级语言和数据库语言联合编制的程序）操作数据库。

5. 数据库技术

数据库技术是研究数据库的结构、存储、设计、管理和使用的一门软件学科，是在操作系统的文件系统基础上发展起来的，在操作系统支持下工作。数据库与数据结构之间的联系也很密切，数据库技术不仅要用到数据结构中的链表、树和图等知识，而且还丰富了数据结构的内容。应用程序是使用数据库系统最基本的方式，在计算机系统中大量的应用程序都是用高级语言（如 C/C++和 Java 等）加上数据库的操纵语言联合编制的。因此，数据库技术是一门综合性较强的学科。

二、数据模型

数据模型是对现实世界的数据进行抽象，是用来描述数据、组织数据和对数据进行操作的。数据模型是数据库系统的核心和基础。数据库管理系统软件都是基于某种数据模型或者说是支持某种数据模型的。

数据模型通常由数据结构、数据操作和数据的完整性约束条件三部分（也称为要素）组成。

1）数据结构。数据结构描述数据库的组成对象以及对象之间的联系。也就是说，数据结构描述的内容有两类：一类是与对象的类型、内容、性质有关的，如关系模型中的域、属性、关系等；一类是与数据之间联系有关的对象。数据结构是刻画一个数据模型性质最重要的方面。因此在数据库系统中，人们通常按照其数据结构的类型来命名数据模型。例如，层次结构、网状结构和关系结构的数据模型分别命名为层次模型、网状模型和关系模型。总之，数据结构是所描述的对象类型的集合，是对系统静态特性的描述。

2）数据操作。数据操作是指对数据库中各种对象（型）的实例（值）允许执行的操作的集合，包括操作及有关的操作规则。数据库主要有查询和更新（包括插入、删除、修改）两大类操作。数据模型必须定义这些操作的确切含义、操作符号、操作规则（如优先级）以及实现操作的语言。数据操作是对系统动态特性的描述。

3）数据的完整性约束条件。数据的完整性约束条件是一组完整性规则。完整性规则是给定的数据模型中数据及其联系所具有的制约和依存规则，用以限定符合数据模型的数据库状态以及状态的变化，以保证数据的正确、有效和相容。数据模型应该反映和规定其必须遵守的基本的和通用的完整性约束条件。此外，数据模型还应该提供定义完整性约束条件的机制，以反映具体应用所涉及的数据必须遵守的特定的语义约束条件，如在某高校数据库中要求在校本科生的年龄必须大于 15 岁等。

数据模型应能比较真实地模拟现实世界、容易为人们所理解，并且便于在计算机上实现。从现实世界中的客观对象到数据库存储的数据，以及用户使用的数据，是一个逐步抽象的过程。对客观对象的抽象常常分为两步，先把现实世界抽象为信息世界，然后将信息世界转换为机器世界，也就是说，先把现实世界中的客观对象抽象为某一种信息结构，这种信息结构并不依赖于具体的计算机系统，即概念模型；然后再把概念模型转换为某一 DBMS 支持的数据模型，这一过程如图 13-4 所示。

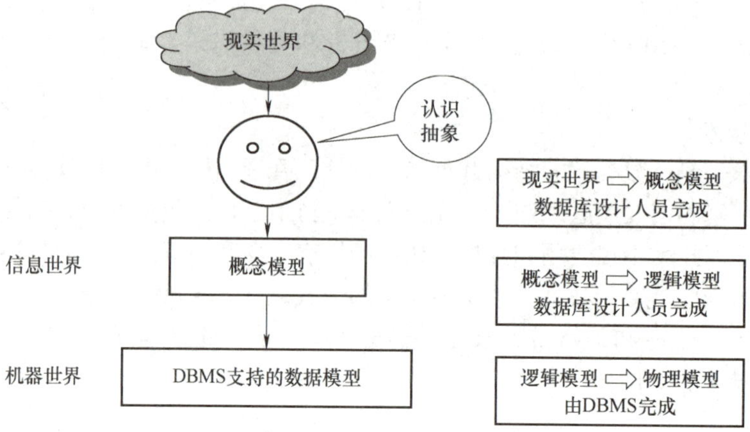

图 13-4　现实世界中客观对象的抽象过程

1. 概念模型

概念模型也称为信息模型，它表达了数据的整体逻辑结构，是按用户的观点来对数据和信息建模。概念模型主要用于数据库设计，是数据库设计人员与用户之间进行交流的工具，因此，一方面应该具有较强的语义表达能力，能够方便、直接地表达应用中的各种语义知识，另一方面还应该简单、清晰、易于用户理解。概念模型不依赖于硬件设备，也不依赖于 DBMS，因此硬件或软件变化都不会影响数据库的概念模型设计。

信息世界主要涉及以下一些基本概念：

1）实体。客观存在并可相互区别的事物称为实体。实体可以是具体的人、事、物，也可以是抽象的概念或联系，例如，一名学生、一门课程、学生和课程之间的选课关系等都是实体。

2）属性。实体有很多特性，一个特性称为一个属性。每一个属性有一个值域，其类型可以是整数型、字符串型等。例如，学生实体可以由学号、姓名、性别等属性描述。

3）码（Key）。唯一标识实体的属性或属性集称为码或键。例如，学号是学生实体的码。

4）实体型。具有相同属性的实体必然具有共同的特征和性质。用实体名及其属性名集合来抽象和刻画同类实体，称为实体型。例如，学生（学号，姓名，性别）就是一个实体型。

5）实体集。性质相同的同类实体的集合，称为实体集。例如，全体女同学就是一个实体集。

6）联系。联系反映为实体内部的联系和实体之间的联系。实体内部的联系通常是指组成实体的各属性之间的联系，实体之间的联系通常是指不同实体集之间的联系。实体之间的联系有一对一、一对多和多对多等多种类型。

下面介绍常见的两个实体型之间的三种联系。

① 一对一联系。如果对于实体型 E1 中的每一个实体，实体型 E2 中至多有一个（也可以没有）实体与之联系，反之亦然，则称 E1 和 E2 具有一对一联系，记为 1∶1。例如，学校里一个系只有一名系主任，而一名系主任只在一个系中任职，则系和系主任之间具有 1∶1 联系。

② 一对多联系。如果对于实体型 E1 中的每一个实体，实体型 E2 中有 $n(n\geqslant 0)$ 个实体与之联系；反之，对于实体型 E2 中的每一个实体，实体型 E1 中至多只有一个实体与之联系，则称 E1 和 E2 有一对多联系，记为 1∶n。例如，一门课程只能由一名教师讲授，但每名教师可以讲授多门课程，则教师和课程之间具有 1∶n 联系。

③ 多对多联系。如果对于实体型 E1 中的每一个实体，实体型 E2 中有 $n(n\geqslant 0)$ 个实体与之联系，反之，对于实体型 E2 中的每一个实体，实体型 E1 中有 $m(m\geqslant 0)$ 个实体与之联系，则称 E1 和 E2 具有多对多联系，记为 m：n。例如，一门课程可由多名教师讲授，每名教师也可以讲授多门课程，则教师和课程之间具有 m：n 联系。教师和课程可以根据不同的应用环境描述为两种不同的语义联系。

概念模型的表示方法很多，其中最为常用的是 P. P. Chen 于 1976 年提出的实体-联系模型（Entity-Relationship Model，E-R 模型），也称为 E-R 方法。E-R 模型直接从现实世界中抽象出实体类型（即考虑问题的对象）及实体间的联系，然后用 E-R 图表示数据模型。E-R 图是直接表示概念模型的有力工具。如何认识和分析现实世界，从中抽取实体和实体之间的联系，建立概念模型将在第三节中讲解。

2. 逻辑模型

逻辑模型是从数据库实现的观点出发对数据建模，表达了数据库的整体逻辑结构，是设计人员对整个应用数据库的全面描述，主要用于 DBMS 实现。逻辑模型是数据库设计人员与应用程序员之间进行交流的工具。逻辑模型独立于硬件，但依赖于数据库管理系统。逻辑模型主要包括数据库发展初期的层次模型和网状模型、关系模型、面向对象模型、半结构化以及非结构化模型等。层次模型是数据库系统中最早出现的数据模型，是用树状（层次）结构表示实体类型及实体间联系的数据模型。层次数据库系统采用层次模型作为数据的组织方式，典型代表是 1968 年 IBM 公司推出的信息管理系统（IMS），曾经得到广泛地使用。网状模型是用有向图结构表示实体类型及实体间联系的数据模型，其典型代表是 DBTG 系统。后来不少数据库系统都采用 DBTG 或者其简化，如 Gullinet Software 公司的 IDMS。由于层次模型和网状模型结构和操作比较复杂，用户不容易掌握和使用，很快就被关系模型所取代。

下面分别简单介绍关系模型和面向对象模型的特点。

1）关系模型。1970 年，美国 IBM 公司的研究员 E. F. Codd 首次提出了关系模型，开创了数据库关系方法和关系数据理论的研究，为数据库技术奠定了理论基础。20 世纪 80 年代以来，计算机厂商新推出的数据库管理系统几乎都支持关系模型。在关系模型中，数据是以二维表的形式表示。表 13-1 给出一个关系模型的数据结构示例，每一个表称为一个关系。每个表有多个列，每一列记为一个属性，表 13-1 中有四个属性：教师编号、姓名、系名和工资。每个列有唯一的名字，称为属性名。属性的取值范围称为属性的值域。表中的每一行表示一条信息，记为一个元组（Tuple）。在关系模型中，无论实体还是实体之间的联系都用关系来表示，对数据的操作结果也是关系，因此，其数据结构简单、清晰，用户易懂易用。作为二维表，关系要符合一个最基本的条件，就是每一个分量必须是不可分的数据项。

表 13-1 关系模型的数据结构示例-教师信息表

教师编号	姓名	系名	工资
T2000010	马丁	物理系	10000
T1995021	程一坤	计算机系	12000
T2012889	王小明	数学系	9800
T2020003	刘美丽	数学系	7000

2）面向对象模型。现实世界中存在许多复杂的数据结构，如图形数据、CAD 数据、嵌套递归的数据，需要更高级的数据库技术表达这类信息。基于对象模型的数据库是面向对象的概念与数据库技术相结合的产物。面向对象的概念最早出现在 1968 年的 Smalltalk 语言中。对象是现实世界中实体的模型化，与实体概念相仿，但远比实体复杂。每个对象有一个唯一的标识符，把状态（即该对象属性值的集合）和行为（在对象状态上操作的方法集）封装在一起。对象模型能完整地描述现实世界的数据结构，具有丰富的表达能力，但模型相对复杂，涉及的知识比较多，因此对象数据库尚未达到关系数据库的普及程度，但对象的概念已经被很好地整合到关系数据库中。

随着大数据时代的到来，又出现了半结构化以及非结构化模型，如 XML 模型、Key-Value 模型和图存储模型等越来越丰富的数据类型，满足用户数据存储和处理的需求。

3. 物理模型

物理模型是对数据最底层的抽象，描述数据在系统内部的表示方式和存取方法，即在磁盘或磁带上的存储方式（文件的结构）、存取设备（外存的空间分配）和存取方法，是面向计算机系统的。物理模型是与硬件和软件紧密相连的，因此，从事物理模型的设计人员必须具备全面的软、硬件知识。但随着计算机软件和硬件性能的大幅度提高，并且目前占绝对优势的关系模型是以逻辑结构为目标，物理模型的具体实现是 DBMS 的任务，数据库设计人员只需了解和选择物理模型，最终用户不必考虑物理实现细节。

三、关系模型

关系数据库系统是采用关系模型作为数据的组织方式的数据库系统。其中，关系模型由关系模型的数据结构、关系操作和关系完整性约束三部分组成。五十多年来，关系数据库系统的研究和开发取得了辉煌的成就。关系数据库系统从实验室走向社会，成为最重要、应用最广泛的数据库系统，极大促进了数据库应用领域的扩大和深入。目前，主流的关系数据库管理系统有大型的商用 Oracle、MS SQL Server、开源的 MySQL 和 PostgreSQL 等。在国家科技计划支持下，通过产学研合作，诞生了国产数据库企业如人大金仓、武汉达梦、南大通用等，其产品已在多个行业应用。此外，阿里云自研的数据库 PolarDB、蚂蚁金服的 OceanBase、华为 GaussDB 等已形成百花齐放的大好局面。

理解关系数据系统，最重要的是理解它的数据组织方式，即关系模型。下面介绍关系模型的三要素。

1. 关系模型的数据结构

如前所述，关系模型的基本数据结构是“关系”，即二维表。关系是一个属性数目相同的元组的集合。严格地讲，关系是一种规范化了的二维表格。在关系模型中，对基本关系进行下列规范限制：

1）关系中每一个属性值都是不可分解的。

2）关系中不允许出现重复元组。

3）关系中行的顺序是无所谓的，即行的次序可以任意交换。

4）关系中列的顺序也是无所谓的，即属性是无序的。

关系模型是若干关系模式的集合。关系模式是对关系的描述，形式化简记为

$$R(U)\text{或}R(A_1,A_2,\cdots,A_n)$$

其中 R 为关系名，U 为组成该关系的属性 A_1，A_2，…，A_n 的集合。例如，表 13-1 的关系模型记为：教师（教师编号，姓名，系名，工资）。每个属性的域由其对应的数据类型指定。关系是关系模型在某一时刻的状态或内容。关系模型是静态的、稳定的，而关系是动态的、随时间不断变化的，因为关系操作在不断地更新着数据库中的数据。例如，教师每年都有新增，也有退休，所以关系表是变动的，但关系模型则可以不变。在实际工作中，人们常常把关系模型和关系都笼统地称为关系，从上下文中加以区别。

若关系中的某一属性组的值能唯一地标识一个元组，而其真子集不能，则称该属性组为候选码（Candidate Key）。若一个关系有多个候选码，则选定其中一个为主码（Primary Key）。候选码中的各个属性称为主属性。不包含在任何候选码中的属性称为非主属性。在最简单的情况下，候选码只包含一个属性，如表 13-1 教师信息表中的教师编号就是该关系的候选码。在最极端的情况下，所有属性是这个关系的候选码，称为全码（All Key）。如果关系模型 R 中属性组 K 是其他关系模式（包括 R）的主码，但不是 R 中的码，则称 K 为 R 的外码（Foreign Key）。

2. 关系操作

常用的关系操作包括查询和更新（插入、删除和修改）两大部分。关系的查询表达能力很强，是关系操作中最主要的部分。关系操作的特点是集合操作，即操作的对象和结果都是元组的集合。

关系模型给出了关系操作能力的说明，但不对关系数据库管理系统语言给出具体的语法要求，也就是不同的关系数据库管理系统可以定义和开发不同的语言来实现这些操作。SQL（Structured Query Language）是一种结构化的查询语言，是关系数据库的标准语言，将在第二节中详细介绍。

3. 关系完整性约束

关系模型的完整性规则是对关系的某种约束条件，即关系的值应该满足的一些条件。为了维护数据库中数据与现实的一致性，关系数据库的数据与更新操作必须遵循三类完整性约束（规则）：实体完整性、参照完整性和用户定义完整性。其中，实体完整性和参照完整性规则是关系模型必须满足的完整性约束条件，即所有关系数据库系统都应该支持。

1）实体完整性规则。关系数据库中每个元组都应该是可区分的、唯一的。这样的约束条件用实体完整性规则保证。实体完整性规则要求关系中的组成主码的属性不能有空值。所谓空值是指“不知道”“不存在”或“无意义”的值。如果出现空值，则主码值就起不到

唯一标识元组的作用。例如，教师（教师编号，姓名，系名，工资）关系中教师编号为主属性，则不能取空值。如果主码由若干属性组成，则所有这些主属性都不能取空值。

2）参照完整性规则。在关系模型中，实体与实体间的联系都是用关系来描述的，这样就自然存在着关系与关系间的引用。

例 13-1 教师实体和课程实体可以用下面的关系模式表示，其中主码用下画线标识。

教师（<u>教师编号</u>，姓名，系名，工资）

课程（<u>课程号</u>，课程名，学分，教师编号）

这两个关系之间存在着属性的引用，即课程关系引用了教师关系的主码“教师编号”。课程关系中教师编号的取值需要参照教师关系中的教师编号属性的取值，即教师编号是课程关系中参照教师关系主码的外码。不仅两个或两个以上的关系间可以存在引用关系，同一关系内部属性间也可能存在引用关系，在此不一一举例。

参照完整性规则就是定义外码与主码之间的引用规则，其内容是如果属性组 F 是关系模型 R 的外码，F 与关系 S 的主码 K 相对应（R 和 S 可以是相同关系，F 和 K 往往同名），则 F 的取值只有两种可能，或者为空值，或者等于 S 关系中某个主码值。外码值是否允许为空，应根据具体问题而定。例 13-1 中课程关系的外码教师编号可以取空值，表示该课程尚未分配到任课教师。

例 13-2 关系模型中有如下四个关系，下画线标出关系主码。选修关系中有两个外码，分别为学号和课程号，但不能取空值，因为其本身是主属性。

教师（<u>教师编号</u>，姓名，系名，工资）

课程（<u>课程号</u>，课程名，学分，教师编号）

学生（<u>学号</u>，姓名，年龄，性别）

选修（<u>学号，课程号</u>，成绩）

3）用户定义完整性规则。不同的关系数据库系统根据其应用环境的不同，往往还需要一些特殊的约束条件。用户定义的完整性就是针对某一具体关系数据库的约束条件，反映某一具体应用所涉及的数据必须满足的语义要求。例如，在教师关系中，教师姓名不能取空值；工资属性的数据类型指定为数值型，但是应有一定的取值范围等。关系模型应提供定义和检验这类完整性的机制，以便使用统一的系统的方法处理它们，而不需由应用程序承担。

四、范式

1. 问题的引出

一个关系模式设计得不合理，将会带来数据冗余、操作异常等问题。

例 13-3 建立一个描述学校教务的数据库，该数据库涉及的对象包括学生的学号（Sno）、所在系（Sdept）、所在系的系主任名（Dname）、选修课的课程号（Cno）和成绩（Grade）。现实语义告诉我们：一个系有若干学生，但一个学生只属于一个系；一个系只有一名系主任；一名学生可以选修多门课程，每门课程有若干学生选修，每名学生学习每一门课程有一个成绩。

假设用一个关系模式 Student 来表示，则 Student＝（Sno，Sdept，Dname，Cno，Grade）。表 13-2 是某一时刻关系模式 Student 的一个关系，即数据表。

表 13-2 Student 表

Sno	Sdept	Dname	Cno	Grade
S1	计算机系	程一坤	C1	85
S2	计算机系	程一坤	C2	90
S3	计算机系	程一坤	C3	95
S4	计算机系	程一坤	C4	80
S5	计算机系	程一坤	C5	88
…	…	…	…	…

由语义中可知，该关系模式的候选码为（Sno，Cno），从表 13-2 可以看出关系中存在以下问题：

1）数据冗余。数据冗余是指相同数据在数据库中重复出现的问题。例如，系主任名重复出现，重复次数与该系所有学生的所有课程成绩出现次数相同，这将浪费大量的存储空间。

2）更新异常。由于数据冗余，当更新数据库中的数据时，系统要付出很大的代价来维护数据库的完整性，否则会面临数据不一致的危险。例如，某个系更换系主任后，必须修改与该系学生有关的每一个元组。

3）插入异常。如果一个系刚成立，尚无学生，则由于学号主属性为空而无法把这个系及其系主任的信息存入数据库。

4）删除异常。如果某个系的学生全部毕业，则在删除该系学生信息的同时，这个系及系主任的信息也被删除。

关系模式 Student 出现这些问题的原因是由于该模式中属性和属性之间存在的某些约束关系，即数据依赖引起的。因此，Student 不是一个“好”的模式。一个“好”的关系模式应当不会发生插入异常、删除异常和更新异常，数据冗余应尽可能少。

2. 函数依赖

数据依赖是语义范畴的概念，只能根据语义来确定。在数据依赖中，函数依赖是最基本、最重要的一种。

定义 13-1 给定关系模式 R(U)，X、Y 是 U 的子集。若对于 R 的任意一个可能的关系 r，r 中不可能存在两个元组在 X 上的属性值相等，而在 Y 上的属性值不等，则称 X **函数确定** Y 或 Y **函数依赖于** X，记作 X→Y。

例 13-4 找出例 13-3 中设计的关系模式 Student = (Sno，Sdept，Dname，Cno，Grade) 函数依赖关系。

根据例 13-3 中给出的语义关系，可以得到以下函数依赖：

① Sno→Sdept。由语义知道，一个学号只对应一名学生，一名学生只能在一个系学习，因而当学号确定后，学生所在的系也就唯一确定。

② Sdept→Dname。由语义可知，一个系有一名系主任，因此可以存在该函数依赖。

③（Sno，Cno）→Grade。一名学生选修每一门课程，只能有一个成绩。

若 X→Y，但 Y 不是 X 的子集，则称 X→Y 是非平凡的函数依赖。若 X→Y，但 Y 是 X

的子集，则称 X→Y 是平凡的函数依赖。对于任一关系模式，平凡的函数依赖都是必然成立的，它不反映新的语义。若不特别声明，总是讨论非平凡的函数依赖。

定义 13-2 在 R(U) 中，如果 X→Y，并且对于 X 的任何一个真子集 X'，都有 X'不能函数确定 Y，则称 Y 对 X **完全函数依赖**。若 X→Y，但 Y 不完全函数依赖于 X，则称 Y 对 X 部分函数依赖。

例 13-4 中，Grade 对（Sno，Cno）完全函数依赖，Sdep 对（Sno，Cno）是部分函数依赖，因为 Sno→Sdept 成立，而 Sno 是（Sno，Cno）的真子集。

定义 13-3 在 R(U) 中，如果 X→Y 是非平凡的函数依赖且 Y 不能函数确定 X，Y→Z 是非平凡的函数依赖，则称 Z 对 X **传递函数依赖**。

例 13-4 中，Student 中有 Sno→Sdept，Sdept→Dname 两个非平凡的函数依赖成立，所以 Dname 对 Sno 传递函数依赖。

3. 范式

关系数据库中的关系是要满足一定要求的，满足不同程度要求的关系为不同范式（Normal Form，NF）。如果一个关系模式 R 的所有属性是不可再分的基本数据项，则 R 为第一范式（1NF）。第一范式是最低的要求，例 13-4 中的 Student 为 1NF。如果关系模式 R 为 1NF，并且每一个非主属性都完全函数依赖于 R 的某个候选码，则 R 为第二范式（2NF）。如果关系模式 R 为 2NF，且每个非主属性都不传递函数依赖于 R 的候选码，则 R 为第三范式（3NF）。在函数依赖范围内研究四种范式：1NF、2NF、3NF 和 BCNF，其中 BCNF 是扩充的 3NF。这四种范式之间的关系如下：

$$BCNF \subset 3NF \subset 2NF \subset 1NF$$

即 R 为高一级别的范式则必然为低一级别的范式。一个低一级范式的关系模式通过模式分解可以转换为若干个更高级别的关系模式的集合，这个过程就叫规范化，用于关系模式设计和优化。关系规范化的基本思想是逐步消除不合适的函数依赖，目的是消除非规范化关系模式中的一些操作异常现象。

在关系模式 Student 中，存在非主属性 Dname 对码 Sno 的传递函数依赖，因此关系模式 Student 不是 3NF，可以通过模式分解将其转换为如下三个关系模式：

R1(Sno，Sdept)

R2(Sdept，Dname)

R3(Sno，Cno，Grade)

在 R1 中，非主属性为 Sdept，码为 Sno，不存在非主属性对码的传递和部分函数依赖，则 R1 为 3NF；同理，R2 为 3NF；在 R3 中，非主属性为 Grade，码为（Sno，Cno），仍不存在非主属性对码的传递和部分函数依赖，R3 也为 3NF。再看异常问题是否得到解决？首先，数据冗余问题，一个系只有一个系主任，在 R2 中记录一次，数据冗余大大降低，相应的更新异常问题得到解决。其次，插入异常问题，如果一个系刚刚成立，即使没有学生，系和系主任的信息也可以被插入到 R2 中，插入异常问题得到一定程度地解决。再次，删除异常问题，如果某个系的学生全部毕业，删除毕业学生操作可在 R1 中进行，系的信息仍然保存在 R2 中，不会被删除。从分析可以看出，异常问题得到一定程度的解决。在关系数据库应用设计中，一般关系模式达到 3NF，可满足大多数用户的应用需求。

第二节　关系数据库标准语言 SQL

关系数据库的标准语言 SQL 是由 Boyce 和 Chamberlin 于 1974 年提出的，并在 IBM 公司研制的关系数据库管理系统原型 System R 上实现。经过不断修改、扩充和完善，SQL 得到业界的认可。1986 年，美国国家标准协会（ANSI）批准 SQL 作为关系数据库语言的美国标准，1987 年国际标准化组织（ISO）也通过了这一标准。由于 SQL 简单易学，功能丰富，深受用户及计算机工业界的欢迎，因此被数据库厂商广泛采用。当前，几乎所有的关系数据库管理系统软件都支持 SQL 的核心功能和特性。本节简单介绍 SQL 的特点和一些常用的 SQL 操作命令，这些命令均可在 Oracle 旗下的开源 MySQL8.0 产品中执行。

一、SQL 的特点

SQL 是一个通用的、功能强大的关系数据库语言。SQL 的功能不仅仅是数据查询，还包括数据库数据定义、数据更新和数据控制等一系列功能。其主要特点包括：

1）综合统一。SQL 集数据定义语言、数据操纵语言和数据控制语言于一体，语言风格统一，可以完成数据库生命周期中的全部活动，包括建立数据库、定义关系模型、查询和更新数据、进行数据库安全性和完整性控制、重构和维护数据库等操作，这为数据库应用系统的开发提供了良好的环境。

2）高度非过程化。SQL 进行数据库操作时，只要提出“做什么”，而无须指明“怎么做”，因此无须了解存取路径。存取路径的选择以及 SQL 的操作过程由系统自动完成。这不仅大大减轻了用户负担，而且有利于提高数据独立性。

3）面向集合的操作方式。SQL 采用集合操作方式，不仅操作对象、查询结果可以是元组的集合，而且一次插入、删除和更新操作的对象也可以是元组的集合。

4）以一种语法结构提供多种使用方式。SQL 可以作为独立的语言，又可以作为嵌入式语言，即用户可以在终端直接键入 SQL 命令对数据库进行操作，也可以嵌入到高级语言（如 C、C++或 Java）程序中，供程序员使用。两种不同的使用方式下，SQL 的语法结构基本上是一致的。

5）语言简洁，易学易用。SQL 功能强大，但语言十分简洁，完成核心功能只用了九个动词，见表 13-3。

表 13-3　SQL 的动词

SQL 功能	动词
数据查询	SELECT
数据定义	CREATE，DROP，ALTER
数据操纵	INSERT，UPDATE，DELETE
数据控制	GRANT，REVOKE

二、数据定义

关系数据库的基本对象有基本表、视图等，其中基本表，即关系是数据库中非常重要的对象，用于存储用户的实际数据。

1. 定义基本表

SQL 使用 create table 语句定义基本表，其命令基本格式如下：

```
create table<表名>
(<列名><数据类型>[<列级完整性约束条件>]
[,<列名><数据类型>[<列级完整性约束条件>]]
…
[,<表级完整性约束条件>]);
```

创建表的同时还可以定义与该表有关的完整性约束条件，如前面介绍的三种关系完整性约束。如果完整性约束条件涉及该表的多个属性列，则必须定义在表级上，否则既可以定义在列级也可以定义在表级。定义在表级的完整性约束主要有外码、主码和 CHECK 函数约束。定义在列级的完整性约束主要有非空（NOT NULL）、唯一（UNIQUE）、默认（DEFAULT）和 CHECK 函数约束。

在 MySQL 中，SQL 语句是不区分大小写的，如 create 和 CREATE 是相同的。

2. 数据类型

一个关系模式中每一个属性的取值来自一个域的值。在 SQL 中域的概念用数据类型来实现。定义表的各属性时需指明其数据类型及长度。一个属性选用哪种数据类型需要根据实际情况来决定，一般要考虑属性的取值范围和将要进行哪些运算两方面。例如，学生成绩可以是字符型也可以是字符串型，但因为成绩经常进行算术运算，通常都会取数值型，而学生学号则选用字符型。SQL 标准支持多种数据类型，如表 13-4 中列出几种常用数据类型。需要注意的是，不同的关系数据库管理系统中支持的数据类型不完全相同，例如，在 MySQL 中定点数用 DECIMAL(p,d) 定义，而 Oracle 中用 NUMERIC(p,q) 定义；在 MS SQL Server 中有 Money 数据类型，在 MySQL 中没有。

表 13-4 SQL 标准中常用的几种数据类型

分类	数据类型	含义
数值型	INT，INTEGER	长整数（4 字节）
	NUMERIC(p, d)	定点数，由 p 位数字（不包括符号、小数点）组成，小数后面有 d 位数字，也可写成 DECIMAL(p,d) 或 DEC(p,d)
	REAL	取决于机器精度的单精度浮点数
	FLOAT(n)	浮点数，精度至少为 n 位数字
字符型	CHAR(n)	长度为 n 的定长字符串
	VARCHAR(n)	具有最大长度为 n 的变长字符串
日期型	DATE	日期，包括年、月、日，格式为 YYYY-MM-DD
	TIME	时间，包含一日的时、分、秒，格式为 HH：MM：SS

例 13-5 创建教师表 Teacher(tno,tname,tdept,salary)，各属性分别表示教师编号、姓名、系名、工资，教师编号为该关系模式的主码。

```
create table Teacher(
tno char(10) primary key,
tname char(12),
tdept char(10),
salary DECIMAL(10,2));
```

3. 修改基本表

在基本表建立后可以根据实际要求对基本表的结构进行修改，即增加新的列、删除原有的列、增加表级完整性约束、修改数据类型等。SQL 使用 alter table 语句修改基本表，其一般格式如下：

```
alter table<表名>
[add<新列名><数据类型>[完整性约束]]// 增加新的列
[drop<列名>[restrict|cascade]]//按照列名删除已有列,如果指定 cascade,
则自动删除引用了该列的其他对象;如果指定 restrict,则如果该列被其他对象引用,将
拒绝删除该列。
[…];
```

例 13-6 向教师表中增加职称 title 列。

```
alter table Teacher add title char(6);
```

4. 删除基本表

如果要从数据库中删除一个基本表，使用 drop table 命令，其语法格式如下：

```
drop table<表名>[restrict|cascade];
```

drop table 命令从数据库中删除相应表的所有信息。restrict 表示该表的删除是有限制条件的，欲删除的基本表不能被其他表的约束所引用，不能有视图等。cascade 表示该表的删除没有限制条件，在删除表的同时，相关的依赖对象如视图等都将被一起删除。默认情况是 restrict。值得注意的是，不同的数据库产品在遵循 SQL 标准的基础上具体实现细节和处理策略会与标准有差别。

例 13-7 删除教师 Teacher 表。

```
drop table Teacher;
```

三、数据查询

SQL 查询的基本结构由三个子句构成：select、from 和 where，其含义是根据 where 子句的条件表达式从 from 子句指定的表或者视图中找出满足条件的元组，再按 select 子句中的目标列表达式选出元组中的属性值，产生结果表。select 语句具有灵活的使用方式和丰富的功

能，一般命令格式如下：

```
select[all |distinct]<目标列表达式>[,<目标列表达式>]…
from<表名或视图名>[,<表名或视图名>]…
[where<条件表达式>]
[group by<列名 1>[having<条件表达式>]]//将结果按<列名 1>的值进行分组,值相同为//一组
[order by<列名 2>[ asc |desc]];// 将结果表按照<列名 2>的值升序(asc)或者降序(desc)//排列
```

select 可以完成简单的单表查询、连接查询以及嵌套查询，下面通过对 Teacher 操作的示例，重点介绍单表查询的用法。单表查询是指仅涉及一个表的查询，可以选择表中若干列、若干元组、统计、分组和排序结果等。

1. 选择表中若干列

select 子句可以是要显示结果元组的单个属性、多个属性、表达式等。

例 13-8　查询全体教师的姓名信息。

```
select tname from Teacher;
```

在某些情况下，如果想强行去除重复元组，可以在 select 后面插入 distinct，默认值是 all，即不消除重复元组。

例 13-9　查询全体教师的全部信息。

```
select tno,tname,tdept,salary from Teacher;
```

或

```
select * from Teacher;
```

其中，“＊”代表 Teacher 表中所有属性，属性顺序和表定义顺序一致。

select 子句还可以带含有+、-、＊和／运算符的算术表达式，运算对象可以是常数或元组的属性。

例 13-10　查询教师编号、姓名和涨 10%的工资（仅用于显示，实际工资并没有变化）的结果。

```
select tno,tname,salary*1.1 from Teacher;
```

SQL 提供了下列聚集函数：

① count(＊)：计算元组的个数。

② count([distinct|<u>all</u>]<列名>)：对一列中的值计算个数。

③ sum([distinct|<u>all</u>]<列名>)：求某一列值的总和（数值型列）。

④ avg([distinct|<u>all</u>]<列名>)：求某一列值的平均值（数值型列）。

⑤ max([distinct|all]<列名>)：求某一列值的最大值。

⑥ min([distinct|all]<列名>)：求某一列值的最小值。

其中，下画线为默认值。

例 13-11　求教师的平均工资。

```
select avg(salary) from Teacher;
```

2. 选择满足条件的元组

查询满足指定条件的元组可以通过 where 子句实现。where 子句的条件表达式可以是算术运算符、比较运算符（一般包括=，<>或!=，>，>=，<，<=）、逻辑运算符（and，or，not）等多种形式。

例 13-12　查询计算机系教师的姓名。

```
select tname from Teacher where tdept='计算机系';
```

条件表达式中字符串的匹配操作符是“like”。在表达式中可使用两个通配符：

1）百分号（%）：代表零个或任意多个字符。

2）下画线（_）：代表任意单个字符。

例 13-13　在教师表中查询姓程的教师姓名。

```
select tname from Teacher where tname like '程%';
```

在需要时，也可使用“not like”匹配操作符。为了使字符串中包含特殊字符（%和_）本身的含义，SQL 允许定义转义字符。转义字符紧临着特殊字符并放在它前面，表示该特殊字符被当成普通字符。在 like 比较中使用 escape 关键字来定义转义字符，例如，使用反斜杠（\）作为转义字符，则 like 'ab \ %cd%' escape '\ ' 表示匹配所有以'ab%cd'开头的字符串。

SQL 中允许列值为空，空值用保留字 NULL 表示。

例 13-14　在教师表中查询所在系为空值的教师姓名，表示尚未给该教师分配工作系。

```
select tname from Teacher where tdept is null;
```

注意，标准 SQL 中这里的“is”不能用等号“=”代替，但在 MySQL 语法中允许。

where 子句还可以用逻辑运算符实现多重条件查询。

例 13-15　查询计算机系且工资高于 10000 的教师姓名。

```
select tname from Teacher where tdept='计算机系' and salary>10000;
```

3. 使用 order by 子句

用户可以用 order by 子句对查询结果按照一个或多个属性列的升序或降序排列，默认值为升序。

例 13-16　查询计算机系且工资高于 10000 的教师姓名和相应工资，并将结果按照工资降序排列。

```
select tname from Teacher where tdept ='计算机系' and salary >10000
order by salary desc;
```

对于排序属性取 NULL 值时，元组显示的次序由具体系统实现而定。假设升序排列，排序属性取空值的元组在 MySQL 中默认为最前面显示，即认为 NULL 值比其他类型的数据小。

4. 使用 group by 子句

group by 子句将查询结果按某一列或多列的值分组，值相等的为一组。对查询结果分组的目的是为了细化聚集函数的作用对象。如果未对查询结果分组，聚集函数将作用于整个查询结果。分组后聚集函数将作用于每一个组，即每一组都有一个函数值。

例 13-17 查询每个系教职工的人数。

```
select tdept,count(tno) from Teacher group by tdept;
```

查询结果见表 13-5。

表 13-5 查询结果表

tdept	Count(tno)
计算机系	3
物理系	2
数学系	1

如果分组后还要求按一定的条件对这些组进行筛选，最终只输出满足指定条件的组，则可以使用 having 短语指定筛选条件。

例 13-18 查询每个系教职工多于 2 人的系及相应人数。

```
select tdept, count (tno) from Teacher group by tdept having count
(tno)>2;
```

5. 连接查询

如果 from 子句后面涉及两个以上的表，则称之为连接查询。连接查询是关系数据库中最主要的查询。连接查询的 where 子句中除了单表查询中需要的条件表达式外，需要增加用来连接两个表的条件称为连接条件或连接谓词，其一般格式为：

```
[<表名 1>.]<列名 1><比较运算符>[<表名 2>.]<列名 2>
```

当比较运算符为“=”号时，称为等值连接。连接谓词中的列名称为连接字段。连接条件中的各连接字段类型必须是可比较的，但名字不必相同。

例 13-19 假设数据库中有两个关系模式：教师（教师编号，姓名，系名，工资），课程（课程号，课程名，学分，教师编号）。请查询每名教师讲授课程的详细情况。

```
select 教师.*,课程.* from 教师,课程 where 教师.教师编号=课程.教师编号;
```

此查询结果中会含有两列教师编号信息。

连接操作不仅可以两表连接，还可以是两个以上表进行连接、表与其自身连接等，不再详述。

四、数据更新

SQL 的数据更新包括插入数据、删除数据和修改数据三种操作。

1. 插入数据

SQL 的数据插入语句 insert 通常有两种形式：一种是插入一个元组，另一种是插入查询结果。

1）单个元组的插入。其语句格式为：

```
insert into<表名>[(<列名1>[,<列名2>]…)]values(<常量1>[,<常量2>]…);
```

2）查询结果的插入。其语句格式为：

```
insert into<表名>[(<列名1>[,<列名2>]…)]<select 查询语句>;
```

这个语句可把一个 select 语句的查询结果插入到某个表中。

在上述插入语句中，如果插入的值在属性个数、顺序与基本表的结构完全一致，基本表后的列名序列可省略，否则必须详细列出。

例 13-20 向 Teacher 表中插入一个元组（'T2020004'，'王芳'，'计算机系'，'10500'），可用下列语句实现。

```
insert into Teacher(tno,tname,tdept,salary) values('T2020004','王芳','计算机系','10500');
```

等价于

```
insert into Teacher values('T2020004','王芳','计算机系','10500');
```

例 13-21 对每一个系，求教师的平均工资，并把结果保存到数据库。

首先，建立一个新表，其中一列存放系名，另一列存放相应的教师平均工资。

```
create table avg_salary(tdept char(12),avg_sal NUMERIC(10,2));
```

然后，对 Teacher 表按系分组求平均工资，再把其存入新表中。

```
insert into avg_salary select tdept,avg(salary) from Teacher group by tdept;
```

2. 删除数据

SQL 的删除操作是指从基本表中删除元组，用 delete 实现。其语句格式如下：

```
delete from<表名>
[where<条件表达式>];
```

其功能是指从一个指定表中删除满足 where 子句条件的所有元组。需要注意的是，delete 语句删除的是表中的数据，而不是关于表的定义。

例 13-22　把工资低于 10000 的教师信息删除。

```
delete from Teacher where salary<10000;
```

3. 修改数据

SQL 的数据修改是指修改表中某些元组的某些属性值，用 update 实现。其语句格式如下：

```
update<表名>
set<列名> =<表达式>[,<列名> =<表达式>]...
[where<条件表达式>];
```

其功能是修改一个指定表中满足 where 子句条件的元组，其中 set 子句给出<表达式>的值用于取代相应的属性列值。

例 13-23　将教师王芳的工资修改为 11000。

```
update Teacher set salary=11000 where tname='王芳';
```

五、视图

视图是从一个或几个基本表（或视图）导出的表，它与基本表不同，是一个虚表。数据库中只存放视图的定义，而不存放视图对应的数据，这些数据仍存放在原来的基本表中。视图就像一个窗口，透过它可以看到数据库中自己感兴趣的数据及其变化。视图一经定义，就可以和基本表一样被查询，但由于视图并不实际存储数据，因此，对视图的更新操作是受限操作，需要由 DBMS 将其转换成对基本表的更新操作。

SQL 中使用 create view 命令建立视图，其一般格式为：

```
create view<视图名>[(<列名>[,<列名>]...)]
as<select 查询语句>;
```

例 13-24　数据库中有两个关系模式：教师（教师编号，姓名，系名，工资），课程（课程号，课程名，学分，教师编号）。若用户经常用到教师编号、系名、课程名和学分四个属性信息，可以建立如下视图。

```
create view teach_course(教师编号,系名,课程名,学分)
as select 教师.教师编号,系名,课程名,学分 from 教师,课程 where 教师.教师编号=课程.教师编号;
```

此处，视图中的列名、顺序与 select 子句中的列名、顺序一致，因此视图名 teach_course 后的列名可省略。

第三节　关系数据库设计过程

以数据库为基础的信息系统通常称为数据库应用系统，如办公自动化系统、教学管理系统和飞机订票系统等。数据库设计，广义地讲，是数据库及其应用系统的设计；狭义地讲，是设计数据库本身，即设计数据库的各级模式并建立数据库，这是数据库应用系统设计的一部分。本节重点讲解狭义的数据库设计。数据库设计是指对于一个给定的应用环境，设计优化的数据库逻辑模式和物理结构，并据此建立数据库及其应用系统，使之能够有效地存储和管理数据，满足各种用户的应用需求，包括信息管理和数据操作要求。信息管理要求是指在数据库中应该存储和管理哪些数据对象；数据操作要求是指对数据对象需要进行哪些操作，如插入、删除、修改、查询等。按照结构化系统设计的方法，考虑数据库及其应用系统开发全过程，将数据库设计过程分为六个阶段：需求分析、概念结构设计、逻辑结构设计、物理结构设计、数据库实施与试运行、数据库运行与维护。设计一个完善的数据库应用系统是不可能一蹴而就的，它往往是这六个阶段的不断反复。

一、需求分析

进行数据库设计首先必须准确了解与分析用户需求，包括数据与处理。需求分析是整个设计过程的基础，是最困难和最耗时的一步。需求分析的主要工作如下：

1）分析用户活动。了解用户的业务活动和职能，明确其处理流程（即业务流程）。如果一个处理比较复杂，就要把处理分解成若干个子处理，使每个处理功能明确、界面清楚，分析之后画出用户的业务流程图。

2）确定系统范围。这一步是确定系统的边界，在和用户经过充分讨论的基础上，确定计算机所能进行的数据处理的范围，确定哪些工作由人工完成，哪些工作由计算机系统完成，即确定人机界面。

3）分析用户活动涉及的数据。深入分析用户的业务，通常以数据流图的形式表示出数据的流向和对数据所进行的加工。数据流图是从“数据”和“对数据的加工”两方面表达系统工作过程的图形表示法，是一种直观、易于理解的系统功能描述方式。

数据流图有四种基本符号，见表 13-6。

表 13-6　数据流图基本符号

符号	名称	含义
	数据的源点/终点	其内要注明数据输入源点或输出终点的名字
	加工（或处理）	输入数据在此进行变换，产生输出数据，其内要注明加工的名字
	数据流	被加工的数据及其流向，箭头边应注明数据流的名字
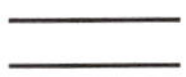	数据存储（文件）	表示信息的静态存储，必须命名，可用名词或名词性短语命名

设计数据流图的步骤如下：

① 首先画出系统的数据源点和终点。它们是外部实体，确定了系统与外界的接口。

② 然后确定外部实体的输入数据流、输出数据流。从输出数据流出发，按照系统的逻辑需要，逐步画出一系列加工，直到找出外部实体所需的输入数据流，形成数据流的封闭。

③ 最后根据需要细化加工，形成下层数据流图。

根据层级，数据流图分为顶层数据流图、中层数据流图和底层数据流图。除顶层数据流图外，其他数据流图从零开始编号。顶层数据流图只含有一个加工表示整个系统；输入数据流和输出数据流为系统的输入数据和输出数据，表明系统的范围，以及与外部环境的数据交换关系。中层数据流图是对父层数据流图中某个加工进行细化，而它的某个加工也可以再次细化，形成子图；中间层次的多少，一般视系统的复杂程度而定。底层数据流图是指其加工不能再分解的数据流图，其加工称为“原子加工”。

本章中数据流图的检查原则如下：

① 数据流图中只限于四种基本符号的使用。

② 每个加工至少有一个输入数据流，一个输出数据流。

③ 在数据流图中，加工是按层编号的。

④ 任何一个数据流子图必须与它上一层的一个加工对应，两者的输入数据流和输出数据流必须一致，即父图与子图平衡，它表明在细化过程中数据流不能被丢失或添加。

⑤ 数据流图上每个元素必须命名，用以表明数据流和数据文件是什么数据，加工是做什么事情。

例 13-25　根据下列功能描述设计出某考务处理系统的分层数据流图。

① 检查考生送来的报名单。

② 为合格的报名单编写好准考证号后发给考生，并将汇总后的考生名单送交阅卷站。

③ 检查阅卷站送来的成绩单，并根据考试中心制定的合格标准审定合格者。

④ 制作考生通知单（含成绩合格/不合格标志）发给考生。

⑤ 按地区进行成绩分类统计和试题难度分析，产生统计分析表。

首先，设计顶层数据流图，如图 13-5 所示。

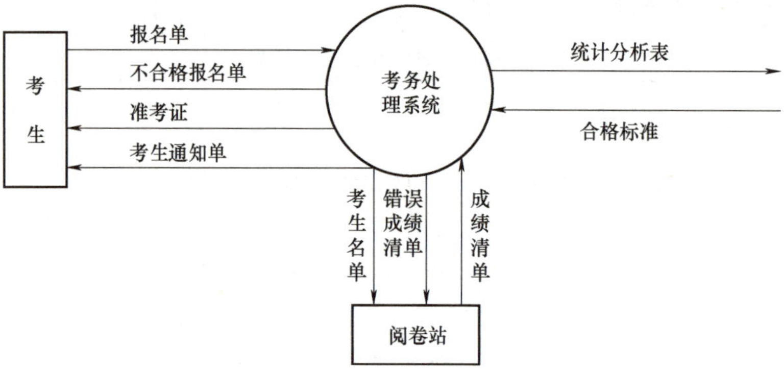

图 13-5　该考务处理系统的顶层数据流图

其次，设计 0 层数据流图，如图 13-6 所示。

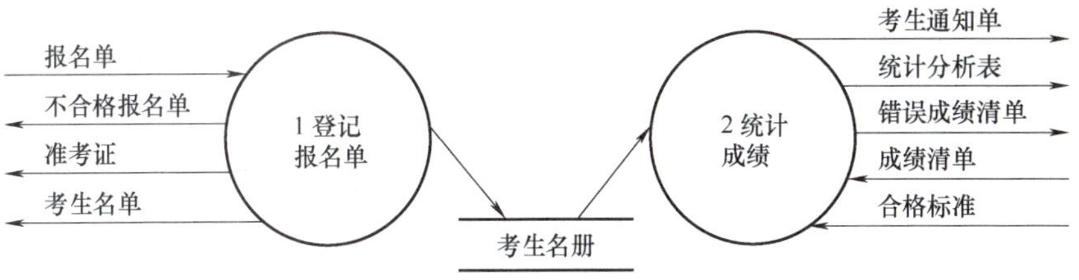

图 13-6　该考务处理系统的 0 层数据流图

再次，设计 1 层数据流图，细分加工 1 登记报名单的数据流图如图 13-7a 所示，细分加工 2 统计成绩的数据流图如图 13-7b 所示。

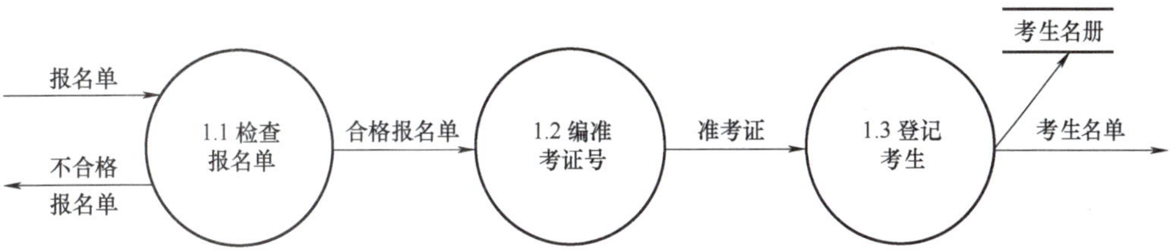

a)

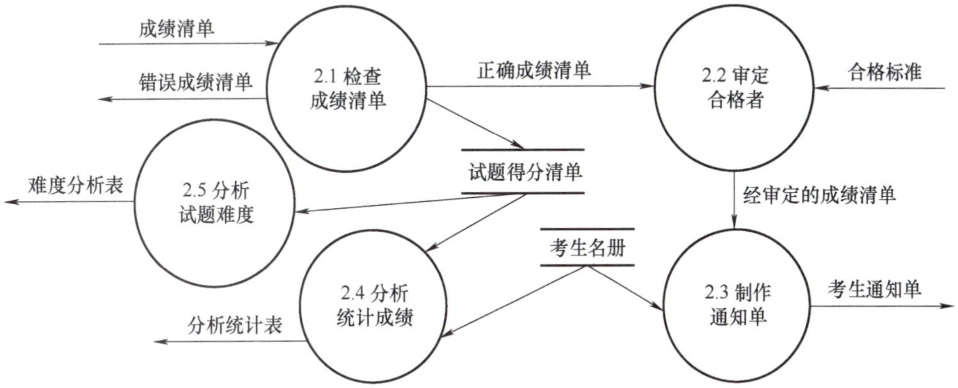

b)

图 13-7　该考务处理系统的 1 层数据流图

4）分析系统数据，生成数据字典。数据字典是进行详细的数据收集和数据分析所获得的主要成果。它是关于数据库中数据的描述，即元数据，而不是数据本身。数据字典在需求分析阶段建立，在数据库设计过程中不断修改、充实和完善。它在数据设计中占有很重要的地位。数据字典中通常包括数据项、数据流、数据存储和数据处理。其中，数据项也称数据元素，是数据的最小单位，具有不可再分性。例 13-25 中的“准考证”数据项的描述可见表 13-7，由数据项名称、别名、定义等描述。

表 13-7　“准考证”数据项的数据字典卡片

数据项名称	准考证
别名	无
描述	唯一地标识参加此次考试的一个考生

（续）

数据项名称	准考证
定义	准考证=准考证号+身份证号+考生姓名+考试类别+考试科目+考试时间+考试地点
位置	输出到学生

需求分析阶段必须强调用户的参与。设计人员应该和用户取得共同的语言，帮助不熟悉计算机的用户建立数据库环境下的共同概念，并对设计工作的最后结果承担共同的责任。

二、概念结构设计

在需求分析阶段，数据库设计人员充分调查且描述了用户的需求，但这些需求仅仅是现实世界的具体要求，只有把这些需求抽象为信息世界的结构，才能更好地实现用户的需求。概念结构设计是整个数据库设计的关键，它通过对用户需求进行综合、归纳与抽象，形成一个独立于具体数据库管理系统的信息世界的概念模型。

1. E-R 图

E-R 图，又称为 E-R 模型，是直接表示概念模型的有力工具。E-R 图有三个基本组成成分：

1）矩形框：用于表示实体类型。

2）菱形框：用于表示联系及类型。

3）椭圆形框：用于表示实体类型和联系类型的属性。

相应的命名均记入各种框中。实体与属性之间，联系与属性之间用无向边连接，实体与实体之间通过联系用无向边连接，并在无向边旁标注联系的类型。联系是实体之间的一种行为，一般用动名词来命名联系，如“属于”“讲授”“参加”等。

例如，教师实体的 E-R 图如图 13-8 所示，教师和课程两个实体间 $m:n$ 联系如图 13-9 所示。

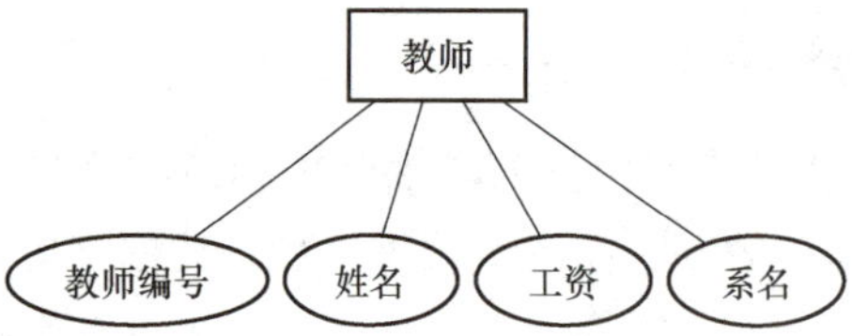

图 13-8　教师实体及属性

图 13-9　教师和课程之间 $m:n$ 联系

一般地，两个以上的实体型之间也存在一对一、一对多和多对多联系。对于课程、教师与参考书三个实体型，如果一门课程可由多名教师讲授使用若干本参考书，而每一名教师只讲授一门课程，每一本参考书只供一门课程使用，则课程、教师和参考书之间的联系是一对多的，如图 13-10 所示。

同一个实体集内的各实体之间也可以存在一对一、一对多和多对多的联系。例如，教师实体型内部具有领导与被领导的联系，即某一名教师“领导”若干名教师，而一名教师仅被另外一名教师直接领导，因此这是一对多的联系，如图 13-11 所示。

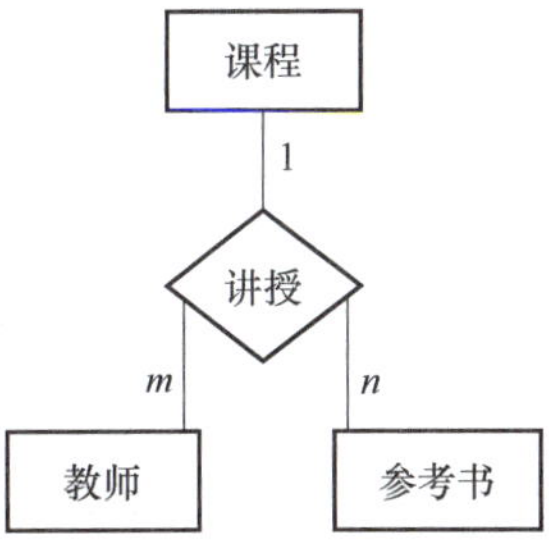

图 13-10　三个实体型之间一对多的联系示例

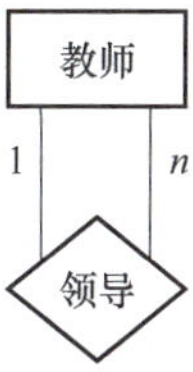

图 13-11　单个实体型内的一对多联系示例

例 13-26　下面用 E-R 图 13-12 来表示某学校教学管理的概念模型。教学管理涉及以下几个实体：

- 系：属性有系名、系地址和系电话；
- 教师：属性有教师编号、姓名和工资；
- 课程：属性有课程号、课程名和学分；
- 学生：属性有学号、姓名、年龄和性别。

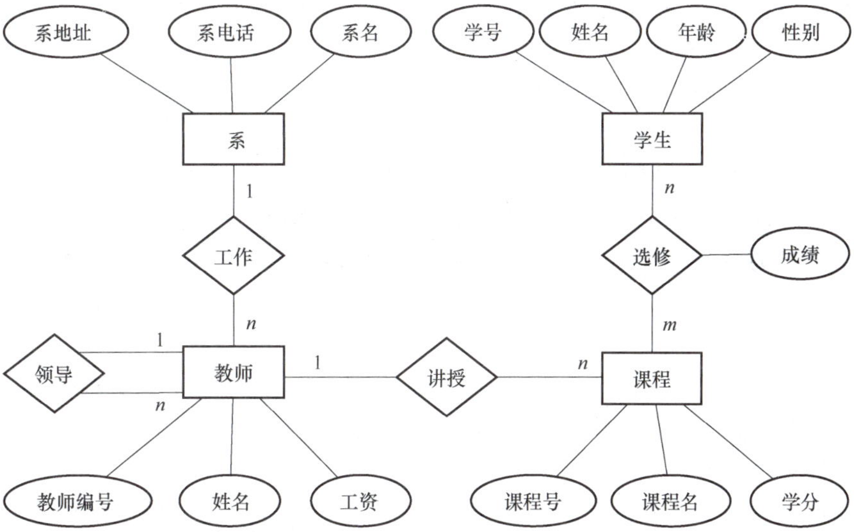

图 13-12　某学校教学管理 E-R 图

这些实体之间的联系如下：

1）一个系有多名教师工作，一名教师仅在一个系工作，因此系和教师之间是一对多的联系。

2）教师之间具有领导和被领导关系，因此教师实体型内部具有一对多的联系。

3）一名教师可以讲授若干门课程，但一门课程仅能由一名教师讲授，因此，教师和课程之间是一对多的联系。

4）一名学生可以选修多门课程，一门课程可以被多名学生选修，因此学生和课程之间具有多对多的联系。用成绩属性来表示某学生选修某课程的成绩。

2. 采用 E-R 图的概念结构设计

采用 E-R 图进行数据库的概念结构设计，可以分成三步进行：首先，分别考虑各个用户的信息需求，设计局部 E-R 图；然后，把各局部 E-R 图消除冲突后合成一个能为全系统中所有用户共同理解和接受的统一的全局 E-R 图；最后，对全局 E-R 图进行优化，消除可能存在的冗余数据和实体间的冗余联系。冗余数据指可以由基本的数据导出的数据，冗余联系指可以由其他的联系导出的联系，得到最终的 E-R 图，即概念模型。在设计数据库概念结构时，冗余信息是否存在需要根据用户的整体需求来确定。例如，存储了学生每一门课程的成绩信息，还需要存储学生的平均成绩吗？如果平均成绩查询作为日常常用操作，为提高查询效率，可以增加这一冗余属性值。

设计人员和用户必须对概念模型进行反复讨论确认无误后，才能进入下一阶段的设计工作。

三、逻辑结构设计

逻辑结构是独立于任何一种数据模型的信息结构。逻辑结构设计是将概念结构转换为某个数据库管理系统所支持的数据模型相符合的逻辑结构，并对其进行优化。

1. E-R 图向关系模型转换

E-R 图向关系模型的转换要解决的问题是如何将实体型和实体间的联系转换为关系模式，如何确定这些关系模式的属性和码。下面介绍转换的一般原则。一个实体型转换为一个关系模式，关系的属性就是实体的属性，关系的码就是实体的码。对于实体型间的联系有以下不同的情况：

1）一个 1∶1 联系可以转换为一个独立的关系模式，也可以与任意一端对应的关系模式合并。如果转换为一个独立的关系模式，则与该联系相连的各实体的码以及联系本身的属性均转换为关系的属性，每个实体的码均是该关系的候选码。如果与某一端实体对应的关系模式合并，则需要在该关系模式的属性中加入另一个关系模式的码和联系本身的属性。

2）一个 1∶n 联系可以转换为一个独立的关系模式，也可以与 n 端对应的关系模式合并。如果转换为一个独立的关系模式，则与该联系相连的各实体的码以及联系本身的属性均转换为关系的属性，而关系的码为 n 端实体的码。

例 13-27 系和教师实体型是一对多联系的，转换为关系模式的两种方式如图 13-13 所示。

3）一个 m∶n 联系转换为一个新的关系模式。该关系模式的属性由与该联系相连的各实体的码以及联系本身的属性组成。各实体的码组成该关系的码或关系码的一部分。

4）三个及以上实体型的一个多元联系可以转换为一个新的关系模式。该关系模式的属性由与该多元联系相连的各实体的码以及联系本身的属性组成。各实体的码组成关系的码或关系码的一部分。

例 13-28 上述某学校教学管理 E-R 图，按照规则可转换为如下 n 个关系模式：

系（系名，系电话，系地址）；主码为系名。

教师（教师编号，姓名，工资，系名，领导）；主码为教师编号。

课程（课程号，课程名，学分，教师编号）；主码为课程号。

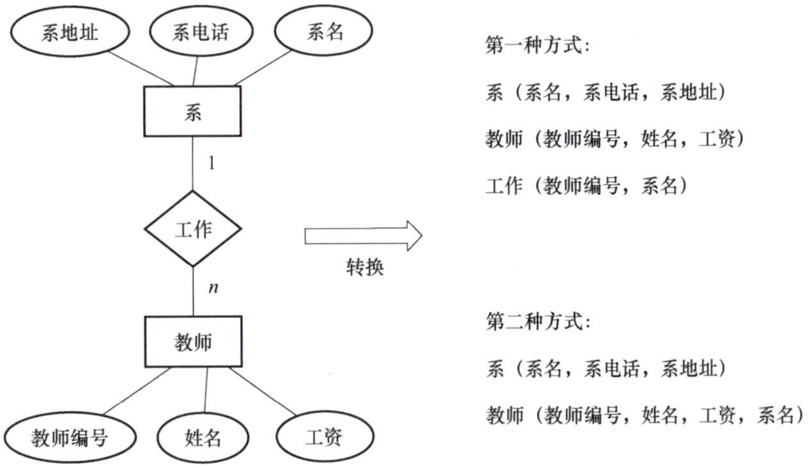

图 13-13　1∶*n* 联系转换为关系模式的两种方式

学生（学号，姓名，年龄，性别）；主码为学号。

选修（学号，课程号，成绩）；主码为（学号，课程号）。

其中，带波浪线的属性为相应关系的外码。选修关系是由多对多的选修联系转换而来。教师关系模式中的领导属性是由实体内部的 1∶*n* 领导联系转换而来，引用自身关系的教师编号。

数据库逻辑设计的结果不是唯一的。为了进一步提高数据库应用系统的性能，还应该根据应用需要适当地修改、调整数据模型的结构，这就是数据模型的优化。例如，可将具有相同码的关系模式合并；对于 1∶*n* 联系和 1∶1 联系可选择与一端对应的关系模式合并，以减少系统中关系模式的个数。关系数据模型的优化通常以规范化理论为指导。

2. 设计用户子模式

将概念模型转换为全局逻辑模型后，还应该根据局部应用需求，结合具体关系 DBMS 的特点，设计用户的子模式。用户子模式也称为外模式。目前，关系 DBMS 一般都提供了视图概念，可以利用这一功能，设计更符合局部用户需要的用户子模式。设计用户子模式时往往不用考虑系统的时间效率、空间效率和易维护性等问题，只需要注重考虑用户的习惯和方便，例如，使用更符合用户习惯的别名，将分组、统计等复杂查询定义为视图，用户每次只对定义好的视图进行查询，大大简化用户的使用。

四、物理结构设计

物理结构设计是为逻辑数据模型选取一个最适合应用环境的物理结构，包括存储结构和存取方法。显然，数据库物理结构设计依赖于给定的硬件环境和选定的数据库产品。不同的数据库产品所提供的物理环境、存取方法和存储结构有很大区别，能供设计人员使用的设计变量、参数范围也很不相同。因此，没有通用的物理设计方法可遵循，只能给出一般的设计内容和原则，希望设计优化的物理数据库结构，使得在数据库上运行的各种事务响应时间小、存储空间利用率高、事务吞吐率大。

通常，关系数据库物理设计的内容主要包括为关系模式选择存取方法，以及设计关系、索引等数据库文件的物理存储结构。

1. 选择关系模式的存取方法

数据库是多用户共享的系统，对同一个关系要建立多条存取路径才能满足多用户共享的要求。物理结构设计的任务之一是确定选择哪些关系 DBMS 支持的存取方法。存取方法是快速存取数据库中数据的技术。DBMS 一般提供多种存取方法，常用的存取方法为索引、聚簇和散列（Hash）等。

索引存取方法实际上就是根据应用要求确定对关系的哪些属性列建立索引、哪些属性列建立组合索引、哪些属性列建立唯一索引等，可使用 SQL 中的 create index 命令实现。关系上定义的索引数并不是越多越好，系统为维护索引要付出代价，查找索引也要付出代价。例如，在更新频率很高的关系上就不能建立太多索引。因为更新一个关系时，必须对这个关系上有关的索引做出相应的修改。

2. 确定数据库的存储结构

确定数据库物理结构主要指确定数据的存放位置和存储结构，包括确定关系、索引、日志、备份等的存储安排和存储结构，确定系统配置等。

确定数据的存放位置和存储结构要综合考虑存取时间、存储空间利用率和维护代价三方面的因素。这三个方面往往不能兼顾，需要进行权衡，选择一个折衷方案。

1）确定数据的存放位置。为了提高系统性能，应该根据应用情况将数据的易变部分与稳定部分、经常存取部分和存取频率较低部分分开存放。例如，目前很多计算机有多个磁盘或磁盘阵列，因此可以将表和索引放在不同的磁盘上，在查询时，由于磁盘驱动器并行工作，可以提高物理读写的效率；也可以将较大的表分放在两个磁盘上，以加快存取速度，这在多用户环境下特别有效；还可以将日志文件与数据库对象（表、索引等）放在不同的磁盘上，以改进系统的性能。由于各个系统所能提供的对数据进行物理安排的手段、方法差异很大，因此设计人员应仔细了解给定的关系 DBMS 提供的方法和参数，针对应用环境的要求对数据进行适当的物理安排。

2）确定系统配置。关系 DBMS 产品一般都提供了一些系统配置变量和存储分配参数，供设计人员和数据库管理员对数据库进行物理优化。初始情况下，系统为这些变量赋予了合理的默认值。但是这些值不一定适合每一种应用环境，在进行物理设计时可能需要重新对这些变量赋值，以改善系统的性能。系统配置变量很多，例如，同时使用数据库的用户数，同时打开的数据库对象数，内存分配参数和物理块的大小等。在物理设计时对系统配置变量的调整只是初步的，在系统运行时还要根据系统实际运行情况做进一步的调整，以期切实改进系统性能。

3. 评价物理结构

数据库物理结构设计过程中需要对时间效率、空间效率、维护代价和各种用户要求进行权衡，其结果可以产生多种方案。数据库设计人员必须对这些方案进行细致评价，从中选择一个较优的方案作为数据库的物理结构。评价物理数据库的方法完全依赖于所选用的关系 DBMS，主要是从定量估算各种方案的存储空间、存取时间和维护代价入手，对估算结果进行权衡、比较，选择出一个较优的、合理的物理结构。如果该结构不符合用户需求，则需要返回修改设计。

五、数据库实施与试运行

在数据库实施阶段，设计人员运用数据库管理系统提供的数据库语言，根据逻辑结构和物理结构设计的结果建立数据库，编写与调试应用程序，组织数据入库，并进行试运行。

1. 数据的载入和应用程序的调试

数据库实施阶段包括两项重要的工作，数据的载入和应用程序的编码及调试。

一般数据库系统中数据量都很大，而且数据来源于部门中的各不同单位，数据的组织方式、结构和格式都与新设计的数据库系统有很大差距。组织数据载入时，需要将各类源数据从各个局部应用中抽取出来，输入计算机，再分类转换，综合成符合新设计的数据库结构的形式，最后输入数据库。因此，数据转换和组织数据库入库工作是相当费时费力的工作。

当前的关系 DBMS 一般都提供不同关系 DBMS 之间数据转换的工具，应充分利用新系统的数据转换工具。应用程序的设计应该与数据库设计同时进行，因此在组织数据入库的同时还要调试应用程序。

2. 数据库的试运行

部分数据输入到数据库后，就可以开始对数据库系统进行联合调试工作，这又称为数据库的试运行。数据库试运行阶段的主要工作：

1）测试应用程序功能。这一阶段要实际运行数据库应用程序，执行对数据库的各种操作，测试应用程序的功能是否满足设计要求。如果不满足，对应用程序部分要修改、调整，直到满足设计要求为止。

2）测试系统性能指标。数据库试运行时，分析其是否符合设计目标。对数据库进行物理设计时，一般对系统的物理参数值只是近似地估计，和实际系统运行有一定差距，因此必须在试运行阶段实际测量和评价系统性能指标。如果测试的结果与设计目标不符，则要返回物理设计阶段重新调整物理结构，修改系统参数，有时甚至要返回逻辑设计阶段进行修改。

这里要特别强调两点：一是组织数据入库费时费力，如果试运行后还要修改数据库的设计，需要重新组织数据入库，因此，应分期分批地组织数据入库，先输入少量数据做调试，待试运行基本合格后再大批量输入数据，逐步增加数据量，逐步完成运行评价；二是在试运行阶段，由于系统还不稳定，故障随时都可能发生，且系统操作人员对新系统还不熟悉，误操作不可避免，因此要做好数据库的转储和恢复工作。

六、数据库运行与维护

数据库应用系统经过试运行后即可投入正式运行。但是由于应用环境在不断变化，数据库运行过程中物理存储也会不断变化，对数据库设计进行评价、调整和修改等维护工作是一个长期的任务，也是设计工作的继续和提高。

在数据库运行阶段，对数据库经常性的维护工作主要是由数据库管理员完成的。数据库的维护工作主要包括以下几方面：

1. 数据库的转储和恢复

数据库的转储和恢复是系统正式运行后最重要的维护工作之一。要针对不同的应用要求制定不同的转储计划，以保证一旦发生故障能尽快将数据库恢复到某种一致（即数据正确）

的状态，并尽可能减少对数据库的破坏。

2. 数据库的安全性、完整性控制

在数据库运行过程中，由于应用环境的变化，对安全性的要求也会发生变化，比如有的数据原来是机密的，现在则可以公开查询，而新加入的数据又可能是机密的。系统中用户的密级也会改变。这些都需要根据实际情况修改原有的安全性控制。同样，数据库的完整性约束条件也会变化，也需要不断修正，以满足用户要求。

3. 数据库性能的监督、分析和改造

在数据库运行过程中，监督系统运行，对监测数据进行分析，找出改进系统性能的方法是数据库管理员的又一重要任务。目前有些关系 DBMS 提供了监测系统性能参数的工具，可以利用这些工具方便地得到系统运行过程中一系列性能参数的值，仔细分析这些数据，判断当前系统运行状况是否为最佳，应当做哪些改进，如调整系统物理参数或对数据库进行重组织或重构造等。

4. 数据库的重组织与重构造

数据库运行一段时间后，由于数据不断插入、删除、修改，将会使数据库的物理存储情况变坏，降低数据的存取效率，使数据库性能下降，这时就要对数据库进行重组织或部分重组织（只对频繁插入、删除的表进行重组织）。关系 DBMS 一般都提供数据重组织所使用的实用程序。

数据库的重组织并不修改原设计的逻辑和物理结构，而数据库的重构造则不同，它是指部分修改设计的逻辑和物理结构。由于数据库应用环境发生变化，例如，增加了新的应用或新的实体，取消了某些应用，这些都会导致实体与实体间的联系也发生相应的变化，使原有的数据库设计不能很好地满足新的需求，从而需要调整数据库的逻辑和物理结构。例如，在表中增加或删除某些数据项，改变数据的类型，增加或删除某个表，改变数据库的容量，增加或删除某些索引等。这就是数据库的重构造。重构造数据库的程度是有限的。若应用变化太大，已无法通过重构数据库来满足新的需求，或重构数据库的代价太大，则表明现有数据库应用系统的生命周期已经结束，应该重新设计新的数据库应用系统。

本章小结

本章主要讨论了数据库系统、SQL 和关系数据库设计过程，详细介绍了数据模型、不同操作的 SQL 语法格式与应用、数据库设计的方法和步骤。

数据模型是数据库系统的核心和基础，其三要素是数据结构、数据操纵和完整性约束。把现实世界中的客观对象抽象为机器世界的数据描述，需经历三个层次的抽象：概念模型、逻辑模型、物理模型。关系数据模型是逻辑模型的一种，也是关系数据库系统的数据组织方式。掌握关系数据模型的三要素，理解为什么关系模型诞生之后发展迅速，深受用户的喜爱。关系模型的设计在应用中是有“好”和“不好”的区别，为能对其分析判断，引入函数依赖和范式的概念。

关系数据库标准语言 SQL 是本章学习和上机实验的内容。本章介绍使用 SQL 进行数据定义、数据查询、数据更新。数据定义的对象介绍了表和视图。在表和视图上的查询和更新语法一致。SQL 语句和操作实例的介绍，使关系数据库的许多概念更加具体、更加丰富。SQL 的查询功能丰富，考生一定要加强上机实践练习，牢固掌握 SQL 语句。

数据库设计过程中最重要的两个环节是概念结构设计和逻辑结构设计。概念结构设计要掌握 E-R 模型的基本概念和方法。应重点掌握实体型、属性和联系的概念，理解实体型之间的一对一、一对多和多对多联系。掌握 E-R 模型的设计以及把 E-R 模型转换为关系模型的方法。通过案例介绍，帮助考生理解数据库设计中对客观世界从感性认识到理性认识，再由理性认识回到实践中来的科学思维方法，在实际应用中运用这些思想，设计符合应用需求的关系模型。

习　　题

一、单项选择题

1. E-R 图是数据库设计的工具之一，它适用于建立数据库的（　　）。

A. 概念模型　　B. 逻辑模型

C. 结构模型　　D. 物理模型

2. “为哪些表，在哪些字段上，建立什么类型的索引”这一设计内容属于数据库设计中的（　　）。

A. 概念结构设计　　B. 逻辑结构设计

C. 物理结构设计　　D. 数据库实施

3. 在概念模型中的客观存在并可相互区别的事物称（　　）。

A. 实体　　B. 元组

C. 属性　　D. 结点

4. 设有一张职工表，包含“性别”属性，要求这个属性的值只能取“男”或“女”，这一要求属于（　　）。

A. 实体完整性　　B. 参照完整性

C. 用户定义的完整性　　D. 关系不变性

5. 关于数据库表中的外码，下面说法正确的是（　　）。

A. 当表 R1 中有参照于 R2 的外码时，R2 中就不能定义参照于 R1 的外码

B. 表 R 中属性 A1 不能参照于 R 中另一个属性 A2 定义外码

C. 外码和所参照的属性应属于同种数据类型

D. 外码只能在单个属性上定义

二、填空题

1. 数据库是长期存储在计算机内、________、________的大量数据的集合。

2. 数据模型通常由________、数据操作和________三部分组成。

3. E-R 模型主要用于________，是数据库设计人员与用户之间进行交流的工具。

4. 视图是从一个或几个基本表（或视图）导出的表。它与基本表不同，是一个________。数据库中只存放视图的定义。

5. 数据流图的四种基本成分：数据的源点或终点、________、________和数据存储。

三、简答题

1. 简述 SQL 的特点。

2. 关系模型中对基本关系的规范限制有哪些?

3. 简述关系数据库设计的过程。

4. 某图书借阅数据库中有如下三个关系模式：

读者（借书证号，姓名，性别，单位）；

图书（书号，书名，数量，出版社名）；

借阅（借书证号，书号，借书日期，还书日期）。

注：下画线属性或属性组为关系的主码。

试用 SQL 实现如下功能：

1）定义“借阅”数据表，要求定义实体完整性和参照完整性约束条件，数据类型根据可能需求自己拟定即可。注：假定“读者”表和“图书”表已经创建。

2）查询姓王的读者的借书证号、所借阅的书号及还书日期，并将结果按照还书日期降序排列。

3）统计每个单位的读者人数。

4）把读者借阅的书号为“B0001”的还书日期改为“2023/12/31”。

5. 设一个部门的数据库包括以下信息：

职工的信息：职工号、姓名、住址；

部门的信息：部门名、经理；

产品的信息：产品名、制造商、价格、型号；

制造商的信息：制造商名称、地址。

其中，一个职工仅在一个部门工作；一个部门可以销售多种产品，每种产品可由多个部门来销售，销售时记录销售数量；每种产品可由多家制造商来生产，每家制造商又生产多种产品，制造商生产某种型号产品时会记录生产数量。

1）试设计满足上述需求的 E-R 图。

2）将上述设计的 E-R 图转换为优化的关系模型，并指出每个关系模式的主码和外码。

参考文献

[1] 苏小红，赵玲玲，孙志岗，等. C语言程序设计［M］. 4版. 北京：高等教育出版社，2019.

[2] 汪友生，张新峰，张小玲，等. 计算机软件基础［M］. 2版. 北京：清华大学出版社，2020.

[3] 崔俊凯，徐文静. 计算机软件基础［M］. 北京：机械工业出版社，2007.

[4] 张海藩，牟永敏. 软件工程导论［M］. 6版. 北京：清华大学出版社，2013.

[5] 刘金凤，郭小霞，韩玉兰. 计算机软件基础［M］. 2版. 哈尔滨：哈尔滨工业大学出版社，2021.

[6] 张琼声，马力，李华昱. 计算机操作系统原理［M］. 2版. 青岛：中国石油大学出版社，2022.

[7] 严蔚敏，吴伟民. 数据结构：C语言版［M］. 北京：清华大学出版社，2022.

[8] 殷人昆. 数据结构：用面向对象方法与C++语言描述［M］. 北京：清华大学出版社，2021.

[9] 陈越，何钦铭，徐镜春，等. 数据结构［M］. 2版. 北京：高等教育出版社，2022.

[10] 王珊，杜小勇，陈红. 数据库系统概论［M］. 6版. 北京：高等教育出版社，2023.

[11] 施伯乐，丁宝康. 数据库系统教程［M］. 3版. 北京：高等教育出版社，2008.

后　　记

经全国高等教育自学考试指导委员会同意，由机械及轻纺化工类专业委员会负责高等教育自学考试《计算机软件基础》教材的审定工作。

本教材由中国石油大学（华东）张琼声、马力编著。全书由马力统稿。

本教材由南开大学辛运帏教授担任主审，北京理工大学陈朔鹰副教授和北京邮电大学郑岩副教授参审，谨向他们表示诚挚的谢意。

全国考委机械及轻纺化工类专业委员会最后审定通过了本教材。

全国高等教育自学考试指导委员会
机械及轻纺化工类专业委员会
2024 年 3 月